중국 스마트시티 도전과 혁신

中国智慧城市挑战与创新

중국 스마트시티 도전과 혁신
中国智慧城市挑战与创新

초판 1쇄 발행 2022년 3월 1일
2쇄 발행 2022년 9월 1일

지은이 이창호
펴낸곳 드림위드에스
출판등록 제2021-000017호

교정 김성은
편집 김성은
검수 김성은
마케팅 위드에스마케팅

주소 서울특별시 강남구 압구정로14길 32-1, 102호(신사동)
이메일 dreamwithessmarketing@gmail.com
홈페이지 www.bookpublishingwithess.com

ISBN 979-11-976193-5-9(93530)
값 18,000원

- 이 책의 판권은 지은이와 드림위드에스에 있습니다.
- 이 책 내용의 전부 또는 일부를 재사용하려면 반드시 양측의 서면 동의를 받아야 합니다.
- 잘못된 책은 구입하신 곳에서 바꾸어 드립니다.
- 본 책자의 이미지는 교육·연구 목적으로만 사용 가능합니다.

中国智慧城市挑战与创新

중국 스마트시티
도전과 혁신

저자 이창호

드림위드에스

| 서문 |

스마트시티는 IoT, AI, 빅데이터 등의 첨단기술을 기반으로 구현되는 디지털트윈이라는 4차 산업혁명의 개념을 도시에 구현하는 것으로 진화하고 있다.

2000년대 초 'U-city(유비쿼터스도시)'라는 도시정책의 신개념이 등장하고 건설과 ICT를 융합하여 도시에 거주하는 우리의 삶이 획기적으로 개선되고 자생력을 갖춘 도시경제가 활성화될 것으로 기대했다. 그 후 10년 남짓 U-city는 시효를 다하고 시들해지는가 싶더니, 4차 산업혁명 시대의 도래와 함께 스마트시티라는 이름으로 우리 앞에 다시 등장했다.

현 정부 들어 스마트시티는 성장 단계별 맞춤형 모델 조성, 확산 기반 구축, 혁신 생태계 조성, 글로벌 이니셔티브 강화에 중점을 두고 추진하고 있다. 한국 스마트시티는 인프라 경쟁력은 강하지만 데이터 계층, 서비스 계층 등은 경쟁력은 취약하다는 지적이 있다. 글로벌 수준의 스마트시티에 상응하도록 현행 스마트도시법의 보완과 함께 관련된 서비스 분야의 발전을 위해 데이터 3법이 지난해 8월부터 시행됐다.

스마트시티 해외시장 진출을 활성화하기 위해 2016년 한국형 스마트시티 해외진출 확대 방안, 2019년 스마트시티 해외진출 활성화 방안을 각각 발표하고 추진해왔다. 현 정부에서 수립한 활성화 방안은 금융 지원, 네트워크 구축, 대·중소·스타트업 기업 동반 진출, 수주 지원체계 확립 등을 포함하고 있다. 또한 도시 건설·ICT 솔루션·법제도 등이 패키지형으로 결합한 한국형 스마트시티 모델을 구축하는 한편, 대·중소기업의 동반진출을 지원하기 위해 스마트시티 해외진출 대상 유형별로 맞춤형 지원 방안을 수립하여 지원 중이다.

정부가 추진 중인 세종 5-1지구, 부산 에코델타 시범지구 등 국가 시범도시의 노하우를 상품화하여 해외 시장에 본격 진출한다는 전략이고 일부 지자체에서도 스마트시티 수출을 위해 해외 도시와 협력 방안 모색, 지식 공유 및 교류 확대 등을 추진하고 있다.

중국은 글로벌 스마트시티 시장 중 단일 국가로 최대 규모이며 한국 스마트시티와 마찬가지로 정부 주도로 시장이 형성되어 많은 부분에서 닮은꼴이다. 스마트시티 폭풍 성장과 함께 많은 과제를 안고 있는 것도 냉엄한 현실이다. 한국 정부와 기업이 중국시장 진출 전략을 재점검해보고 전향적인 사고의 전환이 필요한 시점이다.

중국 주택도시농촌건설부는 2012년 12월 스마트시티 국가 시범사업에 착수했다. 베이징, 상하이, 광저우, 선전, 항저우, 난징, 닝보, 우한, 샤먼 등은 이미 스마트시티 발전 계획을 수립하여 구축 중이다. 2015년 12월 시진핑 주석은 저장성 우전에서 열린 세계인터넷대회의 개회 연설에서 인터넷 시대 중국의 주도적 역할을 위해 신형스마트시티 건설을 제안하고 맹목적인 확장보다는 스마트시티의 질적 변화를 강조했다.

2019년 중국 스마트시티 엑스포에서 중국 도시와 소도시 개혁발전센터 리톄 이사장은 중국 스마트시티는 정부 주도가 아니라 수많은 시장 혁신을 통한 과학적 연구 결과이며 정부에 대한 서비스, 주민들에 대한 서비스, 광범위한 시장 수요에 부응하는 방향으로 진행되고 있다고 언급하였고, 국가발전개혁위원회는 질 높은 발전을 지속적으로 추진하고 사람의 도시화를 촉진하는 질적 향상 위주로 신형스마트시티 전략을 가속화해야 한다고 강조했다.

중국은 스마트시티 후발국가이지만 발전 속도는 선진국을 훨씬 뛰어넘고 있으며 응용 분야는 계속 확장되고 있다. 인터넷과 빅데이터, 인공지능, 클라우드 컴퓨팅 등 스마트기술과 경제사회 발전의 각 분야, 산업별 심도 있는 융합을 통해 도시, 산업으로의 패러다임 전환이라는 강력한 모멘텀을 만들어가고 있다.

1992년 한중 수교 이후 지난 30년간 양국 관계는 전방위적으로 발전했다. 정치·외교 분야에서 정상 외교를 비롯한 고위급 교류가 빈번해졌고, 양국관계는 수교 당시의 선린우호 관계에서 전략적 협력동반자 관계로 격상됐다. 또한 통상 분야에서 한중관계는 비약적으로 발전해 양국의 무역 규모는 수교 당시의 60억 달러에서 빠르게 성장해 2018년 3,100억 달러를 뛰어 넘었다. 2020년 코로나19 발생 직전까지 중국인 관광객은 연평균 연인원 500만 명에 달했고, 2016년에는 연인원 807만 명이라는 최고 기록을 세웠다. 또 양국은 서로 최대 유학대상국으로, 평균 7만 명의 유학생이 체류하고 있으며 한국 내 중국 이해도가 높아지고 있다. 이 외에도 양국 지방자치단체 간의 교류 협력도 진척을 이루고 있다. 2021년 초까지 양국은 약 660개의 도시가 자매우호관계를 맺었다.

2013년 12월 서울에서 개최된 제12차 한중경제장관회의에서 한중 양국 간 도시정책 협력체계구축을 위해 국장급 회의를 신설하기로 합의하였고 제1차 한중 도시정책협력 회의가 2015년 10월 중국 베이징에서 개최되어 양국 정부 간 회의 연례화, 스마트시티 관련 양국 협력, 민간교류활성화 등을 논의했다.

제1차 한·중 도시정책회의 후속으로, 2015년 12월 국토교통부·LH가 주관하여 서울에서 개최된 스마트 그린시티 국제콘퍼런스와 2016년 7월 국가발전개혁위원회, 중국 도시와 소도시 개혁발전센터가 주관하여 중국 베이징에서 열린 제2회 국제 스마트시티 엑스포에서 양국 협력이 진행됐다.

2018년 8월 중국 선전에서 열린 제4회 국제 스마트시티 엑스포에 한국 민관 합동 대표단을 구성하여, 한중 고위급 회담 및 교류협력 세미나, 양국 기업 간 비즈니스 미팅, 한국 홍보관 설치 등을 진행했다. 2018년 9월 일산 킨텍스에서 개최된 제2회 월드 스마트시티 위크에 중국이 참여하여 한중 정부 및 민간 차원의 스마트시티 전면적인 협력 기반을 조성했다.

2022년 한중 수교 30주년이 되는 시점에서 중국 스마트시티에 대해 재조명하고 한중 스마트시티가 전략적 협력 동반자 관계로 발전해가길 기대한다.

4차 산업혁명의 전개와 함께 첨단기술 분야에서 미국과 중국의 경쟁이 가속화되어 그야말로 디지털 분야를 중심으로 두 강대국이 글로벌 패권경쟁을 벌이고 있다. 미중 갈등은 현재 진행형이지만 포스트 코로나 시대에 대비한 한중 스마트시티 관련 정부 및 기업이 어떠한 전략을 구상할 것인지, 전략적 수요가 무엇인지 명확하게 파악하고 한중 스마트시티의 미래지향적 상생방안을 모색할 수 있기를 바란다.

이 책에서는 2001년부터 2021년 현재까지 중국 스마트시티 현장을 다니면서 만났던 중국정부 및 기업 관계자 그리고 프로젝트 현장에서 부딪치며 경험했던 실전 사례를 15개 에피소드 형태로 소개한다. 디지털시티부터 평안도시, 국가스마트시티 그리고 신형스마트시티에 이르는 중국 스마트시티 시장 변천사를 정리하고 중국 스마트시티 관련 정책, 산업 동향, 주요 이벤트 및 오피니언 등을 기술하여 중국 스마트시티의 큰 그림을 이해할 수 있게 했다. 또한 중국 스마트시티가 직면한 문제점, 개선방안, 한중 미래를 위한 준비와 바람을 정리했다.

이 책은 중국 스마트시티를 전반적으로 이해하는 길라잡이가 될 것이며, 중국 중앙정부 및 지방정부, 산하 공기업 그리고 민간 기업의 스마트시티 관계자들이 어떤 생각을 가지고 기획하고 실행하고 목표를 설정하는지를 이해하게 된다.

이 책에 사용된 원고는 중국 스마트시티 관련 각종 보고서, 언론기사, 홈페이지 내용을 번역, 편집하였고 한국 스마트시티 각종 보고서, 보도자료와 필자가 근무했던 삼성SDS, 이에스이 관련 문서 등을 참조했다. 중국 스마트시티 관련 전문용어, 기업, 단체, 지명, 솔루션 등은 별도 해설을 덧붙였다.

이 책은 중국 스마트시티 시장 진출을 준비하는 기업인 특히, ICT 및 건설분야 대기업 및 중소기업, 스마트시티 솔루션 및 서비스 전문 기업 임직원과 중국 스마트시티 수출 정책 입안 및 지원하는 정부부처, 지자체 및 관련 산하 기관 담당자 그리고 스마트시티 관련 대학 및 연구 기관 관계자에게 도움이 될 수 있기를 기대한다.

2019년 12월 베이징 어언대 단기연수 기간 중 출간을 계획하게 되었다. 2020년 1월 귀국 후 코로나 19로 인한 중국 항공편이 전면적으로 폐쇄된 가운데 베이징 지사, 광저우 JV 법인과 비대면 환경하에서 사업지원을 하면서 틈틈이 원고를 정리하며 출판되기까지 2년여의 시간이 걸린 듯하다.

이 책에는 삼성SDS 본사의 공간정보, 스마트시티 관련 선후배, 중국법인 임직원들의 수고와 열정이 녹아 있다. 이에스이 박경식 대표와 본사 임직원, 베이징 지사 및 광주JV 동료들의 협조와 배려가 있었기에 출간을 마무리할 수 있었다.

삼성물산 중국 사업 및 스마트시티 관련 임직원, 코트라 본사, 중국 본부 및 베이징 IT지원센터, 국토교통부, 국토연구원, KAIA, KICT 및 LH공사, 과기정통부, NIPA 및 KIC 중국, IFEZ, 경기주택도시공사 등 관계자분들의 도움이 적지 않았기에 이 자리를 빌려 감사를 전한다.

끝으로 필자의 가족들의 적극적인 성원과 사랑이 없었다면 이 책은 나올 수 없었기에 다시 한번 가족들에게 사랑한다는 말을 전한다.

필자의 경험과 고민이 담긴 이 책자가 한중 스마트시티 전략적 파트너십 강화와 수출 증대의 밑거름이 되길 기대한다.

2022년 2월
이창호

| 추천사 |

　세계에서 도시화가 가장 급격하게 진행되고 있는 중국에서 500개의 새로운 스마트시티를 조성하겠다는 야심찬 계획을 실행에 옮기고 있는 중국정부의 도전과 그 성과를 한눈에 볼 수 있다. 세계 스마트시티 시장을 선도하겠다는 꿈을 가지고 있는 우리가 반드시 배워야 할 주옥같은 교훈들이 넘쳐난다.

김갑성(연세대학교 교수, 4차산업혁명위원회 스마트도시특별위원장)

　중국과 한국은 스마트시티 건설 및 운영의 개념과 혁신 측면에서 높은 수준의 일관성을 유지하고 있다. 저자는 수년간 다양한 중국 지역과 문화를 이해하고 스마트시티 구축 과정과 효율성을 배웠다. 중국 스마트시티 시장은 개방적이고 포용적이며 저자의 통찰력은 분명히 중국시장을 진출하는 한국 기업들에게 도움을 줄 것이라고 확신한다.

샤샤오보夏晓波
(안후이성안타이커지安徽省安泰科技股份 부총재, 최고기술책임자)

본서는 20년간 중국 스마트시티 현장을 누빈 저자의 일선 경험과 한중 스마트시티 관련 지식과 노하우를 집대성하여, 중국 스마트시티 시장진출을 준비하고 있는 우리 기업들에게 단비와 같은 길잡이가 되어 줄 것으로 기대된다.

신진용(KOTRA 센터장, 코트라 베이징 IT지원센터)

알리바바는 2017년부터 "도시두뇌(CITY BRAIN)"라는 스마트시티 핵심 인공지능 인프라 구축에 정진하고 있고, 중국정부는 「14차 5년 규획(2021-2025)」 중에 "디지털 중국 건설"이라는 커다란 목표를 설정하고 스마트시티 구축을 체계적으로 추진하고 있다. 본 책자를 통해 중국 스마트시티의 혁신을 재조명하고 중국시장에 진출코자 하는 한국 기업의 도전과 열정에 응원을 보낸다.

고영화(베이징대 한반도연구소 연구원,
前 과기정통부 한국혁신센터(KIC) 중국센터장)

목차

서문 • 4
추천사 • 11

Part 1. 중국 디지털시티의 시작 • 17

1-0. 디지털시티 ———————————————————— 18
1-1. 베이징 Comdex China,
    광저우 Digital City EXPO 중국 디지털시티의 서막 ——— 34
1-2. 랴오닝성 선양전력공사, 공간정보 수출 ———————— 49
1-3. 광둥성 포산시, 도시정보화 마스터플랜 ——————— 54
1-4. 장쑤성 우시, 한국 스마트시티 벤치마킹 ——————— 61
1-5. 광둥성, 비즈니스의 귀재들과 만남 ————————— 67

Part 2. 중국 평안도시 확산과 스마트시티 태동 • 89

2-0. 평안도시 ———————————————————— 90
2-1. 안후이성, 새로운 도전과 좌절 그리고 희망 —————— 109
2-2. 산시성 시안, 삼성문화복합단지 대륙몽 ——————— 121
2-3. 후베이성 우한, 스마트시티 컨설팅 ————————— 132
2-4. 산둥성 칭다오, 서해안경제신구 한중 협력모델 ———— 144
2-5. 쓰촨성 청두, 부동산개발상 파괴적 혁신 ——————— 157

Part 3. 중국 신형스마트시티 혁신과 차이나 스탠더드 · 175

- 3-0. 신형스마트시티 ⋯⋯⋯⋯⋯⋯⋯⋯⋯⋯⋯⋯⋯⋯⋯⋯⋯⋯⋯⋯⋯ 176
- 3-1. 텐진 에코시티, 스마트시티 플랫폼 글로벌 경쟁 ⋯⋯⋯⋯ 187
- 3-2. 베이징·상하이·선전·시안 전시회, 한중 얼라이언스 시동 ⋯ 205
- 3-3. 푸젠성 샤먼, 스마트 교통관제 업그레이드 ⋯⋯⋯⋯⋯⋯ 234
- 3-4. 산시성 타이위안, 스마트 시큐리티 한중 합작 모색 ⋯⋯ 242
- 3-5. 허베이성 친황다오·후베이성 우한, COVID 19 극복 ⋯⋯ 250

Part 4. 한중 스마트시티 미래와 선택 · 269

- 4-1. 한국 스마트시티 조망 ⋯⋯⋯⋯⋯⋯⋯⋯⋯⋯⋯⋯⋯⋯⋯⋯ 270
- 4-2. 중국 스마트시티 혁신 ⋯⋯⋯⋯⋯⋯⋯⋯⋯⋯⋯⋯⋯⋯⋯⋯ 274
- 4-3. 한중 스마트시티 선택 ⋯⋯⋯⋯⋯⋯⋯⋯⋯⋯⋯⋯⋯⋯⋯⋯ 285

Part 1
중국 디지털시티의 시작

1-0. 디지털시티
1-1. 베이징 Comdex China, 광저우 Digital City EXPO 중국 디지털시티의 서막
1-2. 랴오닝성 선양전력공사, 공간정보 수출
1-3. 광둥성 포산시, 도시정보화 마스터플랜
1-4. 장쑤성 우시, 한국 스마트시티 벤치마킹
1-5. 광둥성, 비즈니스의 귀재들과 만남

1-0
디지털시티[1]

도입[2]

디지털도시数字城市는 좁은 의미로 원격감지(RS), 위성 위치 확인 시스템(GPS), 지리정보시스템(GIS)과 같은 공간정보 기술을 활용한 컴퓨터 가상 표현이다. 넓은 의미에서는 도시 경제, 사회 및 생태 운영의 지능화, 네트워크화 및 디지털화 측면을 실현하기 위해 도시정보 인프라 구축을 하고 다양한 정보자원을 개발, 통합 및 활용하여 도시 지리정보 공공서비스 플랫폼을 운영하는 것이다.

기술적인 관점에서 디지털도시는 공간정보를 핵심으로 하는 **도시정보시스템**[1)]이다. 여기서 공간정보란 공간적 위치와 관련된 데이터와 그에 상응하는 인문, 사회경제적 정보를 말하며, 도시정보시스템은 서로 연관된 대용량의 도시정보 하위시스템이 유기적으로 결합한 것을 의미한다. 디지털도시의 핵심기술은 원격감지, 지리정보시스템, 지구위치시스템, 공간 정책 지원, 관리정보시스템, 가상현실 및 광대역 네트워크 기술이다. 주제는 데이터, 소프트웨어, 하드웨어, 모델 및 서비스이며 본질은 컴퓨터정보시스템이다.

실용화 측면에서 디지털도시는 네트워크 환경을 기반으로 한 도시정보 서비스 시스템으로 볼 수 있다. 디지털도시 건설의 임무는 현대 하이테크 기술을 사용하여 도시의 다양한 정보자원을 수집, 통합 및 채굴하고 정부, 기업, 지역 사회를 위한 정보 플랫폼 및 응용 시스템을 구축하는 것이다.

현재의 관점에서 볼 때 디지털도시는 여전히 '온라인 도시' 수준에 있으며, 실제 도시를 '디지털 공간'과 '물리적 공간'으로 분리하는 문제에 직면해 있다. 두 가지 측면이 상반되고 디지털도시가 실제 도시의 '거울'일 뿐이라면 디지털도시는 여전히 '가상 인식' 단계에 있다. 그리고 사람들이 상상하는 지적인 특성을 발휘하기가 어렵다. 스마트시티의 등장으로 디지털도시가 안고 있는 이러한 문제를 해결해가고 있다.

오늘날 정보화의 급속한 발전과 함께 도시의 발전은 '디지털' 시대에서 '스마트' 시대로 이동하고 있다. 디지털도시의 목표는 실제 작업을 인터넷으로 옮기고 컴퓨터 네트워크를 통해 실현하는 것이다. 스마트시티는 **정보항**信息港[2])과 디지털도시를 기반基礎으로 새로운 방향으로 발전해가고 있다. 스마트시티 단계에서 주요 자원은 도시의 정보 네트워크 기반에서 자동 모니터링, 자동 정보 수집, 자동 분석 및 처리, 자동 의사 결정 대응을 구현하는 데 사용된다.

따라서 도시정보화의 발전 단계와 주요 자원의 활용 관점에서 스마트시티는 디지털시티에서 비롯되며 디지털시티보다 상위에 있다.

개념[3]

'디지털도시' 시스템은 사람과 사람, 토지와 토지, 사람과 토지 사이의 상호작용과 관계를 구현하는 개인-토지(지리적 환경) 관계 시스템이다. 시스템에는 정부, 기업, 시민, 지리적 환경 등이 상대적으로 독립적이며 밀접하게 관련된 하위시스템을 구성한다. 정부 관리, 기업의 비즈니스 활동, 시민의 생산과 생활은 모두 도시의 사람-토지 관계를 반영한다.

국제도시개발연구원国際城市發展研究院은, 도시의 정보화는 본질적으로 도시城市-사람人-토지地 관계 시스템의 디지털화라고 생각하며, 이는 '사람'의 지배적 위치를 반영한다. 도시정보화를 통해 이동 현황과 법규를 더 잘 파악할 수 있다. 도시인에게 중요한 도시 시스템의 최적화를 달성하기 위해 토지와 토지의 관계를 규제함으로써 도시는 인류의 생존과 지속가능한 발전에 도움이 되는 공간이 된다.

도시정보화의 과정은 지표 측량·통계의 정보화数字调查与地图, 정부의 관리·의사결정의 정보화数字政府, 기업 경영·의사 결정·서비스의 정보화数字企业, 시민 생활의 정보화数字城市生活 등 이들 4개 정보화 진척 과정이 디지털도시이다.

상하이 3D 디지털도시계획 조감도
(출처: 창사시지왕루커지)

소개

디지털도시는 공간정보를 이용하여 도시의 천연자원, 사회자원, 기반 시설, 인문, 경제 등을 포함하는 가상 플랫폼을 구축하고 디지털 형식으로 획득 및 업로드하여 정부와 사회를 위한 광범위한 정보 서비스를 제공하는 것이다.

디지털시티는 도시정보의 포괄적인 분석 및 효과적인 사용을 실현하고 정부 관리 및 서비스 수준을 효과적으로 향상할 수 있는 고급 정보기술을 통해 도시의 계획, 건설, 운영, 관리 및 비상 대응을 지원하고 효율성을 향상시킬 수 있다. 도시 관리 효율을 높이고 자원을 절약하며 도시의 지속가능한 발전을 촉진한다.[4]

인간의 삶과 생산에 관한 정보의 80%가 공간적 위치와 관련되어 있기 때문에 디지털시티는 공간정보 플랫폼을 기반으로 구축·운영되고 있다. 어떤 의미에서 공간정보 플랫폼은 디지털시티 건설 과정에서 기반 시설을 구축하는 것이며 디지털시티의 다양한 응용 프로그램은 공간정보 플랫폼을 통해 실현된다.

역사 발전

1998년 1월 21일 미국 부통령 앨 고어가 **디지털 지구**数字地球[3)]의 개념을 제안한 후 중국학자, 특히 지구과학 분야의 전문가들은 '디지털 지구' 전략이 중국의 정보화 건설과 지속가능한 사회적 경제, 자원 및 개발을 위한 중요한 무기武器임을 강조하였고 중국 베이징에서 1999년 11월 29일부터 12월 2일까지 제1회 국제 '디지털 지구' 콘퍼런스가 열렸다.

그 이후로 '디지털 지구'와 관련된 유사한 개념이 계속 등장했다. '디지털 중국数字中国', '디지털 성정부数字省', '디지털도시数字城市', '디지털 산업数字化行业', '디지털 커뮤니티数字化社区' 등과 같은 용어는 신문과 잡지로 넘쳐나 현재 가장 뜨거운 주제 중 하나가 되었다. 많은 성省과 시市에서도 이를 10차 5개년 계획 동안 경제 및 기술 발전을 위한 중요한 전략으로 간주하고 있다.

국가측량지도지리정보국国家测绘地理信息局은 2000년 전국이사회의全国局長干部会议에서 차기 측량 지도국의 주요 임무는 '디지털 중국数字中国'의 기본 틀을 구축하는 것이라고 분명히 밝혔다. 하이난海南, 후난湖南, 산시山西, 복건성福建省 및 기타 성에서는 공식적으로 '디지털 하이난数字海南', '디지털 후난数字湖南', '디지털 산시数字山西' 및 '디지털 복건数字福建' 프로젝트에 착수했으며, 기타 성 및 지역도 계획을 수립하며 디지털도시 프로젝트가 본격화되었다.

2000년 5월 13일 개최된 '21세기 디지털도시포럼二十一世纪数字城市论坛'에서 100여 명의 중국 지방정부 시장과 100여 개의 IT 선도 기업 대표들이 중국 도시의 디지털화 촉진을 논의했다.

중국 건설부建设部 류정성俞正声 장관은 포럼 개회사에서 '**정원 도시**园林城市[4]', '**에코 시티**生态城市[5]'와 같은 소위 '디지털도시'가 도시 개발 방향이라며 디지털 기술, 정보 기술 및 네트워크 기술을 도시 생활의 모든 측면에 적용할 것을 주문했다. 또한, 디지털도시 건설은 만연한 불법 건설을 방지하고 공사 수주와 부동산 건설의 폐해를 막을 수 있다고 강조했다.

과학기술부科技部 관계자는 '디지털도시'가 산업화와 정보화가 병행되는 중국의 현재 경제생활 상태와 일치하며 중국 도시의 현대화에 큰 의미가 있으며 '10차 5개년 계획十五'에서 현재 수립되고 있는 관련 과학기술 연구 계획 및 도시 계획, 건설 및 관리, 디지털도시 공학이 중요한 부분이 될 것이라고 밝혔다.

중국 정보산업부中国信息产业部 정보진흥국信息化推进司 송링宋玲 국장은 도시정보화의 실현은 중국 도시가 세계화의 물결에 통합되기 위한 기본적이고 필요한 조건이라고 말했다. 중국은 정보화 수준을 측정하기 위해 일련의 비교 시스템을 구축했고 국무원 정보기술지도단国务院信息化领导小组의 논의와 승인을 거쳐 발표했다.

건설부, 과학기술부 등 위원회는 '10차 5개년 계획' 기간 동안 '디지털도시 시범 프로젝트数字化城市示范工程 項目'를 시작하였다. 중국정부는 '10차 5개년 계획' 기간 동안 5억 위안(지방 및 기업 투자분 40억 위안)을 투입하고 5~10개 도시 종합 응용 프로그램综合应用과 20~30개 도시산업 응용 프로그램行业应用, 30~40개 커뮤니티 및 기업 디지털 시범 프로젝트社区和企业的数字化示范项目, 2~3개 성급 및 도시 산업 응용 프로그램省市的行业应用 개발에 착수했다. 또한 20~30개 데이터 처리 및 시스템 통합 하이테크 기업数据处理与系统集成的高技术企业 건립을 추진했다.[5]

2000년 이후 2년 동안 단순히 '디지털 지구数字地球'라는 개념을 내세웠던 것과 달리 '디지털 지방数字省'과 '디지털도시数字城市'는 본격적인 착수 단계에 진입하기 시작했다. 중국의 '디지털 지구' 전략의 발전을 적극적이고 효과적으로 추진하기 위해 '디지털도시'를 중심으로 기본 개념과 구현 전략을 논의하고 이와 관련된 '디지털 지방数字省', '디지털 산업数字化行业' 및 '디지털 커뮤니티数字化社区'도 참조하였다.

2012년 9월 12일, 국토자원부 부서기副书记 및 부장관副部长, 국가토지 수석검사관国家土地副总督察, 국가측량지도지리정보국国家测绘地理信息局의 쉬더밍徐德明 국장은 측량 및 지리정보 발전 포럼测绘地理信息发展论坛에서 디지털도시 건설数字城市建设은 중요한 성과를 달성했으며, 전국 270개 이상의 현급 도시地级城市가 디지털도시 건설을 추진하고 있으며, 그중 125개가 건설 완료되어 사용 중이고 60개 이상의 응용 분야에서 활용되고 있다고 밝혔다.[3]

포지셔닝

디지털도시는 여전히 개념이며 '디지털 지구数字地球'의 구성 요소이고 시스템 엔지니어링 또는 개발 전략으로 간주할 수 있지만 하나의 프로젝트 또는 시스템으로 볼 수 없다. 많은 시스템을 포함할 수 있지만 정확히 정의하기도 어렵다. 디지털도시에 속하는 내용이 무엇인지, 디지털도시의 구현이라고 볼 수 있는 정보화 수준을 정의하는 것도 어렵다. 그러나 이것은 가상의 것이 아니며, 도달할 수 없는 것도 아니며, 미래의 도시 건설과 도시 생활의 모든 곳에서 볼 수 있고, 언제든지 접근 가능한 **유비쿼터스 시스템**无处不在的系统[6]이다. 디지털도시는 도시 개발의 전략적 목표战略目标이며 점진적인 발전 과정을 가지고 있으며 점차 도시 건설, 시민 생활 및 경제 발전에 혜택과 편의를 제공할 것이다.

목표

디지털도시의 목표를 정확히 정의하기는 어렵지만 디지털도시가 구축되면 우리가 흔히 말하는 '사회의 정보화社会信息化'가 실현되는 시기라고 할 수 있다. 그것의 전략적 목표는 도시의 다양한 데이터 통합을 실현하고 공유하기 쉽고 사용하기 쉽게 만들어 정부 관리 부서, 기업, 커뮤니티 및 개인에게 편리함을 제공한다. 온라인 사무실, 온라인 정보 검색, 온라인 학습, 온라인 작업, 온라인 레저 분야 등으로 확대 적용한다.

기반

디지털도시의 주요 기반이 되는 세 가지 항목이 있다.

첫 번째는 초고속 광대역 네트워크, 지원 컴퓨터 서비스 시스템 및 네트워크 교환 시스템 등을 필요로 하는 정보 인프라信息基础设施이다. 즉, 디지털도시의 첫 번째 과제는 '네트워크 구축' 문제를 해결하는 것이다.

두 번째는 기반 데이터基础数据, 특히 '공간 데이터空间数据'가 있어야 한다. 통계를 보면 인간의 삶과 생산에 관한 정보의 80%가 공간적 위치와 관련되어 있으며, '디지털 지구'의 기본 개념도 다양한 데이터를 지리 공간적 프레임워크地球空间框架에 통합하여 표시하는 것으로 정의된다. 디지털 지도数字地图와 디지털 이미지数字影像는 기본 프레임워크基础框架이다. '디지털도시'를 '네트워크 도시网络城市'가 아닌 '디지털도시数字城市'라고 부르는 이유는 무엇일까? 네트워크 도시는 얼마나 많은 광케이블光缆이 설치되었는지 보여줄 뿐 도시의 정보화 수준城市的信息化水平은 측정할 수 없다. 광대역 네트워크 마일리지宽带网里程 외에도 디지털도시를 측정하는 또 다른 중요한 지표는 데이터의 양数据量的大小, 특히 다양한 기본 공간 데이터의 양基础空间数据的数据量이다.

세 번째는 디지털도시를 관리하고 사용하는 사람이다.

우리의 '실제 도시现实城市' 관리에 상응하여 '디지털도시数字城市' 관리는 상응하는 제도와 규범机构和规范을 점진적으로 수립하고 네트워크 시스템网络系统 및 데이터数据를 지속적으로 구축, 업데이트, 유지 및 업그레이드하고 사용자 접근을 조정해야 한다.

디지털도시를 관리하는 사람 외에도 이를 활용하는 사람을 양성하는 것도 중요한 기본과제다. 디지털도시 구축 후 사용하지 않는 것은 낭

비이며 사회적, 경제적 이익을 창출할 수 없다. 디지털도시를 수만 개의 기업, 수백만, 수천만 명의 시민이 사용하여야 막대한 사회 경제적 이익을 창출하고 국가 경제의 급속한 발전을 촉진할 수 있다. 세계 경제의 급속한 발전은 IT 산업의 하드웨어 및 소프트웨어 기술의 수혜를 입었고 앞으로 국가 경제의 중요한 성장 포인트는 '정보 서비스信息服务 산업에 달려 있다.

핵심요소

중국 도시 중 많은 곳에 이미 광케이블光缆을 대대적으로 설치하고 있으며 일부 도시의 많은 부서에서 GIS를 구축하고 있다. 도시정보화城市信息化의 전반적인 전략목표整体战略目标인 디지털도시와 더불어 '디지털도시'라는 개념을 강조해야 하는 이유는 네트워크 및 데이터 공유网络和数据的共享를 실현하는 것이기 때문이다. 역사적 발전으로 인해 전화 네트워크, 케이블 TV 네트워크 및 인터넷 네트워크가 도시에 배치되었지만 실제로 낭비를 초래했다. 지금 해야 할 개선 작업은 하드웨어 자원의 공유를 실현하고 정보 공유를 위한 조건을 만들기 위한 3개의 네트워크의 통합 또는 3개의 네트워크의 상호 운용성이다. 정보 공유에는 두 가지 측면이 있다. 하나는 정책 또는 행정 관리적 요소이다. 데이터 생산 관리 부서가 '디지털도시'에 관한 데이터를 적시에 제공할 수 있도록 정부 기능을 최대한 발휘하고 모든 당사자의 열정을 동원하는 방법을 말한다. 또 다른 중요한 측면은 기술적인 요소이다. 생산된 데이터가 규정을 준수하고 효과적인지 확인하는 방법과 디지털도시에서 각 시스템을 상호 연결하고 상호 운용하는 것이 디지털도시를 실현하는 데 중요한 기술 문제이다.[11]

단계

디지털도시에는 실제로 여러 단계가 있다. 많은 도시에서 착수한 프로젝트는 주로 정부 관리 부서에 국한된다. 디지털도시는 '실제 도시现实城市'의 관리 및 의사 결정을 담당한다. 이것은 중요한 기능이라고 할 수 있다. 하지만 그것만으로는 부족하다. 기업, 공동체, 개인의 세 가지 차원을 고려해야 한다. 앞으로 디지털도시의 핵심은 기업과 커뮤니티, 전통 기업, 정보기술(IT)을 리모델링해 업그레이드하고 새로운 정보 서비스 기업이 양산돼 도시의 새로운 경제 성장을 이루는 것이다. 커뮤니티社区는 정부와 개인을 잇는 연결고리이자 도시가 문명화, 현대화로 가는 열쇠이다. **공동체 정신문명 건설社区精神文明建设**[7]에 있어 '**디지털 커뮤니티**数字化社区[8]'는 중요한 역할을 할 것이다. 개인은 정보서비스의 주체이자 사회적 소비의 주체이다. '디지털도시' 건설 프로젝트를 추진할 때 반드시 아이템을 만들어 개인의 정보 소비信息消费를 유도해야 한다. 중국 도시에서 종이 교통관광 지도는 연간 10억 달러 이상의 매출을 올리고 있다. 미국의 한 지도 웹사이트는 12억 달러에 팔리고 있다. 중국에서 자가용 자동차의 증가에 따라 교통 및 관광을 위한 정보 소비만 100억 위안에 이를 수 있다.

전문가 관점

중국 과학원中国科学院 및 중국 공정원中国工程院의 학자院士 리더런李德仁은 디지털도시는 도시 계획, 지능형 교통, 네트워크 관리 및 서비스, 위치 기반 서비스, 도시안전 비상대응 등을 위한 여건을 조성해 정보화 시대에 도시의 조화로운 발전을 위한 중요한 수단이라고 말했다. 디지털 지구는 관련 자원과 공간적 위치를 통합, 즉 지리정보시스템과 가상현실 기술로 다양한 데이터 자원을 통합하는 것으로 직접 현장에 가지 않고도 세상사를 알 수 있게 되는 것이다.[12]

중국 스마트시티추진협회中国智慧城市促进会 회장 리닌李林 교수는 스마트시티는 디지털도시 네트워크 및 디지털 건설을 기반으로 자동화 및 지능 기술을 추가로 적용하여 디지털도시에서 정부 정보화, 도시 정보화, 사회 정보화 및 기업 정보화를 유기적으로 통합하는 것이라고 말했다. 도시 사물인터넷 및 클라우드 컴퓨팅 센터를 통해 도시 전체가 다루는 사회 종합 관리 및 사회 공공서비스 자원을 통합하고 지리 환경, 인프라, 자연자원, 사회자원, 경제자원, 의료자원, 교육자원, 관광자원, 인문자원 등을 활용하여 더욱 철저한 인식, 더욱 포괄적인 상호 연결, 보다 심도 있는 지능화를 달성한다. 도시 종합 관리, 공공서비스 정보의 공유 교환, 자원 활용을 위해 도시의 저탄소 친환경과 지속가능한 발전을 위해 도시 자원의 공간적 최적화 배치를 통해 조화롭고 행복한 사회를 건설할 수 있도록 지원한다.

실제 응용

중국 디지털도시 공간 체계의 시범사업은 2006년 시작되었으며 디지털 중국 공간 체계 건설의 중요한 구성 요소이다. 그 목표는 도시의 기본 지리정보 및 관련 정보 데이터베이스에 기반, 도시의 지리 공간 정보를 통합하고 권위 있는 공공 플랫폼을 구축하여 정보자원의 통합, 공유 및 완전한 활용을 촉진하는 것이다. 도시정보화의 진행을 가속화하고, 중앙, 성, 시 정부의 정보자원 공유를 실현한다.[7]

모바일 지도와 도로 코일에 기록된 차량의 주행 속도와 대수, 버스, 택시 등의 운행 데이터를 결합하면 도시의 두뇌는 하나의 가상 디지털

도시에 알고리즘 모델을 구축할 수 있으며 머신러닝을 통해 끊임없이 최적화된다.[8]

미래 발전

2012년 9월 10일, 국가측량지도지리정보국国家測绘地理信息局의 '디지털도시 건설에 관한 특별 연구반数字城市建设专题研究班'에 따르면 전국 270개 이상의 지방 도시가 디지털도시 건설을 진행했고 '12차 5개년 계획+二五' 기간 동안 중국의 모든 지방 도시는 디지털도시를 건설하고 있다.[9]

중국은 이미 311개 지방 도시가 디지털도시 건설을 진행 중이며 그 중 158개 디지털도시가 건설되어 60개 이상의 영역에서 사용되고 있다. 100개 이상의 디지털 현数字县과 3개 스마트 도시智慧城市 건설 시범 프로젝트가 시작되었다. 2013년 국가측량지도지리정보국은 스마트시티를 위한 **시공간정보 클라우드 플랫폼**时空信息云平台[9] 구축을 위한 시범사업에 착수하여 매년 약 10개 도시가 선정되어 시범사업을 진행한다. 프로젝트 기간은 2~3년이고 총 3,600만 위안의 비용이 투입된다.[6]

스마트 홈智能家居, 도로망 모니터링路网监控, 스마트 병원智能医院, 식품의약품 관리食品药品管理, 디지털 라이프数字生活 등이 가져다주는 편리한 서비스를 누릴 수 있게 되며, '스마트시티智慧城市'의 시대가 도래한 것이다.

중앙정부는 전국 디지털도시 건설에 약 4억 위안을 투자하여 약 60

억 위안의 지방 투자를 유도하고 100억 위안 이상의 재정 자금을 절약하며, 간접 서비스 생산액은 300억 위안에 이른다. 디지털 성 및 지역이 활발하게 발전하고 있으며 하이난海南, 후베이湖北, 장시江西, 헤이룽장黑龙江, 톈진天津, 닝샤宁夏 등 15개 디지털 성 및 지역 건설이 순조롭게 진행되어 성과를 얻었다. 국가측량지도지리정보국은 도시정보화 추진을 더욱 촉진하고 도시 운영, 관리 및 서비스의 자동화 및 지능적 요구를 더 잘 충족시키고 스마트시티의 탐색 및 건설을 위한 지리정보 서비스를 적시에 효과적으로 제공하기 위해 시공간정보 클라우드 플랫폼 구축 시범사업을 기획하고 수행했다. 시범 프로젝트 완료 후, 국가측량 지도지리정보국은 성정부 측량지도지리정보국 및 시 정부와 공동으로 사업에 대한 검수를 진행했고 시범사업은 2015년 6월 말 종료했다.[10]

참고자료

1 数字城市. 百度百科 2021-03-15
2 什么是数字城市？涉及哪些方面百家号. 我爱阳光明媚 2018-09-28
3 公众服务平台. 都市圈GIS网站 2013-03-20
4 2013年数字城市介绍及发展. 产业网 2013-10-11
5 数字城市建设向智慧城市全面升级 拉动地理信息产业300亿. 新华网 2017-03-13
6 数字城市地理信息公共平台国产软件测评结果公告. 国家测绘地理信息局 2017-03-13
7 我国2015年基本完成全国地级以上城市数字城市建设. 腾讯新闻 2016-11-16
8 杭州联手阿里云开始用人工智能治理城市. 人民网 2016-11-16
9 "十二五"我国地级市将建成数字城市. 中国城市低碳经济网 2012-09-19
10 全国开展数字城市建设已达311个地级市. 城市研究 2012-12-24
11 高大利, 吴清江, 孙凌.「甘肃政法成人教育学院学报」数字城市 及其关键技术 :「中国学术期刊（光盘版）电子杂志社 2004年01期
12 专家如何看待数字城市与智慧城市之间的迷局. 中国智慧城市 2012-09-19

용어해설

1) 도시정보시스템(城市信息系统): 컴퓨터 소프트웨어와 하드웨어의 지원하에 도시와 관련된 다양한 정보를 공간적 분포와 속성에 따라 일정한 형식으로 입력, 처리, 관리, 분석, 출력하는 컴퓨터 기술 시스템이다. 도시의 규모, 생산, 기능적 구조, 생태 환경 및 관리 정보 시스템이다.
2) 정보항(信息港): 도시 및 그 주변 지역의 국가정보기반시설의 정보기반시설을 총칭하는 용어로 지역의 정보 전송, 유통, 공유, 서비스를 지원할 뿐만 아니라 국가 정보 기반 시설 및 기타 네트워크 정보 전송 포트이다. 주로 정보 전송 네트워크, 정보 서비스 시스템, 네트워크 관리 센터 및 정보 기술 산업을 포함한다. 정보 네트워크는 주로 통신 네트워크, 라디오 및 텔레비전 네트워크, 다양한 컴퓨터 네트워크로 구성된다.
3) 디지털 지구(数字地球): 지구의 디지털 모델로 디지털 기술과 방법을 사용하여 지구와 그 위의 활동과 환경의 시공간 변화 데이터를 지구의 좌표에 따라 저장한다. 글로벌 디지털 모델을 구성하고 고속 네트워크에서 빠르게 유통하여 사람들이 우리가 있는 지구를 빠르고 직관적이며 완벽하게 이해할 수 있도록 한다.
4) 정원 도시(园林城市): 주택도시농촌건설부(住房和城乡建设部)의 '정원도시 국가표준'에 의해 선정된 균형 잡힌 분포, 합리적인 구조, 완벽한 기능, 아름다운 경관, 신선하고 쾌적한 생활환

경, 안전하고 쾌적한 도시를 갖춘 도시를 말한다.
5) 에코 시티(生态城市): 사회, 경제, 문화, 자연이 고도로 조화된 복합 생태계로, 그 내부의 물질 순환, 에너지 흐름과 정보 전달 구성이 서로 연결되어 협동 공생하는 네트워크로, 물질 순환 재생, 용량 활용 실현, 정보 피드백 조정, 경제 효율, 사회 통합, 인간과 자연의 공생을 실현하는 기능을 갖춘다.
6) 유비쿼터스 시스템(无处不在的系统): '어디에나 널리 존재한다'는 의미의 영어단어 'Ubiquitous'와 컴퓨팅이 결합된 단어로 '언제 어디서든 어떤 기기를 통해서도 컴퓨팅할 수 있는 것'을 의미한다.
7) 공동체 정신문명건설(社区精神文明建设): 사상도덕 건설과 교육과학문화 건설의 두 가지 측면을 기본 내용으로 하며 사상도덕 건설은 중화 민족의 정신적 지주와 정신적 동력 문제를 해결해야 하고, 교육과학문화 건설은 과학 문화의 자질과 현대화 건설의 지적 지원 문제를 해결해야 한다.
8) 디지털 커뮤니티(数字化社区): 각종 정보기술과 수단을 운용하고 지역사회 자원을 통합하여 지역사회 범위 내에서 정부, 부동산 서비스 기관, 주민과 각종 중개 조직 간의 상호 교류 및 서비스를 위한 네트워크 플랫폼을 구축하는 것을 말한다.
9) 시공간정보 클라우드 플랫폼(時空信息云平台): 지리정보 공유 프레임워크에 기반하여 섬세한 각 시점의 지리정보를 모두 아우르는 사물인터넷 실시간 감지와 연계하여 범재적 응용환경에 지리정보 데이터, 개발 인터페이스, 기능 소프트웨어 서비스를 제공하여 스마트시티 전체의 건설과 운영을 지능적으로 서비스하는 스마트시티 운영의 지능화된 시공간 탑재체이다.

1-1
베이징 Comdex China, 광저우 Digital City EXPO 중국 디지털시티의 서막

베이징 Comdex China

2001년 4월 4일 중국 IT 업계 최대 행사인 제5회 COMDEX/China Expo가 베이징 중국국제전시센터中国国际展览中心에서 개막했다. 4일간 진행된 박람회는 중국 정보 산업의 현황과 글로벌 정보화의 트렌드를 전망하고 플랫폼 및 응용 프로그램, 전자 상거래 및 인터넷, 네트워크 및 통신, 정보 기기 및 디지털 기술을 포함한 4가지 기술을 주제로 '신경제 시대를 위한 정보화新经济时代的信息化 솔루션'이 제시됐다. 중국 및 해외 160여 개 기업이 참가해 IT 신제품, 신기술, 신분야, 신개념 등을 선보였다. 같은 기간 동안 모바일 커머스, 네트워크 기술, 벤처 캐피탈, 광대역 및 네트워크 보안 등 다양한 분야에 걸쳐 약 30개의 전문 강좌가 열렸다. COMDEX는 세계에서 가장 권위 있는 IT 전시회 중 하나로 매년 세계 17개국 이상에서 약 21개의 COMDEX 전시회가 열리는데 중국은 1997년 제1회 COMDEX 엑스포 이후 매년 1회 개최하고 있다. COMDEX/중국 엑스포는 중국 정보산업부信息产业部, 과학기술부科技部, 중국국제무역진흥위원회中国国际贸促会联合가 공동 후원하여 정보산업부 차관信息产业部副部长인 취웨이지曲维枝 조직위원회 주임이 주관했다.[1]

2001 베이징 COMDEX/China Expo 중국국제전시센터 참관

삼성SDS는 중국시장에서 ICT 정보서비스 회사의 위상을 높이고 COMDEX 전시회 기간 중 중국법인과 본사 임직원 간 소통을 강화하여 자사 출품 솔루션에 대하여 이해도를 높이는 계기를 마련했다. 한국은 1990년부터 자동지도제작(AM: Automated Mapping), 시설관리(FM: Facility Management) 기술을 기반으로 국방, 전력, 가스, 지역난방 등 분야에서 공간정보 사업이 본격화되기 시작했다. 1995년 국토교통부 주도로 국가지리정보체계(NGIS: National Geographic Information System)가 본격 가동되면서 도시정보시스템(UIS: Urban Information System)이 전국적으로 확산되기 시작했다.

삼성SDS는 한국가스공사 배관망 관리 시스템, 서울특별시 상수도 관리 시스템 등 주요 공공기관의 시설물 수치지도 제작과 응용 시스템 개발을 수행했다. 1998년 IMF 경제위기를 타개하기 위해 한국정부는 공공 근로화 사업을 추진했고 도로, 상하수도 등 지자체 도시 시설물

데이터베이스에 대한 자료 정비와 신규 제작이 진행되었다. 이를 바탕으로 지자체는 도시 시설물 종합 관리를 위한 도시정보시스템을 본격적으로 구축했다.

삼성SDS는 진해시, 부산광역시 등 다수 지자체 도시정보시스템 구축 경험을 토대로 중국시장 진출을 위한 솔루션 패키지화를 추진했다. 단계별 **GTM 전략**[1]을 수립하고 2002년 하반기까지 e-UIS 솔루션을 통해 중국시장에서 200억 이상 매출을 확보한다는 야심에 찬 계획을 수립했다.[2]

e-UIS는 표준화된 도시정보시스템(Urban Information System)과 GIS(Geographic Information System) 응용기술을 통합한 솔루션 패키지 형태로 효율적인 도시 관리 지원을 위해 GIS 기술을 활용하여 도로, 상수도, 하수도, 도시계획, 지적 등 도시기반 업무를 시스템화하여 도시의 행정, 생활 및 산업의 정보화를 지원하는 데 목표를 두고 있다. 도시 기반 시설물에 관한 조사 및 탐사를 통하여 정확하고 통합적인 데이터베이스를 구축하고 이를 기반으로 도시 관리 체계화, 업무 프로세스 개선을 지원하여 도시 행정 업무의 효율화, 유관 업무 정보의 통합 관리하여 행정의 과학화 등을 달성한다. 또한, 인터넷 중심의 기능 확대로 대시민 서비스를 제고하고 지역 정보화 산업(교통, 소방, 재난) 및 국가 정보화 산업 등과 정보 연계를 가능하게 한다.

도시정보화는 산업 정보화, 행정 정보화, 생활 정보화, 도시 기반 정보화를 통합하는 종합적인 형태의 정보화라고 정의할 수 있으나, 특히 도시 기반 정보화가 제반 정보화의 인프라를 제공한다는 측면에서, 실천적이고 구체적인 개념으로써 정의하는 것이 일반적이다. 따라서 도시정보화는 체계적인 도시 하부 시설물을 관리하고, 이를 토대로 종합적인 도시 행정 수립을 위한 의사결정 지원을 지원하며 양질의 민원 행정 서비스 제공을 위하여 GIS 기술을 활용하는 도시정보 종합 관리 시스템이다.

이를 광의의 도시정보화를 포함한 실천적 개념으로 'e-UIS'라 정의한다. 도시정보화, 즉 e-UIS는 도시 기반에 대한 각종 공간 데이터를 수치지도화하고 이를 전산 입력하여 전산화 지도 제작 후, 그 위에 지상과 지하의 각종 도시 시설물의 도형 정보와 속성 정보를 입력, 기본도 데이터베이스와 함께 연계되는 도시 전체의 종합 데이터베이스를 구축하는 것이다. 이를 기반으로 도시 시설물 정보의 체계적이고 안전한 관리 및 유지 관리를 지원하고 도시 계획 전반에 따른 개발 사업 및 시설물의 효율적인 관리를 하며, 각종 행정 업무의 효율적 처리를 지원하기 위한 정보 시스템을 구축하는 것이다.

공간 가치를 최대화하는 정보 기반 도시 구현을 위한 도시 기반 정보화로는 ITS(Intelligent Transport System), UIS, 소방, 안전관리, 경찰 정보화(Emergency Response System), 항공/항만/물류 관제 시스템 등이 있다.[3]

중국시장 진출을 위해, 주요 전시회, 로드쇼, 포럼에 참가하여 e-UIS 솔루션을 홍보하고 중국 현지 패키지화가 가능하도록 표준화 개발에 주력했다. 중국 e-UIS 솔루션의 근간은 도시정보시스템으로 상수도, 하수도, 도로, 지적, 도시계획 등의 도시행정 제반 업무에 대해 컨설팅, 데이터 구축, 시스템 개발 등 통합하여 오퍼링한다. 지형도, 시설물도, 준공도 등 도형 데이터와 대장 및 조서, 기술자료 등 관련 속성자료를 결합하여 공간정보 데이터베이스를 구축한다. 도로 및 각종 도로 시설물 관리, 상수관로 및 각종 상수 시설물 관리, 하수관 망 및 각종 하수 시설물 관리, 도시 계획 관리에 이르기까지 수치지도 제작부터 시스템 구축까지 일괄수주방식으로 제공하는 사업이다. 긴급재난관리(119), 교통관리(ITS) 분야 관제센터 구축 사업과 환경 정보 시스템 및 수질 정책, 대기 정책, 폐기물 정책, 자연 환경 보전 정책 등 e-UIS 솔루션은 도시정보, 도시 관제, 환경 정보 등 3개 사업모델로 구성하였고 중국 1개 성省 대상 도시정보시스템의 조기 레퍼런스 확보를 위한 사업기회 발굴활동에 들어갔다. 2000년 12월부터 중국법인과 한국 본사가 사업TF를 구성하며 중국시장 진출을 위한 시동을 걸었다.

2001년 5월 15일 본사에서 해외사업팀, GIS사업팀, 교통사업팀, SOC사업팀 등 사내 중국 사업 협의체를 구성하여 2001년 6월 초 중국 건설부 고위 공무원 일행의 한국 방문에 대비한 대응 계획을 논의했다. 사업팀별로 사업 제안 방안과 부서 간 역할 분담을 논의했다. 중국 공공시장을 대상으로 주요 수출 솔루션은 e-UIS, AFC, ETC, IBS, IHA 등 공공 및 SOC 자사 솔루션으로 구성했다. 부서별 동영상, 제품 소개 자료, 중문화 자료 등 사전 준비물을 점검하고 중국 건설부 고위 공무원 일행의 방문 예정지에 대한 현장 답사 및 소요 시간 등 사전 리허설 준비에 만전을 기했다. 아울러 한국에서 수행한 전자정부 사업역량을 홍보하기 위해 당사의 **전자정부(e-City) 사업**[2]을 분야별, 솔루션별로 소개하기로 하였다.

2001년 중국 건설부는 중국 전역의 주요도시에 대한 도시정보화 사업을 총괄하고 시범 사업 15개 도시를 선정하여 사업을 추진하고 있었다. 또한 중국 건설부가 도시정보화 관련 표준과 규범을 제정, 승인하는 권한을 가지고 있었다. 당시 삼성SDS는 교통 사업, 도시정보화 사업으로 중국시장에 진입하는 단계여서 중국 건설부의 협조가 필요한 상황이었다. 그렇기에 이번 방한단과의 만남은 각별할 수밖에 없었다. 2001년 4월 28일 삼성SDS 중국법인이 중국 건설부를 방문했다. 이 자리에서 중국 건설부는 삼성SDS의 중국시장 진출에 대해 많은 관심을 표명하고 호의적으로 대했다. 또한 삼성SDS 본사에 몇 가지 협력 방안을 제시했다. 중국 건설부 IT 센터 산하에 '중외건설IT유한책임공사中外建设信息有限责任公司'가 있는데 이 회사에 삼성SDS가 지분을 출자하고 중국 각 도시의 도시정보화 사업을 공동 추진하자는 것이었다. 각 지방정부가 추진하는 도시정보화 사업은 단기적으로는 버스, 택시, 지하철 요금징수 시스템 등이나 주유소 요금징수, 도시고속도로 요금징수, 수도료 및 전기료 요금징수 등 카드 응용 요금징수 시스템으로 확대할 계획이었다. 도시마다 하나로카드 운영공사를 만들어 운영에 들어갈 것이고 건설부 산하 기업인 중외건설IT유한책임공사가 지분을 출자하게 될 것이므로, 결국 중국 건설부가 최종 관리하는 사업 구조라는 것이다. 중국의 도시정보화 사업에서 삼성SDS가 50% 이상 시장점유율을 확보할 수 있다는 설명이다.

  2000년 미국 모토로라와 캐나다 기업이 투자 의향을 낸 적이 있으나 건설부에서 외국자본 투자를 허락해주지 않았고, 2001년에는 중국 정책이 바뀌어서 외국자본 투자를 허용한다는 것이다. 중국 건설부 주임이 보기에는 삼성SDS가 교통, 도시정보 관련 솔루션을 보유하고 있는 점이 합작 대상 기업으로 더할 나위 없이 적합한 파트너였다. 이러한 한중 기업, 정부 간 합작투자 분위기는 2001년 9월 18일부터 9월 21일까지 중국 광저우에서 열리는 건설부 주관 디지털도시 EXPO 행사 기간까지 이어졌다. 삼성SDS는 광저우 디지털도시 EXPO 행사에 대회 스폰서 기업 자격으로 도시정보화 전시관, 기업가 포럼에 참여했다.[4]

2001년 당시 중국 도시정보화 수준은 한국과 비교하면 최소 5년 정도는 낙후되어 있다고 판단했다. 시장은 태동 단계로 잠재시장은 무한하다고 전망하고 중장기적 시장접근방안을 수립했다. 대도시 순회 로드쇼나 관련 전시회에 정례적으로 참가하여 자사의 브랜드 이미지를 홍보하고 동시에 현지 사업파트너를 확보하고 중국 현지화 역량을 축적해나가야 했다. 전력, 통신 등 국가 인프라 분야를 중점시장으로 정하고 베이징, 상하이, 광저우 등 주요 대도시, 교통 및 물류 관련 분야에 사업역량을 집중하여 시설물관리시스템(FMS), 도시정보시스템(UIS), 교통정보시스템(ITS) 등 솔루션 사업 위주로 재편했다.

특히 도시정보시스템은 장먼시江門市, 선전시深圳市, 둥관시東莞市, 청두시成都市 등 9개 디지털시티 시범도시를 중점 공략시장으로 선정했다. 솔루션 판매, 응용 시스템 개발 및 시스템 통합 사업 등이 가능할 것으로 보고 금번 건설부 방한을 계기로 중국정부 및 기업과 유대를 강화하는 한편, 공동마케팅 프로그램을 수립하고 2001년 하반기부터 본격적으로 사업을 추진했다.

당시 도시정보시스템 실무추진팀은 중국 푸룽과기유한회사富融科技有限公司와 중국 파트너사가 확보한 고객을 대상으로 베이징, 상하이, 광저우, 톈진 등 10개 도시를 순회하는 공동 로드쇼를 준비했다. 자사솔루션인 e-UIS 솔루션의 가치 제안을 위해 카탈로그, 데모CD, 비디오 제작 등 각종 홍보물, 표준제안서에 대해 중문화 작업을 진행하고 중국 사업파트너 대상으로 한 교육용 매뉴얼을 정비했다.

중국 광저우, 선전, 장먼 등 광둥성 주요도시는 개혁 개방의 오랜 역사가 쌓여 있어 타지방에 비해 경제적인 면에서 비교적 여유가 있었고 재정 자립도도 높은 수준이었다. 지방정부는 행정 전산화 및 대민 서비스 등 전자정부(e-City)를 도입하고 공공정보 서비스를 제공하고 있었다. 행정 전산화 5개년 계획이 이미 실행 중이었고 TAX 시스템은 인터넷을 통해 세금 신고 처리가 가능했다. 지방정부의 공공 정보화 프로젝트는 주로 중국 현지업체를 통해서 공개 입찰 방식으로 진행되었고 정부 재정 예산으로 집행했다. 반면 입찰 참여기업의 투자를 받아 사업을 추진하는 경우가 더 많았는데, 지방정부 공무원들은 투자유치 실적으로 평가받는 부분이 크기 때문에 기업 투자 유치활동에 매우 적극적이었다.

광둥성에는 중국 전체 IT 인력의 50%가 모여 있었고 그중 50%가 또한 선전시에 집중됐다. Lucent, IBM, Cisco 등 글로벌 기업 R&D Center가 선전시 Hi-Tech Park에 입주하고 있었다. 아울러 Lenovo联想, 화웨이华为, ZTE中兴 등 선전에 본사를 두고 있었던 현지 기업들도 이곳에 대규모의 R&D Center를 설치, 운용하고 있었다. 베이징이 기초 기술이 우세했지만, 선전은 응용 기술이 더 앞서갔다. 시범도시이다 보니 각종 새로운 기술이 모이며 중국 전역에서 온 공무원, 기업인 시찰단이 몰렸고 그곳에 받은 감흥은 고스란히 중국 지방정부로 전파되었다.[5]

2001광저우 Digital City EXPO 디지털도시 포럼 대회장

광저우 Digital City EXPO

2001년 9월 18일 중국 광저우 가든호텔花園酒店에서 중국 국제 디지털도시 건설 기술 세미나中国国际数字城市建设技术研讨会 및 21세기 디지털도시 포럼二十一世纪数字城市论坛이 개막됐다. 류정셩俞正声 중국 건설부 부장, 루루이화卢瑞华 광둥성 성장, 장몐헝江绵恒 중국과학원 부주석, 황화화黄华华 광저우시 위원회 서기, 린수션林树森 광저우시 시장, 궈자오진郭招金 중국신문사 편집장 등이 개회식에 참석했고 미국·독일·한국·폴란드·필리핀·베트남 등 15개국 광저우 영사관 관계자가 초청되었다.

200명 이상의 프로젝트 관계자, 해외 여러 도시의 시장, 중국 및 해외 건설, 기술, 경제 및 금융 전문가 수백 명, 유엔 산업 개발 기구, 스웨덴 무역 협의회, 국제 금융 기관 및 유명 컨소시엄 IT 회사 대표를 포함하여 거의 1천여 명이 '디지털도시数字城市' 정상회의峰会에 참석했다.

이번 회의의 주제는 신세기·신도시·신경제·신기회, 지식 경제 향방을 파악해 디지털도시 시대로의 전환, 디지털도시 계획·건설·관리·서비스·정보화 솔루션 논의 등 3가지에 집중됐다.

중국의 '디지털도시'가 직면한 기회, 도전 및 대응책을 주로 논의하고 국가 거시 정책 포럼, 도시 계획 포럼 등 7개의 포럼이 열렸다. 새로운 세기에 직면한 도시 계획, 건설 및 관리, 디지털도시 실증 프로젝트数字城市示范工程 및 정보 인프라 건설, 디지털도시 및 지속가능한 개발 등이 '과학자 포럼科学家论坛'에서, 지식경제와 디지털도시, 도시의 디지털 생존과 정보격차 문제 등은 '기업가 포럼企业家论坛'에서, 기업 정보기술 및 전자 상거래, 디지털도시 산업화 기회 및 대책 등은 '디지털도시 광대역 응용数字城市宽带应用 및 인터넷 포럼互联网论坛'에서 각각 논의됐다.[6]

이번 행사는 중국 건설부가 주관하고 중국 과학원, 광저우시 인민정부가 공동 후원했다. 광저우는 베이징에 이어 중국에서 '디지털도시数字城市'에 대한 대규모 국제 세미나를 개최한 두 번째 도시가 됐다.

금번 대회 스폰서 기업으로 한국 삼성SDS, 일본 NTT Data, 캐나다 Nortel Network, 중국 네트워크통신中国网络通信, 베이징화푸산업그룹北京华普产业集团, 상하이용성上海永生 등이 이름을 올렸다.

지난 4월 베이징에서 개최된 5회 COMDEX/China Expo 이후 이번 광저우 Digital City EXPO의 참가를 통해 삼성SDS는 도시정보솔루션을 중국시장에 본격적으로 소개하였다. 당시 도시정보시스템(UIS)을 구축하고 있었던 부산광역시 배수태 정보화담당관 등 부산시 방문단 일행과 이병철 수석 PM 등이 공동으로 삼성SDS e-UIS 솔루션 및 부산시 도시정보시스템을 전시, 홍보 활동을 지원했다.

부산광역시는 도시정보시스템 전시 및 홍보를 통해 한국 지방정부의 정보화 위상을 소개하고 한국 IT 기업의 중국시장 진출을 측면에서 지원했다. 중국 및 글로벌 디지털도시 최신동향을 파악하고 비교 시찰하여 향후 부산광역시 시정 정보화에 반영하였다.

'디지털 광저우数字广州'를 체험할 수 있는 톈허구天河区, 중국우정국中国邮政, 광저우일보广州日报 등을 견학했다. 중국 GIS분야 대표기업 중국 Siwei Surveying & Mapping中国四维测绘과 사업 파트너십 및 공동 마케팅 방안을 논의했다. 포인트텍普英泰科과 사업제휴 MOU를 체결하고 선양시沈阳市 등 둥베이 3성东北三省 지역에 대한 사업기회를 확보했다.

이번 광저우 Digital City EXPO 전시회는 베이징시, 상하이시 등 지방정부, 중국과학원 등 국가연구기관, 중국 및 해외 기업 등 총 74 단체에서 전시관을 운영했다. 이 중 70% 이상이 지리정보 분야에 집중되었다. 측량 및 지도 제작, S/W 개발, 시스템 공급 등 위주로 전시했다.

삼성SDS는 주 전시관인 1호관에서 e-UIS, Smart Card, 교통솔루션, IHA, Acube 등을 전시하였다. 교통솔루션, IHA 및 Acube는 중국법인이 자체적으로 준비할 수 있었고 UIS, Smart Card는 본사의 기술인력을 지원했다. 중국법인이 전시행사 주관을 맡았고 전시관 임대료 US$40,000, 스폰서 기업 협찬금 50만 위안을 행사경비로 지원했다. e-UIS 전시부스는 하루 평균 100여 명이 방문했는데 주로 지방정부, 공공기관, 기업 관계자들로 도로, 상하수도, 도시 계획, 지적, 교통 등 도시 기반 인프라를 모듈화한 것에 관해 관심을 보이고 도입 방식과 사업제휴를 제안했다.

당시 한국의 기술수준은 지리정보 응용 측면에서 중국보다 3~5년 정도 앞서 있음을 체감했다. 다만 중국의 수치지도 제작 및 위성영상 활용기술은 한국과 대등하거나 우세한 것으로 보였다. 응용 서비스 및 시스템 통합 측면에서 보면 한국시장의 5년 전 수준이라 판단되어 중국시장 진출 시 경쟁 우위를 보일 것으로 전망했다.

기업가포럼企业家论坛에서 삼성SDS 박유근 상무 CTO가 '도시정보화 추진전략 및 부산시 UIS 사례'와 '한국의 행정정보화 추진사례'를 주제로 9월 19일, 9월 20일 양일에 걸쳐 발표했다. 건설부 및 27개성, 19개 지방정부 건설위원회 관리자, 기업대표 등이 참석하여 한국의 도시정보화, 디지털도시에 대해 높은 관심을 보이고 협력 의사를 표명했다.

이번 전시회 기간 중 중국정부의 디지털도시 및 기업체 현황 정보를 입수하고 e-UIS의 사업 파트너와 사업제휴 MOU를 체결하고 중국시장 진출을 위한 로드맵을 확보할 수 있었다. 중국법인 베이징 본사, 상하이 및 광저우 지점 영업 실무진과 본사 간 협업 채널을 만들어 이후 중국시장 진출을 위한 사업 발판을 만드는 계기가 됐다.

정부회의는 9월 17일, 18일 양일간 9차 5개년 계획(1996~2000) 기간 중국건설분야 정보화 공정 결산과 10차 5개년 계획(2001~2005) 기간 중국건설분야 정보화 작업 계획을 공개했다. 27개 성 정부 및 19

개 지방정부 관계자가 참석하는 회의로 중국 각성 단위 건설청 청장과 처장 각 1명, 각 직할시 건설위원회 주임 각 1명, 직할시와 정보화 계획 중인 도시의 프로젝트 건설과 건축 정보 네트워크, 부동산 정보 네트워크, 도시구획 정보 네트워크 책임자 처장급 각 1명, 베이징시 시정관리위원회 책임자 1명, 건설부 부장, 건설부 각부서 총괄담당 1명, 중국 국무원 책임자 1명 등이 참석했다.[7]

정부회의를 주최하는 건설부에서 1~2개 해당 기업의 대표가 정부회의에 참석하여 발언할 수 있는 기회를 부여했다. 정부회의에 삼성SDS 김홍기 대표이사가 참석하는 것으로 건설부와 조율하였으나 일정이 여의치 않아 성사되지 못했다.

본사 차원에서는 이번 행사의 성과에 대해 나름 긍정적인 평가를 했다. 중국정부의 2001년~2005년 디지털도시 시범구로 선정된 광저우, 장먼, 선전, 둥관, 청두 등과 기 추진 중인 상하이, 베이징 등 주요 도시에 중점 공략 대상으로 선정하고 중국법인과 본사 해외사업부가 공조하여 대응하기로 했다.

선양시沈阳市를 비롯하여 둥베이 3성東北三省 지역과 차이나텔레콤中国电信 등 주요 대기업을 잠재고객군으로 지정하고 포인트텍普英泰科과 공동으로 세부 공략 방안을 수립했다. 선양시 고위 정책결정자를 대상으로 e-UIS 솔루션 제안 및 시연 계획을 수립했다.

디지털도시 솔루션 제공자 및 e-파트너 회사 이미지를 부각하며 광둥성 주변 화난 지역华南地区에서 사업 영역을 확대할 수 있는 기반을 마련했고 중국 건설부와 우호적 협력관계를 구축하여 중국 전역으로 대외 사업 활동 영역을 넓혀갈 수 있었다.

2001년 베이징 Comdex China, 광저우 Digital City EXPO 는 **ACUBE**[3], **AFC**[4], UIS, GIS, SMART CARD, **IHA**[5] 등 자사 솔루션이 중국시장에 진입할 수 있는 전기를 마련했고 이를 통해 중국 디지털시티 시장 진출의 서막을 열었다.

참고자료

1 中国IT界盛会COMDEX/China开幕. 中国新闻网 2001-04-05
2 국내 GIS업체 해외진출사례. 건설기술연구원 동아시아 GIS센터 연구보고 2002-06
3 도시정보시스템 추진전략. 삼성SDS 2000-12
4 중국건설부 방문보고서. 삼성SDS 2001-04
5 광둥지역 출장보고서. 삼성SDS 2001-06
6 "数字城市" 峰会21世纪数字城市论坛在广州举行. 中国新闻网 2001-09-18
7 "中国国际数字城市建设技术研讨会暨21世纪数字城市论坛"
  "中国国际数字城市建设技术与设备博览会"的通知. 建科函2001197号

용어해설

1) GTM 전략: 고투마켓(GTM: Go-to-Market Strategy) 전략은 신규 시장에서의 성공을 위해 필요한 모든 단계를 세분화해놓은 전술적 프레임워크이며 신제품/서비스 출시, 스타트업 창업, 또는 브랜드 출시 등 거의 모든 기업에서 GTM 전략을 수립한다.
2) 전자정부(e-City) 사업: 법 제64조제1항에 따른 사업으로서 정보화 전략 계획 수립, 정보 시스템 구축, 소프트웨어 개발, 데이터베이스 구축 등 각종 행정업무 및 서비스를 정보화하는 모든 사업을 말한다.
3) ACUBE: 기업의 경영정보와 지식자원을 효율적으로 관리, 운용할 수 있게 해주는 웹 기반 기업 포털 솔루션으로 삼성SDS가 개발한 EIP(Enterprise Information Potal) 제품이다.
4) AFC: 부산 지하철 1호선 개통 시 프랑스로부터 최초로 국내에 도입한 자동요금징수시스템(Automated Fare Collection System)을 말한다. 이전에 서울 지하철 등에서는 역직원이 직접 승차권(Magnetic Ticket)을 판매하였지만, 이후 선불제 카드로 시작하여 현재는 후불제 카드까지 사용할 수 있는 장비들이 개발 및 도입되어 사용되고 있다.
5) IHA: 지능형 홈오토메이션(Intelligent Home Automation) 사업으로 가정의 각종 전자제품, 조명기구, 현관문 출입, 가스탐지 등을 휴대폰, 인터넷, 리모컨 등을 통해 원격제어하고 TV나 관련 단말기를 통해 인터넷 콘텐츠를 집 안 어느 공간에서나 자유롭게 전송하고 검색할 수 있도록 하는 것이다.

1-2
랴오닝성 선양전력공사, 공간정보 수출

한전 인천지사는 8일 오전 중국 랴오닝성 선양전력공사 허광정 사장 등 10여 명으로 구성된 시찰단을 영접하고 **신배전정보시스템(NDIS)**[1] 등에 대한 설명회를 했다.

한전은 이날 지리정보시스템(GIS) 기술을 이용한 NDIS시스템의 구축 배경 및 시스템 개요와 기술 시연 등을 통해 중국 방문단에 선진 전력시스템을 소개했다. 특히 중국 방문단은 정전 및 휴전 안내는 물론 고객 민원 등 전화로 접수되는 각종 민원을 'ONE-CALL, ONE-STOP'으로 처리하는 콜센터 운영에 깊은 관심을 표명했다. 허 사장은 "한자리에서 고객응대가 가능하고, 원격으로 고장을 제어할 수 있는 고객민원처리시스템 등 선진전력시스템에 놀랐다"고 말했다.[1]

삼성SDS는 중국 최대의 공업도시인 선양시의 전력공급업체인 선양공전공사沈阳供电公司에 전기 생산 및 공급의 효율화를 위한 지리정보시스템(GIS) 구축사업을 수주했다고 2002년 9월 2일 밝혔다.
올해 연말까지 중국의 일반 가정에까지 전기가 안정적으로 공급될 수 있도록 지리정보를 기반으로 한 전력공급의 계획·설계·공사·운영분야의 단위시스템을 구축하게 된다.

또한 선양공전공사는 이를 통해 체계적인 전력배송망 및 시설물 관리, 각종 업무 전산화 및 통합관리, 시설물의 원격제어 및 비상상황에 대비한 관리가 가능해져 고품질의 안정적인 전력공급을 기대하고 있다.

특히 이번 수주는 국내에서의 풍부한 GIS 프로젝트 노하우를 바탕으로 현지 실정에 최적화된 시스템을 제안한 것이 주효했다. 또한 유럽선진기술을 접해본 적이 있는 선양공전공사의 높은 요구수준을 충족시켰다는 데 의의가 있다.

삼성SDS의 김홍기 사장은 "중국의 전력산업은 통신산업과 더불어 수익성과 성장률이 매우 높은 분야로, 이번 수주는 수익성 위주의 내실이 있는 중국사업전략의 성과"라고 말하고 "선양시 프로젝트 구축을 통해 향후 관련 수요 증가가 예상되는 둥베이 3성(랴오닝성, 지린성, 헤이룽장성)으로 사업을 확대해나갈 계획"이라고 말했다.

이번 프로젝트는 총 630만 달러 규모로 향후 3단계에 걸쳐 3년간 진행될 예정이며 삼성SDS는 우선 1단계로 220만 달러 규모의 계약을 체결했다.[2]

선양공전공사는 총인원 12,000명의 대형 전력회사로서 중국 둥베이 3성의 물류, 교통, 공업의 중심도시인 선양시 전체에 대한 전력공급을 담당하는 회사이다.

한국 대기업, 중소기업 본사 및 중국지사, 중국 현지기업 3자가 협력하여 중국 랴오닝성 선양시의 전력공급 기관인 선양공전공사沈阳供电公司를 대상으로 배전관리시스템, 제어관리시스템, 관련 시스템 연계 업무를 개발, 구축하는 프로젝트를 착수했다.

한국 GIS 전문회사 포인트아이는 중국 선양에 포인트텍普英泰科을 설립하여 이번 전력사업을 준비했고 2001년 9월 광저우 Digital City EXPO 행사 기간에 삼성SDS와 사업제휴 MOU를 체결하고 선양시 沈阳市 전력공사 GIS 사업을 비롯하여 둥베이 3성東北三省 지역에 대해 공동으로 사업기회 발굴 활동을 진행했다.

2002년 8월 선양에서 선양공전공사와 선양시 전체 GIS 사업구축에 대한 의향서에 서명하고 이 중 1단계 1차 사업에 대한 정식계약을 체결했다.

1단계는 배전운영시스템 및 설비도면 DB, 전자지도 데이터 DB 등 전력 관련 GIS 인프라 DB를 구축하는 사업이다.

배전GIS시스템配电GIS系统[2]**은** 현지 선양의 개발 협력사, 한국 기업 본사 개발인력과 현지 파견 상주인력 등 40여 명의 프로젝트 수행인력이 투입되어 진행됐다. 중국 현지 개발회사인 홍우청산鸿雨青山, 한국 파견인력과 출장인력이 선양공전공사 개발실 합동사무소에서 과업을 수행했다.[3]

그러나 선양공전공사, 홍우청산, 삼성SDS 등 사업 이해관계자들이 언어적, 문화적, 그리고 일하는 방식의 차이로 몇 차례 위기상황을 겪으면서 프로젝트는 더디게 진행됐다.

본사, 중국법인 책임자들이 정례적으로 선양공전공사로 소환되었고 후속 대책 마련에 분주했다. 그럼에도 프로젝트 후반부로 가면서 프로젝트 이슈보고가 계속 발생했다. 분석, 설계 및 개발 단계별로 하자가 발생하고 원인 규명 및 해결방안을 찾는 데 많은 시간과 인력을 투입했다.

심지어 2002년 12월 당시 중국 광둥성에서 발생한 사스(SARS)가 포산, 광저우, 중산 일대를 거쳐 중국 본토, 해외로 확산되었다. 2003년 하반기까지 당시 중국 입출국에 영향을 주어 프로젝트 초기단계에 어려움을 가중시켰다.

삼성SDS 본사 프로젝트TF는 이슈진단과 분석내용을 작성하고 선양공전공사의 업무와 관련된 부분은 근거와 해결방안을 찾아 제공했다. 선양공전공사와 홍우청산을 설득하면서 업무 분담을 재정의하기도 했다.

2005년 1월 삼성SDS가 주관사로 수행했던 선양공전공사 배관 GIS 시스템 프로젝트는 종료되었고 현지 개발회사인 홍우청산이 하자보증 업무를 이관받아 후속 사업관리를 대응했다.

참고자료

1 요령성 심양 전력공사 사장단 방문. 경기일보 2002-06-10
2 삼성SDS, 中심양 GIS구축사업 수주. 물류신문 2002-09-10
3 中선양전력공사 'GIS 설비관리 시스템' 포인트아이-삼성SDS 공동 수주. 전자신문 2002-09-02

용어해설

1) 신배전정보시스템(NDIS): 신배전정보시스템(New Distribution Information System)은 배전선로에 존재하는 모든 기기를 데이터 베이스화하는 것이다. 배전마스터 DB기반하에 설비DB구축, 배전계획, 배전설계, 공사관리, 설비운영 등을 개발한다.
2) 배전GIS시스템(配电GIS系统): GIS를 활용하여 전력 데이터에 대한 실시간 수집, 분석 기능을 제공하며 다양한 시각화 기능을 제공한다. 지리정보시스템(GIS)을 활용, 신배전정보시스템을 개발하여 사용자에게 보다 빠른 적응과 응용력을 높인다.

1-3
광둥성 포산시, 도시정보화 마스터플랜

'포산시 정보화 건설 마스터플랜佛山市信息化建设总体规划' 세미나가 2월 16일 포산시 청사 소강당에서 열렸다. 시 정보청은 한국에서 온 정보화 전문가 2명을 초청해 포산시 산하 5개 구청 공무원 100여 명을 대상으로 **전자정부**电子政务[1]와 제조정보화制造业信息에 관한 특강을 했다.

포산시 정보국佛山市信息办은 정부위탁과제로 한국의 삼성SDS와 협력하여 '포산시 정보화 건설 마스터플랜佛山市信息化建设总体规划'을 작성하도록 위임받았다. 포산시 정보국 휘샤오원惠韶文 부국장은 "최근 정보화 건설에서 일부 성과를 거뒀지만, 정보화 건설은 새로운 과제"라며 "이런 상황에서 선진국의 정보화 건설 경험을 배우고 과학·규범·객관적인 계획수립의 지도를 받아 정보화 건설을 더욱 발전시킬 필요가 있다"라고 말했다. 이번에 한국에서 초청된 연사들은 최근 몇 년간 한국 전자정부 구축, 전자상거래, 제조업 정보화, 디지털시티 전략数字城市战略 및 제조사업 구조조정制造业业务重组 등에 대한 연구 및 성과를 거뒀다.

세미나에서 '성공적인 전자정부 구축 전략构建成功的电子政务的战略'과 '지방제조업 육성 정부부처 역할政府部门在扶持地方制造业中的作用'을 한국 건설 실정에 접목해 정부·사회·기업 차원에서 상세히 설명하고, 지방 전자정부를 구축할 때 현장조사를 통한 업무 개혁과 함께 조직·인재·법규 등도 준비해야 한다고 포산시 정보화 건설을 건의했다.[1]

2003년까지 포산시 도시정보화城市信息化는 초기 단계의 정보화 마인드 형성, 최초의 정보화 전략수립信息化总体规划 실시, 정보화 기반조성 등 시작 단계에 있었다. 또한 당시 포산시 정부의 열악한 정보화 여건 등으로 인해 종합적인 도시정보화의 추진에는 한계가 있는 것으로 보였다. 시정부의 효율적인 정보화 추진을 위해서는 중앙정부의 관심뿐만 아니라 시정부 자체의 정보화에 대한 체계적 추진이 요원했다.

그리고 중앙정부는 행정정보화 위주의 정보화 정책을 중점 추진하면서 도시정보화 추진에는 미흡한 모습을 보여줬다. 도시정보화는 방대한 사업 범위, 다양한 콘텐츠, 막대한 필요 재원의 확보 등 그 중요성에 비추어 볼 때 미온적으로 대처해온 것이 사실이며, 특히, 다양한 도시정보화의 콘텐츠 특성을 반영하지 못하고 있었다. 이것은 당시 중앙정부가 지방정부의 행정정보화와 도시정보화를 동일선상에서 해석한 것으로 이해했다.

또한, 도시정보화 정책에 대한 중앙정부의 방향설정이 명확하지 못하여 각 지방정부가 산발적으로 사업을 추진함에 따라서 투자의 중복과 비효율을 초래했다. 특히 도시정보화의 추진과정에서 산업화 시대에 고착되었던 지역격차를 오히려 심화시키는 상황을 초래했다. 따라서 도시정보화의 투자재원의 관리와 기본계획 및 각종 제도 등 추진기반에 대한 정비가 시급히 필요한 상황이었다.

이러한 문제점들은 지역경제의 활성화라는 측면에서 지역의 산업, 시민 생활, 도시 인프라 및 문화적 특성을 종합적으로 분석하여 도시

정보화의 발전전략을 도출하여 해결해야 했다. 이러한 발전전략은 지역 간 정보격차 및 정보 소외계층 해소를 위한 정보화 인프라 구축 및 지역 내 산재한 도시정보화 콘텐츠의 체계적 발굴을 통해 포산시 정부의 도시정보화를 구현시키는 데 일조했다.

시정부의 정보화를 지역경제의 활성화를 위한 도시정보화 전략과제의 정책적 목표수립에 중점을 두고 과업을 수행했다. 또한, 중앙과 타 성, 시와의 통합적인 정보화 추진 방향을 고려했다. 큰 개념의 국가전자정부國家电子政务의 성공요인이라는 측면에서 도시정보화 전략을 도출하고 도시정보화의 효율적인 구현을 위한 전략과제를 수립했다.

지역경제 활성화를 위한 도시정보화 연계방안, 지역 및 개인 간 정보격차 해소를 위한 도시정보화 전략을 제시하였고 포산시의 전략산업과 도시정보화 추진과의 연계성 분석을 통해 주요 추진요소 정립방안을 제시했다.

도시정보화 추진전략 유형은 크게 정부주도, 민간주도, 파트너십 전략으로 구분할 수 있다.
중앙정부나 지방정부 주도의 도시정보화는 지역의 정보화 수준 및 정보기반이 취약하고 민간이 IT산업 활성화를 주도할 아이디어 및 자금이 부족하거나 지역수요가 부족할 때 필요한 전략이다.
민간주도 전략은 도시정보화에 필요한 재원과 전문인력의 동원문제를 민간부문에 맡기는 것으로 정보인프라 구축에서부터 정보생성 및 이용에 이르기까지 시장경제의 원리에 따르는 것이다.

파트너십 전략은 지역의 정보화 수준이 중간 정도이고 IT 생산능력, IT 산업인력, 민관학연 협동체제 부문에서 잠재력은 있으나 상당 부문 행정적 지원과 인센티브가 요구될 때 유효한 전략이다. 이러한 경우는 새로운 멀티미디어 단지 및 테크노파크 조성 등을 통하여 지역의 생산, 고용, 유통 등의 시너지효과를 기대할 때 사용한다.

당시 마스터플랜 결과를 토대로 포산시 정부의 도시정보화 수준 및 성과가 구체적인 수치로 제시되어, 최고관리층의 확신, 지역 시민과 여론의 지지, 예산의 확보 등 시정부 정보화 사업추진의 탄력성을 확보할 수 있을 것으로 기대했다.

포산시 정부 추진체제의 정비, 조직 간의 협력, 법제도 개선, 표준의 고시 등 일련의 시너지 효과를 기대하고, 매년 정치, 경제, 환경과 기술발전의 추이에 맞추어 지침을 부분적으로 업그레이드함으로써, 안정적인 도시정보화 추진체계를 확립할 수 있었다.[2]

2003년 2월 26일 중국 광동성 포산시 정보화공작판공실信息化工作辦公室로부터 포산시 정보화 마스터플랜 제안요청서를 받았다. 포산시 산하 46개 기관 간 정보공유 및 통합, 전자정부 민원서비스, 산업정보화 계획 등 과업 내용이 담겨 있었다. 2003년 2월 28일 삼성SDS는 포산시 요청사항을 충실히 반영하여 제안사 발표를 무난하게 진행했다. 삼성SDS는 한국 전자정부 및 도시정보화 마스터플랜 경험을 토대로 중국 도시별 특성을 반영하여 포산시 도시정보화를 어떻게 실행할 것인지, 장기적 관점에서 포산시와 어떻게 협력할 수 있는지, 한중 간 문화적 차이를 어떻게 극복할 것인지를 설명했다. 가격제안은 당초보다 상향한 196만 위안(약 3억 원)을 제시했다. 중국 국영조사기관인 **중국전자정보산업발전연구소(CCID)**[2)]와 치열하게 경합을 하였다. 이 회사는 당사보다 현저히 낮은 가격으로 입찰금액을 제시했다. 당시 중국전자정보산업발전연구소의 인맥이나 가격 측면을 고려할 때 절대적으로 불리한 여건이었으나 포산시는 당사의 사업수행역량을 신뢰하고 있었고 한국의 도시정보화 벤치마킹에 대한 기대감을 갖고 있어서 입찰결과를 낙관할 수 있었다. 3월 24일 포산시로부터 최종 사업자로 통보를 받고 계약을 진행했다.[3]

포산시는 광둥성 광저우, 선전에 이어 3번째로 큰 도시로 인구는 330만 명이다. 포산시는 정보화 총괄부서인 포산시 정보화공작판공실은 시정부의 조직으로 도시정보 건설진흥, 도시정보화 계획수립, 관련 프로젝트 수행 등을 주업무로 했다. 포산시는 도시정보화 추진목적으로 해외 선진사 벤치마킹을 계획 중이었다. 2001년 광저우 Digital City EXPO 기간 중 중국정부회의 및 기업가 포럼을 통해 부산광역시 도시정보화 사례가 중국 전역에 소개되었다. 2002년 8월 포산시 도시정보화 마스터플랜 착수 이후 해외 선진사 벤치마킹을 위한 출장을 시행했다.

2002년 11월 12일 포산시 인민정부 리위광李玉光 부시장을 비롯하여 정보산업국 정보국 휘샤오원惠韶文 국장, 기획국 마리马丽 국장 등 고위 관계자 일행이 내한했다. 포산시 도시정보화 사업방안 수립을 위해 부산광역시 정보화 기획관, 정보통신 담당관 등을 접견했다.

방한 기간 동안 한국 정부 및 기업의 도시정보화 전문가들과 교류하며 디지털도시 핵심요소, 삼성SDS 정보화 추진 방법론, 포산시 도시

정보화 추진방안, 도시 네트워크 인프라와 응용시스템의 결합방식, 한국 정부와 기업 간 역할, 도시정보화 운영유지보수 등을 학습하고 포산시 디지털시티의 미래를 준비했다.

참고자료

1 韩国专家佛山讲解信息化. 佛山日报 2004-02-19
2 불산시 도시정보화 추진 전략 보고. 삼성SDS 2003-12
3 불산시 출장보고. 삼성SDS 2003-03

용어해설

1) 전자정부(电子政务): 전자정부는 국가기관이 사회를 위한 사무, 관리 및 공공서비스를 위한 정부활동에 최신 정보 기술, 네트워크 기술 및 사무 자동화 기술을 적용하는 완전히 새로운 관리 모델을 의미한다. 전자정부의 넓은 범위는 모든 국가기관을 포함하며, 좁은 범위는 주로 국가의 공무와 사회문제를 직접적으로 관리하는 각급 행정기관을 포함한다.

2) 중국전자정보산업발전연구원(CCID): 공업정보화부(工业和信息化部) 직속의 기관으로 CCID 연구소라고도 한다. 18개의 CCID 싱크탱크와 CCID 그룹을 포함한 20개의 지주회사가 있다. 상하이, 충칭, 광쑤, 장쑤, 산둥, 하이난 등의 지역에 지사가 있고 직원이 2,000명가량이고 이 중 51% 이상이 박사와 석사급 인력이다.

1-4
장쑤성 우시,
한국 스마트시티 벤치마킹

　2011년 새해 삼성SDS는 2015년까지 '월드 프리미어 ICSP(Intelligent Convergence Solution Provider)'로 성장한다는 비전을 제시했다. 한국 IT서비스 기업을 넘어 세계 속의 IT서비스 대표 기업으로 나아간다는 것이다. 글로벌 IT서비스 기업으로 도약을 추진하고 있는 삼성SDS에 있어서 2011년은 중요한 한 해였다. 올해 5조 원의 매출 돌파를 예상하고 있는데 이 중 20%인 1조 원을 해외 매출로 달성한다는 계획이다. IT서비스 업계에서 연 수출 1조 원을 달성한다는 것은 큰 의미가 있지만 달성하기가 쉽지 않은 일이다.

　삼성SDS가 해외 시장 진출에서 중요 무기로 내세우는 것 중 하나는 국내 전자정부 사업을 통해 노하우를 확보한 전자정부 솔루션과 공공부문 IT서비스이다.

　삼성SDS는 국내외에서 수년간 구축 및 운영한 전자정부, 조달, 관세 및 교통 등 경쟁력 있는 분야에 집중하고 있으며 중국, 동남아 시장에서 벗어나 중남미 및 선진국 시장으로 사업영역을 확장한다는 계획을 갖고 있다. 인도, 중국을 중심으로 진행해왔던 지능형교통정보시스템(ITS), 자동요금징수시스템(AFC), 스마트카드 등 기존 사회간접자본(SOC) 사업에 IT를 접목해 생활수준을 높이는 융합형 사업인 **스마트**

인프라스트럭처 엔지니어링(SIE)[1] 사업을 중심으로 중국, 동남아, 중동, 남미 등 전략시장을 집중 공략한다는 계획을 세워놓고 있다.

지난 2002년부터 중국 광저우를 시작으로 베이징, 우한, 톈진에서 세계 유수의 기업들을 제치고 중국에서 확고한 위치를 차지한 삼성SDS의 자동요금징수시스템(AFC) 기술은 ICT서비스 수출의 대표적인 성공사례로 꼽히고 있다. 중국정부는 기존 13개 지하철 노선 외에 2020년까지 22개 노선을 추가 건설할 계획인데 삼성SDS는 IT시스템 분야의 추가 수주를 노리고 있다.

중국 농촌도시화 사업에 맞춰 스마트시티 사업을 추진한다는 계획에 따라 중국 광둥성 포산시의 스마트시티 프로젝트를 수주한 중국 현지 기업과 삼성SDS 중국법인이 업무협약(MOU)을 맺고 스마트시티 전시관을 구축하고 있다. 또 지난 4월에 상하이에서 열린 한국 스마트시티 설명회에 참여해 중국 현지 관계자들로부터 뜨거운 호응을 받았다.
이에 따라 스마트시티 등 도시종합인프라와 도시행정시스템 등의 부문에서 중국시장 진출이 기대를 모으고 있다.

고순동 사장은 "해외사업 확대는 비전 달성을 위한 중요한 축이며 올해 해외사업을 위한 체제를 더욱 강화해 해외 매출 비중 20%의 목표를 달성할 것"이라고 말하고 "ICSP 핵심가치를 바탕으로 월드 프리미어 ICT서비스 기업으로 지속 성장해나갈 계획"이라고 강조했다.[1]

장쑤성江苏省 우시无锡는 다양한 분야에서 국가급 정보화 시범사업들

을 운영 중이다. 우시는 중국 유일의 센서네트워크 혁신시범구創新示範
區이자 중국 유일한 클라우드컴퓨팅 서비스 안전심사 표준 응용 시범
도시이다. 이 밖에도 중국 최초 스마트시티 구축 시범도시, 중국 최초
의 스마트여행 시범도시, **국가 TD-LTE**[2) 시범도시, 차세대 인터넷 시
범도시, **삼망융합**三网融合[3) 시범도시, 전자상거래 시범도시 등 20개의
국가급國家级 시범운영 기능을 수행하고 있다.

우시에는 사물인터넷 기업 2,000여 개가 소재해 있고 관련 종사자
는 15만 명에 달한다. 감지센서, 네트워크 통신, 플랫폼, APP 제작 등
을 기반으로 산업생태계를 형성하고 있다. 2017년 8월 1일 우시고신
구无锡高新区는 알리바바 그룹 산하의 알리윈阿里云과 '사물인터넷 전략
적 협력'에 합의하며 사물인터넷 기초 플랫폼이자 에너지 효율화 플랫
폼인 '**페이펑핑타이**飞风平台[4)'를 구축했다.[2]

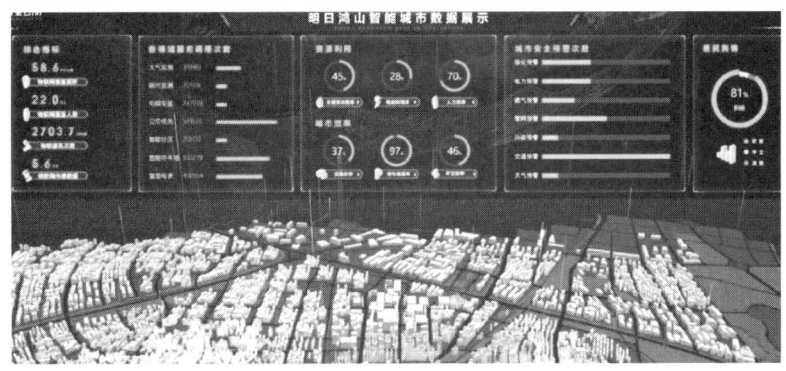

알리바바와 장쑤스마트신우가 공동개발한 페이펑 플랫폼
(출처: 우시일보)

이환균 인천경제자유구역청장은 중국 상하이 부근에 있는 경제특구 우시시无锡市와 상호 경제협력 차원에서 우시시 마오샤오핑毛小平 시장과 30여 개의 지역 기업을 포함한 경제특구단 일행을 초청, 2월 7일 갯벌타워에서 '공동투자설명회'를 가졌다.

이번 설명회에서 양측은 각 도시에 대한 투자환경과 경제상황을 소개하고 지난해 11월 서울에서 개최된 제8차 세계 화상대회에서 합의된 '인천경제자유구역-우시시 우호협력서'를 체결하는 등 향후 협력관계를 강화하기로 했다.

우시시는 중국 내 15대 경제핵심 도시 중의 하나로 쑤저우와 쌍벽을 이루는 장쑤성의 경제중심 도시이다. 지리적 이점, 거주 환경에 대한 중시, 첨단 하이테크 산업 개발과 외자 유치를 통한 성공적인 경제 개발구로서 인천경제자유구역과 유사성이 많아 중국전략거점으로 활용 가치가 높다.

우시시에 진출하는 한국기업도 늘고 있다. LG, 현대, 하이닉스, 유니온스틸, KEC 등 380여 개의 업체가 우시시에 투자한 상태다.

이번 설명회에 앞서 이환균 청장은 지난 1월 23일부터 25일까지 우시시를 방문, 마오 시장을 만나 양측의 경제 협력에 대해 논의한 바 있다.[3]

2010년 3월 31일 2박 3일 일정으로 장쑤성 우시시 고신구 저우첸周谦 서기, 국가센서정보관리센터国家传感信息中心 저우리쥔周立军 주임, 사물인터넷 산업연구원物联网产业研究院 류하이타오刘海涛 원장, 아이소프트스톤软通动力 펑용冯嵱 부총재 등 중국 방문단이 한국 스마트시티 현황파악과 사업교류 목적으로 내한했다. 삼성SDS 본사를 내방하고 경영진과 사업교류회를 진행하였다. S/W 연구소를 방문하여 최신 ICT 기술동향, 솔루션 개발현황을 경청했다. 우시 시정부가 추진하는 스마트시티 사업에 당사 참여를 공식적으로 요청하였고 한중 간 우호적인 협력관계를 강화하자고 했다.

지난 2009년 12월 8일 **아이소프트스톤**[5] 펑용冯嵱 부총재 등 경영진 일행이 삼성SDS 본사를 방문했다. 삼성SDS는 강남 미디어폴, 건국대 스타시티 스마트 복합빌딩, 삼성전자 딜라이트 홍보관, U-청계천 테스트베드 등 IoT기반 스마트시티 실증 및 구축 경험이 있었다. 아이소프트스톤은 중국에서 추진하고 있는 스마트시티 사업에 삼성SDS가 전략적 파트너사로 참여해줄 것을 제안했다. 또한 아이소프트스톤은 한국 스마트시티 관련 학회, 협회 등과 정보 교류를 하며 한중 스마트시티 우호 증진과 스마트시티 사업협력 기회를 찾고 있었다.

2009년 11월 아이소프트스톤은 삼성SDS 중국법인과 IT아웃소싱 업무제휴를 하였고 삼성SDS가 추진했던 기업은행 톈진지점 등 중국 현지 프로젝트에 IT아웃소싱 파트너사로 참여하였다. 또한 아이소프트스톤이 추진 중인 장쑤성 우시 신사옥 스마트시티 홍보관, 우시 산업단지 스마트단지 사업, 우시 고신구 스마트 산업단지 등을 삼성SDS와 공동으로 추진하기로 협의했다. 이와 관련하여 2010년 2월 삼성SDS는 우시 시정부 및 아이소프트스톤을 만나 세부 업무 협력방안을 논의했다.[4]

참고자료

1 삼성SDS '전자정부 노하우' 전수 해외매출 1조 눈앞. 디지털타임즈 2011-09-08
2 항저우, 우시, 상하이, 중국 3대 스마트시티 보고서. 코트라 상하이 무역관 2019-04-19
3 IFEZ 저널. 2006-02
4 무석시 고신구 스마트시티 추진보고. 삼성SDS 2010-03

용어해설

1) 스마트 인프라스트럭처 엔지니어링(SIE): 지능형 교통정보 시스템(ITS), 자동 요금징수시스템(AFC), 스마트카드 등 기존 사회간접자본(SOC) 사업에 IT를 접목한 융합형 사업.
2) 국가 TD-LTE: LTE는 Long Term Evolution의 약어. 3GPP 표준화 기구가 LTE 표준을 처음 공식화했을 때 3G 기술의 진화와 업그레이드로 자리 잡았고 이후 LTE 기술의 발전은 빠르게 진행되어, 이후 LTE Release 10/11(즉, LTE-A)의 진화가 4G 표준으로 결정되었다. LTE는 듀플렉스 모드에 따라 LTE-TDD와 LTE-FDD로 구분되며, 이 중 LTE-TDD를 TD-LTE라고 한다.
3) 삼망융합(三网融合): 광의적이고 사회적인 표현으로, 전기통신망·전산망·케이블TV망의 3대 네트워크의 물리적 통합만이 아니라 상위 업무 응용의 융합을 가리킨다.
4) 페이펑핑타이(飞凤平台): 알리바바 클라우드가 수년간 IoT 분야에서 개발하고 축적해 개방 표준에 따라 IoT 클라우드 아키텍처 기반층, 플랫폼층, 애플리케이션 층을 구축하고 NB-IOT, LORA 등 이질적 네트워크, 주류 IoT 통신협약과 기술표준을 아우르는 IoT 기반 플랫폼이다.
5) 아이소프트스톤(软通动力): 2001년 설립된 중국의 소프트웨어 및 디지털기술서비스, 디지털 운영서비스를 제공하는 선도적 기업으로 주요 업무는 컨설팅 및 솔루션, 디지털기술서비스 및 일반기술서비스 등이다. 시스템 구축 아웃소싱을 중심으로 성장한 SI(System Integration: 시스템 구축·유지·보수) 기업이다. 1,000개 이상의 중국 내외 고객에게 서비스를 제공하며 그중 200개 이상의 고객은 Fortune 500대 기업이다. 화웨이와 S/W 계약을 체결하고 화웨이에 핵심 S/W 서비스를 제공하고 있다.

1-5
광둥성, 비즈니스의 귀재들과 만남

광둥성 포산시 러총체험관

광둥성 포산은 스마트시티 건설을 본격적으로 추진하고 있다. 2011년 5월 13일 개관한 '**사화융합**四化融合[1], 스마트 포산智慧佛山' 체험전시관智慧佛山은 시민들이 지적인 매력과 새로운 발전상을 실감할 수 있도록 했다.

양일간 베이징에서 열린 '2011 스마트 100 도시계획 건설 전문가 포럼智慧百城规划建设专家论坛'에서는 중국 각지에서 모인 기업 대표와 IoT 관련 기관의 전문가, 학자들이 스마트시티 건설의 새로운 트렌드와 사물인터넷 활용 등 개념과 실행방안에 대해 열띤 토론을 했다.

포럼에서는 **싸이디컨설팅**赛迪顾问[2] 장타오張濤 부총재는 "5월 현재 중국의 1선 도시一级城市는 100% 스마트시티 세부 계획을 제시했고, 2선 도시二级城市 80% 이상이 스마트시티 건설을 명시했다. 스마트시티가 중국에서 더 이상 화두가 아닌 투자 이슈로 주목받고 있음을 보여준다"라고 말했다.

자원을 통합하고 시장을 규범화하며, 정부에게 좋은 서비스를 제공하기 위해, 중국통신공업협회中国通信工业协会 IoT산업 지회를 이끌고,

19개의 우수 IoT 기업을 연합하여 공동으로 **중국 스마트시티 계획건설추진연맹**中国智慧城市规划建设推进联盟[3]을 설립했다. 기업·사용자·전문가 간 소통의 장을 마련함으로써 IoT 산업의 성장과 규범적 발전을 도모할 것으로 기대된다.

광둥성 포산에 본사를 둔 **광둥묘구매네트워크기술유한공사**广东妙购物联网技术有限公司[4] 등 19개 중국 IoT 기업·기관이 발기인으로 참여했다. 이 연맹은 스마트시티 서비스에 주력할 것으로 알려졌다. 중국 각지에서 IoT, 센싱 네트워크에 관한 기술을 활용하여 도시정보화 건설의 전반적인 수준을 한층 높일 수 있는 스마트시티를 계획하고 있다.

창립식에서 류빙빙劉氷氷 연맹 대변인은 "각 지역의 경제 발전 수준과 정보기술(IT) 활용에 대한 수요가 달라 스마트시티 계획, 사물인터넷 기술 활용 등 각급 정부의 문제점이 많거나 막막하다"고 말했다. 업계에서는 IoT의 제품, 기술, 솔루션에 대한 수요도 절실하다는 점을 지적했다.

광둥성 포산시 자오하이 부시장 일행 IFEZ 스마트시티 홍보관 방문 기념사진

포산 스마트시티 건설의 가장 큰 특징은 전체 계획이 비교적 실용적이고 응용적인 방향을 포함하고 있다는 것이다. 예를 들어 현재 구축 중인 러총사물인터넷乐从物联网건설은 정부가 지원하지만, 주체는 기업이다.

포산모델佛山模式에 대해 산업정보화부工业和信息化部 전자과학기술정보연구소电子科学技术情报研究所 훠윈푸霍云福 교수는 "기업의 역할은 시장의 메커니즘, 수요를 대변한다. 투자 수익을 충분히 고려했기 때문에 견실하고 지속해서 성장할 수 있다"고 말했다.

훠윈푸 교수는 포산이 본격 추진 중인 스마트시티 건설이 기업 행동과 정부의 적극적인 대응으로 잘 통하고 있음을 보여준다고 평가했다. "기업의 수요가 있고, 정부가 타이밍을 맞춰 전반적 차원에서 접근하고, 정부가 해야 할 정보화 환경 조성, 인프라 구축 등을 했기 때문에 실효성을 거둘 수 있었다"라고 했다.

중요한 업종으로 접점을 만드는 것은 포산의 또 다른 특색이자 성공 경험이다. 예를 들어 전자상거래를 발전시키고, 고객자원·시장자원·영향력이 큰 철강·플라스틱 등 강점 산업을 주도해 실물경제를 온라인으로 끌어올리는 데 역량을 집중하는 것이 현실적으로 주효했다.

포산은 현재 중국에서 앞서가고 있지만 본질적으로 초보적인 자발적 단계라고 지적했다. "기업, 정부 모두 열정이 있어 상호작용은 좋지만 연구·논증할 때 자발적이고 감성적인 것이 많아 상세하고 투철한 연구가 부족하다."

훠윈푸 교수는 스마트시티 건설이 역동적인 환경에서 고려되어야 한다고 제안했다. 포산은 제조업 외에 유통 경제도 큰 비중을 차지한다. 현재의 전자상거래 환경에서 전통적 장터의 비즈니스 형태는 언제까지 지속될 수 있을까? 지속할 수 없다면 어떤 형태로 변형되고 업그레이드될 것인가? 이런 것들은 연구해야 한다. 계속해서 돌을 만져서 강을 건넌다면, 이를 위한 스마트시티 정보화 시설의 기능은 확실치 않다. 또는 잘못하다가 투자에 실패할 수 있다. 지금은 포산과 **주장珠江삼각주三角洲**[5]까지 해결해야 할 중요한 시점에 도달했다. 이를 위해서는 업계, 연구기관 및 정부 관련 부서가 머리를 맞대고 통합하고 사고해야 한다고 강조했다.

"포산 스마트시티의 계획과 건설은 국가보다 앞서 있다. 결단력이 매우 크고 속도가 매우 빠르다"고 삼성SDS 중국법인 류잔자오刘占钊 마케팅 팀장이 말했다.

삼성SDS 중국법인은 2003년부터 포산의 스마트시티 건설에 참여했고 많은 전문가와 학자들을 포산에 파견해 교류를 해왔다. "포산의 빠른 발전속도는 우리에게 깊은 인상을 주었다. 의사 결정이 빠를 뿐만 아니라 실행도 빠르고 많은 프로젝트가 실제 구현됐다."

"포산에 스마트시티를 구축하기 위해 신·구시가지에 특화된 기획설계規划设计를 해야 한다." 삼성의 스마트시티 사례 경험을 종합해보면 구시가지에서 스마트 교통, 행정 관련 공공서비스 등은 비교적 성공하기 쉽다는 게 그의 생각이다. 반면 포산 동핑뉴타운东平新城은 스마트시티를 건설하기에 좋은 지역이자 기회인 만큼 스마트시티를 전면적으로 설계하고 검토해야 한다.

한국의 스마트시티 건설은 세계의 선구자로 평가받고 있다. 2013년 4월 베이징 국제회의센터에서 거행된 제4회 중국 사물인터넷 컨퍼런스中国物联网大会에서 삼성SDS 중국법인 류잔자오 마케팅 팀장이 한국의 스마트시티 구축사례를 소개했다.

스마트시티 구현을 위한 전제조건과 기반은 정책 및 규제 문제, 기술 통합 문제, 투자 및 시장 문제, 운영 및 수익 문제와 같은 일련의 매우 복잡한 문제를 해결하기 위해 정부와 기업이 함께 협력해야 한다는 것이다. 이 일련의 문제를 함께 해결해야만 진정한 스마트시티에 진입할 수 있다.

한국의 스마트시티 개발은 여러 단계를 거쳐 발전했다. 스마트시티 건설의 초기 단계에서 정부는 주로 스마트방범, 스마트재난, 스마트교통, 스마트의료, 스마트교육 등과 같은 공공서비스와 이를 위한 지능형 서비스 및 솔루션을 제공한다. 2단계에서는 정보 공유와 서비스 통합을 실현하기 위해 스마트 교통과 스마트홈 등이 연결되기 시작했다. 한국은 2011년부터 공공서비스와 민간서비스를 통합하는 3단계에 진입했다.

한국의 스마트시티 건설 초기에 전문가와 학자들이 100개 이상의 스마트시티 솔루션과 서비스를 제시했다. 실제적이고 실현 가능한 것은 교통, 환경, 안전, 기반시설 관리 및 행정 등 5가지 범주라는 것이 밝혀졌다.

한국의 경험을 따르면 스마트시티를 구축하는 데 가장 중요한 4가지 요소는 첫째, 초기 계획설계단계에서 고품질에 의존한 도시발전 계획을 수립해야 한다. 둘째, 스마트시티에서 구현되는 서비스로 매우 적절하고 특히 실용적이고 효과적인 서비스여야 한다. 셋째는 운영모델이라는 점을 꼽았다. 정부 각 부처가 어떻게 분담하고 협력하느냐에 따라 후속 도시의 전반적인 개발에 영향을 준다. 넷째는 반드시 녹색 개념을 반영한 생명력이 있고 지속가능한 시스템을 반영해야 한다.

현재 세계의 거의 모든 경제발달 지역에서 스마트 개념을 모색하고 있으며 중국에서는 스마트시티 건설이 핫이슈로 떠오르고 있다. 다롄스마트시티연구원大连智慧城市研究院 순주오이孙左一 원장은 "사물인터넷·모바일인터넷·클라우드 컴퓨팅 덕분에 스마트시티가 실제로 실현될 수 있는 가장 기본적인 두 가지 필요조건이 마련됐다"고 말했다.

스마트시티 건설은 기술의 발전에 따라 실용적이고 지속가능한 개발을 전제로 몇 가지 원칙에 특별한 주의를 기울여야 한다. 순 교수는 스마트시티 건설은 실질적으로 정보통신 장비 구매가 가장 많고 하드웨어든 소프트웨어든 세대교체가 빠르고 치열하다고 강조했다. 미래에 쓸 수 있는지 없는지를 반드시 고려해야 한다. 그리고 폐쇄적인 시스템은 될 수 없으며, 그렇지 않으면 오늘 사용하다가 내일 제거해야 할 수도 있다.

스마트시티는 스마트 산업을 집약해야 한다. 순 교수는 스마트 산업은 과학기술 함량이 높은 산업이며 사람들의 독창성이 더 많이 발휘되고, 부가가치가 더 빠르게 증가해 더 많은 부를 가져오는 산업이라고 말했다. 다롄大連은 스마트시티를 건설하면서 3G에서 4G로 넘어가는 차세대 정보통신 산업, 클라우드와 인터넷을 중심으로 한 새로운 컴퓨터 서비스 산업, 그리고 업그레이드된 서비스 아웃소싱 산업 등 3개 산업을 적극적으로 육성하기로 했다.[1]

삼성SDS는 2011년 5월 31일 포산시 순더구 러충진에 위치한 **광동 사물인터넷 응용산업기지**广东省物联网应用产业基地[6]의 스마트 사물인터넷 월드체험관智能体验区之物联天下体验馆 구축사업 계약을 체결했다.

스마트체험구역智能体验区이 만들어진 사물인터넷 월드체험관物联天下体验馆은 모션인식, 적외선 센싱 등의 기술을 활용하여 모바일 기기의 스마트 플랫폼을 통해 인터랙티브 미디어 환경을 구축하고 디지털 가상 이미지를 보여준다. 스마트쇼핑, 스마트홈, 스마트의료, 스마트교육, 스마트오피스, 스마트교통과 같은 미래 스마트 생활을 구현한다.

체험관 1층은 광동 IoT 산업단지 전체를 모니터링할 수 있는 지능형 모니터링 센터智能監控中心이며 2층은 리셉션 카운터를 통해 입장하여 산업단지 현황을 브리핑하고 사물인터넷 신도시物联新城를 소개하며 사물인터넷 기반 스마트 산업단지 미래 비전을 보여준다. 3층은 스마트 미래 도시를 체험하는 공간으로 주거, 건강, 교육, 교통, 쇼핑 등 주제별 콘텐츠 서비스를 제공했다.[2]

프로젝트는 2011년 6월 1일 착수하였고 10월 30일 체험관을 오픈하고 2011년 11월 30일에 준공했다.

광둥사물인터넷 응용산업기지 內 스마트 체험관 구축 사진
(출처: CAPLAN)

2009년 11월 4일 포산시 동핑신구위원회, 정보산업국, 삼성SDS 3자간 신도시 개발에 대한 MOU체결을 하고 포산, 베이징, 서울을 오가며

현지 요구사항 분석과 추진방안을 수립하고 사업기회를 구체화했다. 포산시는 2010년 10월 14일 삼성SDS에 공식적으로 포산 러총 스마트체험관 프로젝트 참여를 요청했다. 이후 한국 스마트시티 체험관 및 스마트시티 구축 정보를 제공하며 사업협의가 진척됐다. 12월 6일 1차 콘셉트 제안을 전달하였고 수정보완을 거친 후 12월 23일 프레젠테이션을 실시했다.

2011년 1월 25일 2차 콘셉트 제안 이후 러총 스마트체험관 시행사 관계자를 한국에 초청하여 한국 스마트시티 견학을 추진했다. 2011년 3월 10일 삼성SDS 본사를 방문하여 스마트 홍보관을 둘러본 후 당사에 계약 의향을 전달했다. 방한 기간 중 광교신도시 스마트시티 구축 현장 및 홍보관, 인천경제 자유구역청 스마트시티 홍보관, SK 티움 미래기술 체험관 등을 견학했다. 경기도시공사, 인천경제자유구역청 관계자를 접견하고 신도시 및 산업단지 추진현황, 활용기술 및 제공서비스 등을 경청하고 상호 공동 관심사에 대해 의견을 교환했다.[3]

포산시와 스마트시티 전략적 제휴를 확대하여 포산시가 추진하는 스마트시티 개발구에 대한 사업기회를 확보하였고 동핑신구에 대한 스마트시티 컨설팅을 통해 후속 본 사업에 대한 사업권을 확보해갔다. 아울러 포산시 고위 관리자를 한국에 초청하여 한중 정부, 기업 간 스마트시티 협력모델을 구체화하고 신뢰관계를 조성해갔다.[4]

광둥성 광저우 중국-싱가포르 지식도시

1978년 싱가포르를 방문한 덩샤오핑이 "내 꿈은 중국에 싱가포르 같은 도시를 1,000개 세우는 것"이라고 말했다. 이후 중국 공산당 당원 수만 명이 싱가포르에서 연수했고 쑤저우 공업도시, 톈진 생태도시, 광저우 지식도시 같은 싱가포르 모델 도시들이 중국 전역으로 확산되고 있다.

2013년 중국 공산당 제18기 3중전회는 향후 10년간 중국의 개혁과 발전 노선을 확정했다. 상하이 자유무역구를 중심으로 더 개방할 것이며, 토지도 시장화할 것이라는 내용을 담고 있었다. 이를 검토한 중국 칼럼니스트 장팅빈은 "중국이 싱가포르를 개혁모델로 삼았다"고 논평했다.

최근 들어 싱가포르모델이 중국 내에서 더 주목받게 된 건 장쩌민과 후진타오 집권 기간 빈부격차와 부정부패, 환경오염이 심각해지고 시진핑 정권의 주요한 임무가 이 문제에 대한 해결책을 내놓는 것이 되면서다. 싱가포르는 일당 장기집권체제이면서도 정치적 안정과 경제적 번영을 유지하고 있는 유일무이한 나라였다.

중국 지도자들과 싱가포르의 인연도 역사가 길다. 덩샤오핑과 리콴유의 첫 만남은 1978년 11월이었다. 당시 부총리였던 74세의 덩샤오핑은 이틀을 머물며 싱가포르 경제와 사회 관리에 깊은 인상을 받았다. 덩샤오핑은 바로 그때 중국을 싱가포르처럼 발전시키겠다고 마음먹은 것이다. 이 만남 직후 1978년 중앙위원회 업무회의 폐막식 연설에서 그는 싱가포르의 발전을 언급했다. 그리고 12월 후야오방과 후차오무 등을 불러 외국인이 싱가포르에 공장을 세워 싱가포르가 많은 것을 얻었음을 소개하며 국가개방과 외자유치를 결정했다. 제11기 3중

전회의 역사적인 개혁·개방이 이 여행에서 비롯된 것이다.

덩샤오핑은 "싱가포르인 70% 이상이 화인이고 중국말을 하고 중국 음식을 먹는다. 이들이 할 수 있다면 왜 960만 ㎢에 사는 중국인은 못하는가?"라고 말했다.

1990년 중국과 싱가포르가 수교한 후 양국은 경제·정치·과학 등 다방면에 걸쳐 밀접한 관계를 구축하고 있다. 14억 대륙국가와 500만 도시국가는 중국과 동남아권 국가 사이에선 볼 수 없는 유일무이한 관계를 만들어냈다. 싱가포르는 중국에 경제적 기회를 줬고, 막 개방하기 시작한 중국으로서는 서구나 대만과 거래하는 데 싱가포르를 길목으로 삼았다.

중국에 싱가포르 영향이 급물살을 타기 시작한 것은 1992년 덩샤오핑이 발표한 남순강화 이후부터다. 덩샤오핑이 선전에서 싱가포르의 사회질서를 칭찬한 뒤 싱가포르 배우기 열풍이 급속도로 확산됐다. 1994년 양국은 쑤저우 공업단지를 개발하기 시작했다. 중국 간부 1,000여 명이 싱가포르에 가서 법, 시의 계획과 관리, 외국투자, 기술훈련, 사회보장 등에 관한 교육을 받았다.

후진타오 정권은 싱가포르에서 국유기업 채무정리, 은행, 증권시장을 정비해 금융체계를 개혁한 것을 학습하고자 했다. 2007년 중국이 자본금 2,000억 달러인 중국투자유한책임공사를 설립할 때 모델이 싱가포르 국부펀드 테마섹(Temasek)이었다. 2008년에는 양국이 자유무역협정(FTA)을 체결했는데 중국이 아시아 국가와 체결한 첫 양자 간 FTA였다. 리콴유는 생전에 중국을 33번이나 방문했다. 싱가포르에는 4,000개 넘는 중국 기업이 지점을 설립했고, 155개 넘는 중국 회사가 싱가포르 증권시장에 상장돼 있을 만큼 양국 관계는 긴밀하고 광범위하다.

시진핑이 2013년 선언한 '중국몽中国夢'이 바로 싱가포르처럼 통치되고 관리되는 사회가 되는 것임에 주목한다. 국민 74%가 화인인 싱가포르는 아시아에서 행복지수가 가장 높고 경제는 지속 발전하며 공직자는 청렴하고 사회에는 부정부패가 없다. 중국의 꿈이 어디까지 도달하는지에 따라 아시아는 물론 세계경제 질서도 재편될 수 있음을 암시한다.[5]

2020년 11월 11일 상무부는 특별 기자회견에서 '중국-싱가포르 광저우 지식도시中新广州知识城의 종합개발계획(2020~2035년)' 중 지식도시의 전략적 위치, 개발 목표, 작업 우선순위 등을 설명했다. 펑강彭刚 상무부 아시아국장, 첸웨화陈越华 광둥성 상무부 부국장, 첸즈잉陈志英 광저우시 당위원회 상무위원 겸 행정부시장, 첸용陈勇 황푸구 시장 겸 중국-싱가포르 광저우 지식도시 관리위원회 부국장이 참석해 언론의 질문에 답했다. 중국-싱가포르 광저우 지식도시가 베이징에서 고위급 기자회견을 한 것은 이번이 처음이다.

기자회견에서 펑강彭刚 국장은 '광저우지식도시 종합개발계획中新广州知识城总体发展规划' 준비의 배경, 프레임워크 및 특징을 자세히 소개했다. 상무부는 이 계획의 주관부서로서 계획이행에 대한 후속분석, 감독 및 지도를 강화하고, 새로운 상황을 조사하고, 새로운 문제를 해결하고, 새로운 경험을 요약하고, 중국-싱가포르 협력을 새로운 수준으로 지속해서 추진하여 새로운 발전 패턴을 형성하고 국내외 이중순환의 강력한 지원을 제공한다고 했다.

중국-싱가포르, 중국-영국, 중국-EU 등 양자 간 협력 프로젝트가 잇달아 자리를 잡았고, 165개의 주요 프로젝트가 착수되었고, 총 1,621억 위안의 자산투자가 완료되었고 생산량이 3,800억 위안을 초과했다.

현재까지 지식도시에는 약 23,500개의 시장주체가 있으며 총 등록 자본금은 4,398억 4,000만 위안이다. 올해 3건의 협력 프로젝트 서명 및 건설 활동이 진행되었으며 바이두百度 아폴로(Apollo)의 자율주행 및 스마트자동차를 포함한 135개의 주요 프로젝트가 시작되었으며 총투자액은 1,700억 위안이 넘는다.

'광저우지식도시 종합개발계획'은 지식도시의 전체 공간과 주요 산업 레이아웃을 최적화했다. 산업 측면에서 생물의학 및 일반건강, 차세대 정보기술, 신소재 및 신에너지와 같은 산업의 발전을 촉진하는 데 중점을 두고 과학 및 교육 서비스, 디지털 창의성 및 스마트 제조산업의 확산에 중점을 두고, 지식 집약적 산업 시스템을 구축하고 신흥산업의 원천을 창출한다.

현재 지식도시에는 **중국광둥지식재산보호센터**中国广东知识产权保护中心[7] 를 비롯한 100개 이상의 기관이 모여 있으며 그중 광둥센터특허심사广东中心专利审查 수가 전국의 1/5을 차지하며 2019년 누적 특허출원 건수는 1,798건에 달했다. 발명특허 출원 건수, PCT 국제 특허출원 건수 및 특허허가 건수는 전년 대비 각각 76%, 137% 및 116% 증가했다.

현재 지식도시는 녹색생태도시绿色生态城区의 발전에서 괄목할 만한 성과를 거두었다. 지식도시의 남쪽 지역은 **국가 3성급 녹색생태도시**三星级绿色生态城区[8] 디자인 라벨을 획득했으며 중국-싱가포르 광저우 지식도시의 색상 계획은 프랑스 NDA 금상을 수상했다 "액션쿨시티酷城行动"가 시범 프로젝트示范项目에 포함되어 녹색, 생태 및 저탄소 신구 건설 등을 수행한다.

첫째, 편리하고 효율적인 교통 네트워크를 구축하여 지식도시와 광둥-홍콩-마카오 광역만권粵港澳大湾区의 주요도시 교통 시설 간의 연결성을 강화하는 것이다. 광저우-동관-선전 도시간철도穗莞深城际 건설을 가속화하고 지식도시와 광저우 바이윈 국제공항, 광저우 동부 기차역, 광저우 남부 기차역 및 기타 허브 간의 연결을 강화하며 베이 지역 혁신요소의 흐름을 가속한다. 철도교통과 고속도로망에 의존하여 지식도시를 도시교통권에 포괄적으로 통합하고 '외부 및 내부外联内通' 교통 네트워크 시스템交通路网体系을 구축한다.

스펀지도시海绵城市 건설 측면에서 지식도시, 스펀지도시 건설에 대한 최상위 계획 및 시스템顶层规划与系统 계획을 과학적으로 작성하고 '빗물 정원雨水花园[9])', 침몰한 녹지下沉式绿地 및 생태습지生态湿地'와 같은 저영향 개발 시설을 종합적으로 채택하여 중소 강우량의 100% 자연 축적 및 정화를 달성하고 계획된 도시 건설 지역의 빗물의 총 연간 유출 제어율은 82% 이상으로 한다.

국내외 최고의 인재顶尖人才를 흡수한다는 측면에서 '광저우지식도시 종합개발계획'은 세계적 수준의 인프라와 작업 및 생활환경을 구축하고 도시 거버넌스 기능을 개선하고 거버넌스 시스템을 현대화하며 지식도시를 혁신적인 낙원과 살기 좋은 집으로 건설한다.[6]

의료 및 건강자원 측면에서 모두 높은 기준에 따라 할당된다. 예를 들어, 임상서비스, 의학교육, 의학연구 및 결과변환을 통합하는 의료단지를 구축하고, 세계 최고 및 국내 최고의 양성자치료전문병원 클러스터를 구축할 계획이다. 지식시티는 또한 15분에 1차 의료 서비스를 받을 수 있는 의료환경을 구축하여 1차 의료 및 보건기관의 표준화율 100%를 달성할 것이다.

지식도시는 주거안정 측면에서 신규시민 및 청년층의 주거난 해소에 주력하고 임대주택을 적극 육성·발전시켜 소규모 저임대 정책임대주택 개발에 주력할 예정이다. 동시에 고급인재의 개별요구를 충족시키기 위해 지역상황에 따라 **공유 부동산 주택**共有产权住房[10]을 고려하고 있다.[7]

2010년 12월 삼성SDS는 중국 광저우 지식도시 도시개발사업 참여방안을 검토했다. 당사가 단위 프로젝트에 참여하는 것이 아닌 삼성그룹 관계사와 공동으로 비즈니스 모델을 만드는 것을 구상했다. 삼성SDS는 ICT 인프라 및 서비스, 스마트시티를, 삼성전자는 R&D센터, 헬스케어 등 삼성그룹사 협의체를 구성하여 사업모델 Value Proposition을 하고 싱가포르 지분참여를 통해 에너지, 환경, 교통, 빌딩 등 인프라 투자에 대한 그룹사의 사업기회 가능성을 검토했다. 싱브리지(Singbridge International)는 광저우 지식도시 사업의 싱가포르 시행주체로 도시개발과 인프라 건설을 주관했다. 싱가포르 국부펀드 **테마섹(Temasek)**[11]이 100% 출자한 회사로서 톈진 에코시티의 싱가포르 지분 중 5%를 보유하고 있다. 싱브리지는 2009년 설립되어 아시아, 중동 등 신흥시장 그리고 중국시장을 대상으로 대규모 도시개발사업의 총괄개발자(Master Developer)로서 포지셔닝하고 있다.[8]

중국-싱가포르 광저우 지식도시(SSGKC) 사업 참여를 위해 삼성SDS, 삼성물산이 공동으로 대응했다. 2011년 3월 1일 광저우지식도시 전시관 메인홀에서 RFI 설명회가 있었다. 삼성물산, 삼성SDS, SK

텔레콤 등 한국기업을 비롯하여 GE, 지멘스, 하니웰, 시스코, 히타치, NCS, 디지털차이나, 차이나텔레콤 등 29개 글로벌 기업이 참석했다. 싱브리지는 광주 지식도시 전반에 대해 소개하고 RFI 작성요령에 대해 설명했다. 당사와 삼성물산은 POC 파일럿, 투자모델 2가지 제안방안을 고려했다. 한국 스마트 도시개발사례를 선제안하고 한국 벤치마킹을 유도하는 방향으로 제안서를 준비했다. 스마트, 에코, 러닝, 프로젝트 라이프사이클, **LEED**[12] 관점에서 내용을 정리했다. 공사단계 에너지 관리방안, 폐기물 절감, 공사 중 오염방지, **BEMS**[13] 등 그린 정책 등 최근 기술추세를 반영했다. 광교U-City 사업현장 견학과 경기도시공사 기술교류회도 사업추진일정에 포함했다. 도시개발 착수단계 건설과 IT 융합공정을 고려하고 RFI 답변서에 강점부분은 노출하지 않고 협상 단계에서 차별화 부분을 부각하기로 했다.

3월 2일 삼성물산 광저우 지점을 방문한 중국-싱가포르 광저우 지식도시(SSGKC) 담당 임원진으로부터 RFI가 담긴 사상에 대해 보충설명을 들었다. 광저우 지식도시에 대해 스마트, 에코, 러닝시티 콘셉트로 가치제안을 하고 차별화 방안을 제시해줄 것을 조언했다. 4월 광주 지식도시 착공 후 5월 Pilot 사업자를 선정할 계획이어서 사업추진일정은 촉박하게 진행됐다. SSGKC는 공공입찰형 공사사업이 아닌 민간투자형 사업참여 방식으로 사업자를 선정했다. RFI 답변서를 평가하여 우선협상자를 선정한 후 RFP를 확정하는 계획이다. 중국 및 싱가포르 기업과 그랜드 컨소시엄 형태로 제안하는 것을 SSGKC와 협의했다.[9]

2011월 4월 12일 싱브리지 및 중국-싱가포르 광저우 지식도시

(SSGKC) 고위급 일행이 한국 도시개발 사례조사를 위해 방한했다. 싱브리지 고첸화許慶和 사장, 중국-싱가포르 광저우 지식도시(SSGKC) 타이훈켓鄭汉杰 사장, 퀘켕낙郭景岳 부사장 등 일행이 4월 12일부터 4월 14일까지 2박 3일 일정으로 삼성물산, 삼성SDS를 방문하고 한국 레퍼런스 투어 프로그램에 참여했다. 4월 15일은 SK텔레콤, LG텔레콤, 시스코 등을 방문하고 경영층과 순차적으로 면담했다.

삼성물산은 삼성의료원, 삼성서초사옥, 용인 동천 래미안 팰리스, 용인 동백 그린 투모로우 홍보관 등 견학 프로그램 행사를 주관했다. 삼성SDS는 광교신도시, 인천 경제자유구역청, 수원 SW연구소 방문 시 동행하고 관련 임직원과의 면담을 주선했다.

당시 광저우 지식도시는 스마트, 에코, 러닝 기반 도시건설을 개발 콘셉트로 설정하고 R&D, 크리에이티브, 교육, 헬스, IT, 바이오테크, 신재생, 스마트제조 등 8개 핵심사업 유치에 전사적으로 총력을 기울였다.

2월 23일 중국-싱가포르 지식도시(SSGKC)에서 개발 마스터플랜 공동참여를 위한 RFI(Request for Information)를 발급하여 3월 18일 삼성물산-삼성SDS 공동으로 스마트, 에코, 러닝 시티 콘셉트 제안서를 제출한 바 있다.

스마트그리드, 스마트홈, 스마트교통, 스마트폐기물관리, 스마트에너지관리, 가상현실, 스마트도서관, 쓰레기자동집하시설, 지역냉방시설 등 9개 분야 제안 콘셉트를 반영하였다.

이후 광저우 지식도시 각종 국제 행사, 전시회에 초대받아 광저우 지식도시 관계자들과 기술교류회를 진행했다. 사업기회 정보를 공유하며 제안방안을 구체화했다. 민간투자형 방식으로 추진되고 사업 특성상 광저우에 특수목적법인에 지분을 출자해야 했다.

 이 조건은 최종적으로 회사 승인을 얻어내지 못했다. 2012년 10월 광저우 지식도시를 향한 도전과 열정을 잠시 멈춰야 했다.

참고자료

1 建智慧城市 佛山模式体现政企互动. 广佛都市网-佛山日报 2011-06-01
2 广东省物联网应用产业基地. 百度百科 2021-03-23
3 포산시 러충 테크노밸리 체험관 구축 보고. 삼성SDS 2011-03
4 포산시 러충진 IoT 체험관 프로젝트 추진전략. 삼성SDS 2011-05
5 중국의 미래, 싱가포르 모델. 임계순 2018-06-08
6 중국 싱가포르 광저우 Knowledge City 홈페이지. http://www.ssgkc.com/
7 中国商务部举行中新广州知识城专题新闻发布会. 广州黄埔发布 2020-11-11
8 중국 광저우 Knowledge City 도시개발사업 사업개요 및 추진보고서. 삼성SDS 2010-12
9 중국 광저우 Knowledge City RFI 사업설명회 출장보고서. 삼성SDS 2011-03

용어해설

1) 사화융합(四化融合): 정보화, 산업화, 도시화 및 국제화의 통합, 상호 촉진 및 공동 발전 등 4대 현대화를 의미하여 포산을 신산업발달, 사회관리의 지혜, 대중생활지능 및 환경미화 조화의 지혜로운 도시로 만드는 것을 말한다.
2) 싸이디컨설팅(赛迪顾问): 홍콩 성장 기업 시장에 상장된 중국 최초의 현대 컨설팅 회사이며 업계 최초로 국제 및 국가 품질 관리 및 시스템(ISO9001)을 통과했다. 베이징에 본사가 있으며 CCID 정보 엔지니어링 컨설턴트, CCID 투자 컨설턴트, CCID 관리 컨설턴트, CCID 경제 컨설턴트, CCID 감독을 포함한 5개의 지주 자회사가 있으며 상하이, 광저우, 선전, 서안, 우한, 난징 및 기타 지역에 사무실이 있다.
3) 중국 스마트시티 계획건설추진연맹(中国智慧城市规划建设推进联盟): 공업정보화부(工业和信息化部)와 국가정보센터(国家信息中心)의 강력한 지원과 지도하에 있으며 중국통신산업협회(中国通信工业协会)와 중국통신의 사물인터넷산업분과(中国通信工业协会物联网行业分会)의 지원을 받고 있다. 산업협회 지부는 100개 이상의 정부기관과 업계의 전문기업을 연합하여 전문적인 사회적 동맹으로 2011년 5월 출범했다.
4) 광동묘쇼핑기술유한공사(广东妙购物联网技术有限公司): 2014년 1월 17일 광동성에 등록 및 설립되어 모바일컴퓨터, 사물인터넷 네트워크 기술개발, 의류, 가구, 식품 및 기타 상업 서비스 제품의 전자상거래 플랫폼을 제공하고 있다.
5) 주장(珠江) 삼각주(三角洲): 중국의 떠오르는 경제구역이자 제조업 중심지로 광저우, 선전, 포

산, 주하이, 쟝먼, 중산, 둥관, 후이저우, 자오칭 등의 9개 도시로 이루어진다. 주강 삼각주 지역에는 광둥성 인구의 절반가량인 약 5,000만 명이 거주하는데, 이는 한국 인구와 비슷한 수치이다. 저가제품 생산공장기지로서의 역할뿐 아니라 지식 기반의 고부가가치산업 기지로 변모하고 있다.

6) 광둥사물인터넷 응용산업기지(广东省物联网应用产业基地): 광둥성경제정보화위원회가 승인한 사물인터넷 정보화 신기술의 응용으로 광둥성, 포산시, 순덕 각급 인민정부의 강력한 지원을 받고 있다. 광둥사물인터넷정보산업단지유한회사(广东物联天下物联网信息产业园有限公司)가 개발 및 운영한다.

7) 중국광둥지식재산보호센터(中国广东知识产权保护中心): 광둥성 시장감독관리국이 관리하는 공익적 사업기관으로 주로 전 성의 지식재산권 보호체계 건설, 공공서비스체계 건설 업무를 담당하고 있으며 조직에서는 지식재산권 신속협동보호 업무를 하고 있으며, 특허출원 신속 예심, 신속 확권 예심 및 신속 유지 업무, 특허내비게이션, 지식재산권 운영 서비스, 지식재산권 교류 및 협력, 특허 조기경보 분석 및 동태 모니터링, 지식재산권 사법 감정 등을 진행하고 있다.

8) 국가 3성급 녹색생태도시(三星级绿色生态城区): 공간적 배치, 기반시설, 건설, 교통, 산업시설 등의 측면에서 자원절약 및 환경친화요구에 따라 도시개발구역, 기능구역, 신도시지역 등을 계획, 건설 및 운영한다. 상하이 훙차오 상무지구, 톈진 생태도시, 광저우 난사밍주완, 광저우 지식도시 등 4개가 해당된다.

9) 빗물정원(雨水花园): 자연 또는 수동으로 형성된 얕은 움푹 들어간 녹지 공간으로 지붕이나 땅에서 빗물을 모으고 흡수하는 데 사용된다. 빗물은 식물과 모래의 포괄적인 작용을 통해 정화되고 점차적으로 토양 속으로 침투하여 지하수를 보존하거나 조경수 및 화장실 용수와 같은 도시 용수를 보충한다. 생태학적으로 지속가능한 빗물 관리 및 빗물 활용 시설이다.

10) 공유부동산주택(共有产权住房): 주택건설자금을 정부와 주택구입자가 공동으로 부담하고, 분양 시에는 쌍방의 자금 액수 및 향후 퇴출 과정에서의 권리를 계약서에 명시하며, 퇴출 시에는 정부가 환매해 주택구입자가 자기 자산수분의 현금만 받을 수 있도록 해 주택의 폐쇄적 운행을 보장한다.

11) 테마섹(Temasek): 1974년 설립된 싱가포르 재무부의 감독하에 비공개로 등록된 지주 회사이며 싱가포르 개발 은행을 포함한 36개 국제연맹(League of Nations) 기업의 지분을 관리하고 있다. 직원 수는 14만 명, 총자산은 420억 달러 이상으로 국가 GDP의 약 8%를 차지한다.

12) LEED: 녹색건물평가시스템으로 설계에서 환경과 거주자의 부정적인 영향을 줄이고 녹색건물의 완전하고 정확한 개념을 표준화한다. LEED(Leadership in Energy and Environmental Design)는 미국 그린빌딩협의회(U. S. Green Building Council)에 의해 설립되어 2000년에 시행되었고 미국의 일부 주 및 일부 국가에서 법적 의무 표준으로 등재되었다.

13) BEMS: 건물에너지관리시스템(Building Energy Management System)은 건물관리시스템 (Building Management System)과 함께 개발되었다. 1973년 세계 에너지 위기 이후 건물의 에너지 소모가 중시되면서 에너지 절약을 위한 고효율 설비들이 대거 가동되면서 건물에서 에너지 설비의 비중이 크게 늘었다. 동시에 최적화 제어, 야간 운전 제어, 시간 이벤트 트리거 전환 기능과 같은 다양한 에너지 관리 기능이 BMS에 속속 등장했다. 약 20년의 연구 개발 끝에 에너지 절약 및 에너지 관리 기능이 점차 강화되어 현재 BEMS인 독립적인 시스템을 형성했다.

Part 2
중국 평안도시 확산과 스마트시티 태동

2-0. 평안도시
2-1. 안후이성, 새로운 도전과 좌절 그리고 희망
2-2. 산시성 시안, 삼성문화복합단지 대륙몽
2-3. 후베이성 우한, 스마트시티 컨설팅
2-4. 산동성 칭다오, 서해안경제신구 한중 협력모델
2-5. 쓰촨성 청두, 부동산개발상 파괴적 혁신

2-0
평안도시[1]

개요

평안도시平安城市는 치안관리治安管理, 도시관리城市管理, 교통관리交通管理, 비상명령应急指挥 등의 요구를 충족해야 할 뿐만 아니라 재난사고 조기경보, 안전생산 감시 등 영상모니터링에 대한 수요를 모두 고려해야 하며 예비경보考虑报警, 출입통제门禁 등 시스템통합과 방송시스템과의 연동도 고려해야 한다.[2]

평안도시란 3가지 방어체계三防系统[1)], 즉 기술방위체계技防系统, 물리방어체계物防系统, 민방위체계人防系统를 통해 안전하고 조화로운 도시를 건설하는 것이다. 안전기술방범시스템安全技术防范系统은 기술방어시스템技防系统, 물리방어시스템物防系统, 민방위시스템人防系统 및 관리시스템管理系统의 복합체이며 4개의 시스템이 서로 협력하고 상호작용하여 보안방어체계를 완성한다. 안전기술방범시스템은 주로 침입경보시스템入侵报警系统, 영상모니터링시스템视频监控系统, 출입통제시스템出入口控制系统, 전자순찰시스템电子巡更系统, 주차장관리시스템停车场管理系统, 방폭안전검사시스템防爆安全检查系统을 포함한다.[3]

의미

우리가 사는 곳을 더 안전하게 만드는 방법은 도시 전체의 안전을 보장하는 강력한 보안 네트워크를 구축하는 것이며, 과학적이고 선진적인 기술방위방식이 가장 효과적이다. 이 전제하에서 도시안보비상체제城市安防应急系统 구축의 중요성은 더욱 커지고 있다. 대상 그룹에 따라 알람, 동영상, 연동 등 다양한 조합을 제공할 수 있다. 110(경찰)/119(소방)/122(교통) 경보지휘통제, GPS차량도난방지, 원격 영상이미지 전송, 원격 스마트폰 경보 및 지리정보시스템(GIS) 등을 유기적으로 연계하여 화재발생 실시간 연동경보, 범죄현장 원격 가시화 및 위치추적 감시, 동시 지휘통제를 가능하게 함으로써 정보고속화 및 도시안전을 실현하고 '사후통제'에서 '사전예방'으로 전환되어 도시의 안전수준과 시민생활의 편안함을 제고한다.[4]

평안도시는 평안도시 종합관리정보 공공서비스플랫폼平安城市综合管理信息公共服务平台을 활용하여 영상모니터링시스템, 디지털도시관리시스템, 도로교통 등 다양한 시스템을 포함하고 있으며, 시가지급市区级 데이터교환플랫폼을 이용하여 자원공유를 실현하고 있다. 프론트엔드 데이터는 영상모니터링시스템을 통해 수집돼 시·구 감독지휘통제센터市, 区监督指挥调度中心로 전송된다. 감독지휘통제센터관리플랫폼监督指挥调度中心管理平台은 데이터베이스서버, 메모리서버, 관리서버, 알람서버, 스케줄러서버, 스트리밍서버, 웹서버, 디스플레이서버, 기타 어플리케이션서버로 구성된다.[5]

하드웨어에는 서버 외에도 각종 모니터링 단말기, 보안제품, 네트워크 범위를 확장하기 위한 네트워크 제품, 하부조직 모니터링용 컴퓨터 장비 등이 포함돼 있으며, 이들 제품의 수요는 평안도시 시스템의 커버범위가 늘어나면서 빠르게 증가하고 있다.

반면 소프트웨어 솔루션에는 운영체제, 데이터베이스 등 시스템 소프트웨어 외에도 각종 모니터링 관리 플랫폼, 스트리밍 소프트웨어, 모니터링 소프트웨어, 지능형 교통시스템, 전자경찰시스템 등이 포함된다.

평안도시 건설은 치안관리와 사회안전·통제를 우선시한다. 현대사회는 사람, 재화, 물자가 많이 이동하는 사회라고 할 수 있으며, 정보는 급속하게 변화되고 있어 공안기관의 사회관리가 더욱 복잡해지고 있어 전통적인 치안관리와 사회통제 방식으로는 현재 업무 요구사항에 대응하기 어렵다. 평안도시는 치안관리, 도시관리, 교통관리, 응급지휘 등 수요를 충족시킬 수 있는 종합적인 관리시스템으로 재난사고 경보, 안전생산 모니터링 등 영상모니터링 기능도 겸비하고 있다.[6]

과학기술강경 - 허페이 공안국 경무지휘센터
(출처: 안후이일보/사진작가: 숭줸)

- 치안순찰: 영상모니터링시스템을 통해 온라인 가시화 치안순찰을 실시할 수 있으며, 이는 현재 인간순찰, 차량순찰 등 주요 순찰방법과 비교하면 효율성과 은밀성을 갖추고 있으며, 더욱 강력한 억

지력을 갖추고 있다.

- 110 경찰상황 처리: 이미지모니터링시스템을 통해 당사자가 신고하는 즉시, 경찰상황 주변의 동태를 직관적으로 볼 수 있으며, 지휘센터의 효율적 지휘배치를 도울 수 있다. 경찰차에 설치된 모니터링은 경찰관의 동태를 실시간으로 감시하고, 경찰관을 보호하는 한편 현장영상을 실시간으로 기록하는 한편 법 집행을 규제하는 데 활용될 수 있다.
- 공공 유흥업소 관리: 영상모니터링시스템을 통해 야식집, 노래방 입구 등 일부 공공 복잡업소의 치안동태를 실시간으로 파악할 수 있으며, 싸움의 단초나 사건이 발생하면 즉시 처리할 수 있으며, 그 녹화자료는 사건 처리의 근거를 제공한다.
- 사건다발지역 검거: 사건다발지역에 대해서는 영상모니터링시스템을 이용하여 대기, 추적할 수 있으며 현행 검거를 실행하여 옥외자산에 대한 사람들의 보안의식을 높일 수 있다.
- 자동차 관련 사건 수사: 자동차에 관한 치안 사건, 교통사고 처리 및 뺑소니 사건 수사 중, 영상모니터링시스템은 영상 자료를 제공하고 차량 운행 궤적을 분석하여 사건 분석에 효과적인 증거를 제공한다. 또 교통 뺑소니 사고에 대한 단서와 증거를 제공해 교통당국의 뺑소니 사건 해결을 돕는다. 공안 업무에 영상감시 기술의 응용이 지속해서 발전함에 따라 영상모니터링시스템에 의해 수집된 영상 및 사진정보는 특히 공안 수사 및 사건 해결에 있어 점점 더 중요한 역할을 하고 있다.

공공안전

21세기 들어 시민의 안전에 관한 관심은 점점 더 커지고 있다. 2005년 7월 7일 런던 시민들이 기억하는 그날, 도시 한가운데서 엄청난 폭탄 테러가 발생했고 많은 버스가 폭파되었으며 모든 지하철이 운행이 중단됐다. 영국 경찰은 12일 폭발 후 다수의 현장녹화를 분석한 결과 북적이는 인파 가운데 중대 범죄혐의가 있는 승객 4명을 가려냈다.

오늘날 세계는 국제안보정세의 긴장이 고조되고 산업재해가 증가함에 따라 테러사건의 발생, 유독가스 누출사고의 발생이 계속 이어졌다. 미국 911테러 사건과 일본 도쿄 사린가스 사건은 많은 사상자를 냈을 뿐만 아니라 피해자들에게 돌이킬 수 없는 후유증을 남겼다. 사람들은 재난상황에 대한 정확한 평가와 분석, 시기적절하고 효과적인 비상대응이 중요하다는 것을 깨닫기 시작했다. 도시네트워크시스템城市联网体系 구축의 중요성이 증대되고 있고 실시간 모니터링实时监控과 신속대응快速反应은 더욱 절실해지고 있다. 그러나 많은 국가가 여전히 효과적인 해결책을 찾지 못하고 있다.[7]

이에 세계 각국 정부는 이를 극복하려는 방안을 적극적으로 모색하고 있다. 중국은 지난 20여 년간 보안산업이 비약적인 발전을 했고 보안기술의 수준도 지속적으로 향상되었다. 그러나 중국의 보안관리는 여전히 민방위를 기반으로 하는데, 그 이유는 고도로 자동화되고 통합된 과학적인 보안응용시스템을 제공하지 않아 국가적 손실이 크고, 과학적인 의사결정 근거를 제공하지 못하고 있기 때문이다. 특히 지하철, 공항, 올림픽 및 세계 엑스포 행사장 및 주변 공공 구역 등 대도시의 보안체계와 공공안전이 실제적인 문제에 직면해 있다. 중국정부가 '평안도시平安城市'와 '과학기술강경科技强警[3]' 사업에 착수한 것은 이런 난제를 해결하고 도시를 안전하게 만들기 위한 것이다. '도시안전망 및 응급대응플랫폼城市安防体系与应急反应平台' 연구는 이런 배경에서 시작됐다. 평안도시 프로젝트는 사회 전반에 걸쳐 적용되며 민간구역, 상업건축물, 은행, 우체국, 도로 감시, 학교를 비롯해 유동인원, 이동차량, 경찰요원, 이동물체, 선박 등을 포함하고 있다. 공항, 부두, 유류창고, 발전소, 상수장, 교량, 댐, 수로, 지하철 등 주요 장소에 대한 전방위적인 입체방호立体防护가 필요하다.[8]

보안경제

경제가 발달한 동부연해지역东部沿海地区에는 중소도시가 많고 이들 도시의 경제발전과 주민 가처분소득이 빠르게 증가하고 있다. 동시에 보안에 대한 요구도 날로 증가하고 있다. '평안도시平安城市'와 '화합사회和谐社会[4]'의 건설도 이 지역의 성급도시省级城市에서 중소도시中小城市, 현시县市, 심지어 향진乡镇으로 확산되기 시작하여 공공보안시장公共安防市场과 민간보안시장民用安防市场의 성장을 이끌었다.[9]

'11차 5개년 계획十一五' 기간 동안 중국 보안 산업은 연평균 23% 이상의 고속 성장을 했다. 2011년 3월, '중국 보안산업 12차 5개년 발전계획中国安防行业"十二五"发展规划'이 정식 비준되었다. 이 계획에 따르면 2015년 산업 총생산액은 5,000억 위안에 달할 것이다. 전 업종의 연 20%의 복합성장률로 따지면 영상감시시스템 생산액이 1,000억 위안을 돌파하고, 안방전자시스템의 점유율이 50% 이상을 차지하여 성장 잠재력이 가장 큰 부문이 될 것이다. 상하이上海의 보안산업은 전국 중요 안보 집결지로서 보안산업사슬 각 영역의 발전에 중요한 변화를 주고 있다.

'제12차 5개년 계획' 기간 동안 '평안도시平安城市', '과기강경 건설공정科技强警建設工程', '3111공정3111工程5)' 등 굵직한 공공사업이 계속 확대되고 평안도시 건설이 전국적으로 추진된다. 통계에 따르면 평안도시의 각종 보안기기 수요 비율은 모니터링시스템 28%, GPS 및 스마트교통 관련 제품 13%, 방범신고 9%, 경찰장비 19%, 형사장비 15%, 생체인식 및 스마트카드 5%, 기타 11%로 나타났다. 2011년 한 해에만 '3111' 시범사업이 전면적인 고도화 단계에 들어서면서 직접투자액은 1,000억 위안에 육박했다.[10]

비상대응

도시보안시스템과 비상대응플랫폼은 민방위의 각종 폐해를 근본적으로 해결하고, 안전을 위해 과학적이고 신뢰할 만한 방법을 제공했다. 이 시스템의 연구와 실행은 중국의 국가 안전安全 분야, 안방安防 분야에서 중요한 의미가 있다. 첫째, 이 시스템의 완성은 중국 스스로의 지적재산권에 관한 안전방범기술을 보유하고, 둘째, 중국 스스로의 응급 및 방범 근거를 갖추고, 우리 공공의 안전 전반을 향상시켜 재난방범, 평가, 구조 부문에서 근거가 낙후됐던 상황을 개선할 수 있게 한다.[11]

도시보안시스템과 비상대응플랫폼의 주요 핵심기술은 지능형 영상 분석, 생체인식기술(특히 안면인식), 데이터 지능형 분석통합 플랫폼 등이다. 이 시스템은 환경모니터링, 접근모니터링, 주변안전, 물품안전, 출입구 제어 등 다양한 기능을 종합한 보안 시스템이다. 정책 결정자에게 실시간 재난정보를 제공하고, 집계된 실시간 정보를 기반으로 다양한 응급 솔루션과 재난 동향 분석을 통해 도시 지역 전체의 보안이나 일부 주요 장소의 지역 보안에도 적용할 수 있는 매우 실용적인 시스템이다. 첨단프론트 획득기술과 백그라운드 지능화분석 의사결정 소프트웨어를 통합한 시스템으로 점点에서 선线으로, 점点에서 면面으로 지역 네트워크를 연결해 도시 전체를 아우르는 보안시스템이 완성된다.

다음은 환경모니터링과 핵·생화학 탐지시스템을 예로 들어 도시보안시스템과 비상대응플랫폼의 역할과 특성을 간략히 설명한다.

핵·생화학 공격의 가장 유력한 타깃은 사람들이 밀집한 곳과 중요한 공공장소, 예를 들면 기차역, 공항과 지하철역, 중요한 건물, 급수장 등이다.[12]

또 방사선 물질, 화학 유독가스, 또는 생화학 원료는 비교적 쉽게 구할 수 있고, 화학 유독가스는 제조가 쉽고 생산비용이 적게 들며, 무색무취로 발견이 어렵고 인명피해는 엄청나서 테러범에게 강력한 무기가 되고 있다.

핵·생화학 탐지시스템은 사고나 테러 공격 시 동적 데이터를 제공하고, 사고 후 재난분석과 평시훈련 등의 기능을 제공한다. 이 시스템은 그래픽 인터페이스가 있는 탐지기 및 센서의 온라인 상태, 확산모드, 긴급상황 지시, 실시간 영상모니터링, 데이터 분산 등의 기능을 갖고 있다. 특히 보안코드와 긴급상황 지시 및 정보공유가 가능해 외부위협을 방지하고 화학사고를 예방하며 부처 간 정보통신을 강화할 수 있다.

이 서브시스템은 군사 및 국방정보시스템은 물론 도시안전통제시스템, 특히 C3I시스템, C4I시스템에도 사용될 수 있는 차세대 대테러통제시스템反恐控制系统이다. 시스템은 강력한 외부 탐지 및 데이터 인터페이스를 제공한다. 예를 들면, 생화학 탐지기, 핵방사능 탐지기 등이다. 이것은 주로 국가 탐지 및 모니터링시스템과 같은 대규모 보안검사, 지하철, 공항, 항만, 기차역 등 공공건물과 장소, 군사지휘센터, 화학 및 석유화학 산업의 생산 및 운송 부서에 광범위하게 사용된다.[13]

도시보안시스템城市安防体系 및 비상대응플랫폼应急反应平台 구축의 초점은 다양한 고객의 특별한 요구를 이해하고, 고객에게 맞춤형 솔루션을 제공하여 정확하게 시스템이 작동되도록 하는 것이다.

건설목표

'평안도시' 건설의 궁극적 목표는 포괄적인 도시 조기경보시스템 및 비상지휘시스템을 구축하는 것이다. 현실적인 목표는 사회치안 종합관리, 도시 교통관리와 소방관리 지휘를 통합한 도시경찰 종합관리시스템을 구축하는 것이다. 과학기술 혁신으로 경찰업무를 혁신하고 자원통합으로 경찰업무를 통합한다. 정부 기타 각 행정부서, 도시관리, 지역 공동방위의 역량을 충분히 발휘하여, 당 위원회, 정부조직, 공안관리, **경민연동**警民联动[6], 사회 전체가 함께 관리하는 사회치안 종합관리의 새로운 국면을 조성한다.[14]

참고자료

1 平安城市. 百度百科 2021-01-26
2 平安城市创造保障 监控系统建设受重视. 安防展览网 2013-07-05
3 平安城市就是通过三防系统建设城市的平安. 股吧网页版 2015-02-15
4 平安城市解决方案. CPS中安网 2016-10-14
5 平安城市"建设成为07-08年政府行业亮点. IDC 2007-12-17
6 平安城市建设概述详细分解. 原创力文档 2016-06-06
7 平安城市. 道客巴巴网站 2012-06-22
8 历经二十年发展 平安城市都经历了什么？. 中国安防展览网 2017-03-21
9 平安城市建设进程中农村安全问题待解决. 中国安防网 2013-07-02
10 安防展铺向二三线城市折射行业深入发展. 慧聪安防网 2013-03-28
11 城市安防体系与应急反应平台建设. 安防展览网 2006-12-07
12 平安城市应急指挥系统. 道客巴巴网站 2014-07-27
13 城市安防体系与应急反应平台. 中国安防行业网 2012-04-20
14 平安城市建设内容和目标. 北京深万科技 2011-02-28

용어해설

1) 3가지 방어체계(三防系统): 기술방어체계, 물리방어체계, 민방위체계 등 3가지 방어체계를 통해 안전하고 조화로운 평안도시를 건설한다.
2) 과학기술강경(科技强警): 공안활동에서 공안연구 투입, 과학기술 혁신 등을 대대적으로 추진해 현대과학기술, 첨단설비, 정보화시스템으로 공안 업무를 뒷받침하는 새로운 틀을 만드는 것을 말한다. 중국공산당 중앙정치국 상무위원 겸 중앙정법위원회 서기는 2010년 4월 23일 제5차 중국국제경찰용장비박람회를 참관하면서 "과학기술강경 이념을 확고히 수립하고 자주적인 혁신을 강화해야 한다"며 "공안 업무의 과학기술 함량과 장비보장 능력을 끊임없이 높여 국가안전과 사회안정을 수호할 수 있도록 뒷받침해야 한다"고 강조했다.
3) 화합사회(和谐社会): 중국특색사회주의 사업의 총체적 배치와 전면적인 샤오캉(小康)사회 건설 전반의 관점에서 제시한 중대한 전략적 과업이다. 중국 공산당 제16차 전국대표대회 이후 후진타오 주석은 국내외 정세의 변화에 따라 우리나라 발전이 직면한 기회와 도전을 종합적으로 분석하고 이념, 목표, 과제, 사업의 의의와 지도사상을 심도 있게 설명했다. 조화로운 사회주의

사회 건설에 대한 사상은 사회주의 현대화 추진을 앞당기고 전면적으로 풍족한 사회를 건설하는 데 의의가 있고 중화민족의 위대한 부흥이라는 중국몽을 실현한다.

4) 3111공정(3111工程): 공안이 주도하는 도시경보·감시시스템 구축을 기반으로 제안된 사업이다. 3은 성·시·현에서 3급임을 표시한 것이다. 첫 번째 '1'은 성(省)마다 시(市)를 정하고, 두 번째 '1'은 시(市)마다 현(縣)을 정하며, 세 번째 '1'은 조건부 현(縣)에 구(区) 또는 파출소를 설정해 2008년까지 완성하는 계획이다. 전국 22개 도시가 '3111 프로젝트' 시범도시로 지정됐다.

5) 경민연동(警民联动): 중국특색 사회주의 사상을 지도하고 중앙, 성, 시 문서의 다중분쟁해결기구 구축 정신에 따라 '경찰-민간 교류' 기구 건설을 전면적으로 추진한다. 공안과 인민의 조정과 협력을 더욱 강화하고 공안과 인민의 조정 기능을 충분히 발휘하여 풀뿌리 차원의 모순과 분쟁을 신속하고 효과적으로 해결하여 안정적인 사회 환경을 조성한다.

국가스마트시티[1]

국가스마트시티国家智慧城市는 현대과학기술의 포괄적인 사용, 정보 자원의 통합 및 비즈니스 응용시스템의 전반적인 계획을 통해 도시 계획, 건설 및 관리를 강화하는 새로운 모델이다. 스마트시티 건설은 당 중앙과 국무원의 혁신주도발전을 관철하고 새로운 도시화를 추진하며 전면적으로 부유한 사회를 건설하기 위한 중요한 조치이다.

시범도시

베이징北京, 상하이上海, 광저우广州, 난양南阳 등 22개 도시[2]

소개

국가스마트시티 시범사업国家智慧城市的试点으로 사물인터넷物联网, 클라우드 컴퓨팅云计算, 차세대 인터넷下一代互联网과 같은 신기술이 널리 활용되고 도시지능 수준이 지속적으로 향상될 것이다.[3]

신다증권信达证券의 리서치 보고서研究报告는 스마트시티의 급속한 발전을 지원하기 위해 지역별 다양한 정책적 지원을 했다고 지적한 바 있으며, '12차 5개년 계획十二五' 기간 동안 총투자규모가 5,000억 위안가량 되었다고 했다. 「**시범지표체계**试点指标体系[1])」에는 보증체계 및 인프라保障体系与基础设施, 스마트건설 및 살기 좋은 주거智慧建设与宜居, 스마트 관리 및 서비스智慧管理与服务, 스마트 산업 및 경제智慧产业与经济의 4가지 1등급 지표가 포함됐다. 그중 보증체계 및 인프라지표保障体系与基础设施指标는 보증체계, 네트워크 인프라, 공공 플랫폼 및 데이터베이스의 3가지 2등급 지표로 구분되며 무선 네트워크, 도시 공공기반

데이터베이스, 정보보안과 같은 여러 3등급 지표를 포함한다. **스마트 건설과 살기 좋은 주거지표**智慧建设与宜居指标[2]는 도시건설관리, 도시기능향상 등 2가지의 2등급 지표로 나뉘며, 디지털도시관리, 건축에너지 절약, 폐기물 분류 및 처리, 배수 및 가스시스템 등 3등급 지표가 있다. 스마트산업 및 경제지표는 산업 계획, 산업 고도화, 신흥산업 발전 등 3가지이며 혁신투입, 산업요소 집중, 전통산업 리모델링, 첨단기술 산업 등을 다룬다.[4]

시범지역

중국 주건부住建部는 2012년 12월 4일 스마트시티 국가 시범사업에 착수하였다.

통지에 따르면 국가스마트시티 시범사업은 스마트시티 건설 작업이 지역국가 경제 및 사회 발전 '12차 5개년十二五' 계획 또는 관련 특별계획에 포함되었으며 스마트시티 개발계획요강 편성智慧城市发展规划纲要编制이 완료되었다. 스마트시티 건설을 위한 자금조달계획 및 보증채널이 명확하여 이미 정부재정예산에 편성되었으며 책임주체의 주요 담당자가 국가스마트시티를 조성하는 시범사업 신고와 조직관리를 담당한다.

중국 22개의 중대도시계획 문건에 스마트시티 건설이 명시되었다. 이 중 베이징北京, 상하이上海, 광저우广州, 선전深圳, 항저우杭州, 난징南京, 닝보宁波, 우한武汉, 샤먼厦门 등은 이미 스마트시티 발전을 위한 특별 계획을 수립했거나 시행 중이다.[5]

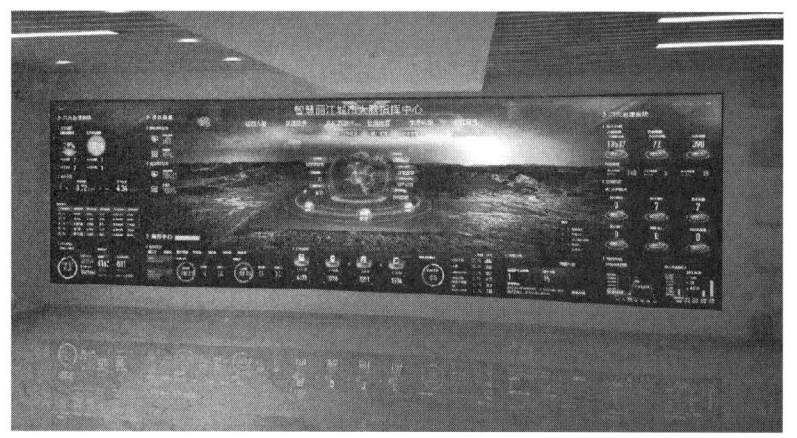

중국 윈난성 스마트 리장 시티브레인 도시운영센터
(출처: 인민일보)

추세

주택도시농촌건설부住房城乡建设部는 국가스마트시티시범사업国家智慧城市试点 착수에 관한 고시를 발표하고 「**국가스마트시티 시범관리대책**国家智慧城市试点暂行管理办法」[3]과 「국가스마트시티(구·현)시범지표체계国家智慧城市(区,镇)试点指标体系」 등 2개 문서를 발표하고 시범사업에 착수했다.[6]

'국가스마트시티国家智慧城市'는 원래 미국 IBM 연구소에서 나온 개념으로 현대과학기술의 통합운용, 정보자원의 통합, 업무응용시스템의 통합을 통해 도시계획, 건설, 관리를 강화하는 새로운 모델新模式이다. 이 모델은 IoT, 센서 네트워크를 활용하여 스마트홈智能家居, 도로망모니터링路网监控, 스마트병원智能医院, 도시생명선관리城市生命线管理, 식품의약품관리食品药品管理, 티켓관리票证管理, 홈케어家庭护理, 개인건강个人健康, **디지털라이프**数字生活[4] 등 다양한 분야에서 활용되고 있다. 현재 중국 스마트시티 건설은 RFID 관련 기술 개발, 통신 및 정보화 인프라 구축, 인증, 보안 등 플랫폼 및 실증 프로젝트에 집중돼 있다. 중국 50개 이상의 도시가 스마트시티 건설목표를 제출했다. **3대 운영사업자**三大运营商[5]가 제공한 자료와 각 지방정부의 공개정보를 보면 중국 전역에서 스마트시티 건설이 시작된 곳은 동·중·서부 지역이다.

도시 유형별로는 베이징, 상하이, 광저우, 선전 등 1선 도시를 비롯하여 항저우, 샤먼, 주하이 등 동부 연안 지역의 경제개발 도시 일부도 잇따라 '스마트시티' 건설에 착수했다. 또 후베이, 후난, 산둥, 랴오닝, 쓰촨, 허난, 안후이 및 기타 지역에서 '스마트시티 클러스터智慧城市群' 건설을 제안했다. 예를 들어, 후베이성湖北省의 '스마트시티 클러스터'는 성의 17개 도시를 포함하고, 광둥성广东省의 '스마트시티 클러스터'는 성의 21개 도시를 포함한다.

2012년 6월 말 기준으로 3대 운영사업자들은 전국 320개 이상의 도시에 '스마트시티'를 건설하기 위해 지방정부와 협력하고 있다. 3대 운영사업자는 하반기에 80개 이상의 도시가 사업자와 협력하여 '스마트시티'를 건설할 것으로 예상하며, 2012년 말까지 전국적으로 '스마트시티' 건설을 착수할 도시의 수가 400개를 돌파할 것으로 예상했다. 공개된 자료에 따르면, '12차 5개년 계획' 기간 동안 위에 언급된 320개 도시의 '국가스마트시티' 건설에 직접 투자한 예산은 3,000억 위안이 넘는다. 업계 관계자는 이들 도시가 '12차 5개년 계획十二五' 기간 동안 5,000억 위안의 '스마트시티'를 조성하는 데 투자하고 향후 '국가스마트시티'가 활성화되고 관련 서비스들이 제공됨에 따라 '12차 5개년 계획' 기간 동안 각 지역의 '국가스마트시티' 건설을 통해 2조 위안 규모의 산업기회가 창출될 것으로 추산하고 있다.[7]

추가 시범지역 명단

- 베이징北京市: 먼토우고우구门头沟区, 다싱구 팡꺼광진大兴区庞各庄镇, 신쇼우강 고급산업종합서비스 지구新首钢高端产业综合服务区, 팡샨구 량샹 고등 교육단지房山区良乡高教园区, 시청구 니우지에 거리西城区牛街街道

- 톈진시天津市: 톈진 빈하이 하이테크 개발구 징진 협력 시범구天津滨海高新技术开发区京津合作示范区, 징하이현静海县

- 충칭시重庆市: 위중구渝中区

- 허난성河南省: 난양시南阳市, 카이펑시开封市

- 허베이성河北省: 탕산시唐山市, 싱타이시邢台市, 스자좡 정딩현石家庄正定县, 한단시 총타이구邯郸市丛台区, 랑팡시 관안현廊坊市固安县

- 산시성山西省: 뤼량시吕梁市, 신저우시忻州市, 다퉁시大同市, 리시구离石区

- 네이멍구 자치구内蒙古自治区: 후허하오터시呼和浩特市

- 헤이룽장성黑龙江省: 하얼빈시 샹팡구哈尔滨市香坊区, 상지시尚志市, 자무시佳木斯市

- 지린성吉林省: 통화시通化市, 백산시 장위엔구白山市江源区, 린장시临江市, 지린시 하이테크구吉林市高新区, 장춘 징웨 하이테크 공업 개발구长春净月高新技术产业开发区

- 랴오닝성辽宁省: 선양시 허핑구沈阳市和平区, 신민시新民市

- 산둥성山东省: 라이우시莱芜市, 장추시章丘市, 주청시诸城市, 자오좡시 쉬청구枣庄市薛城区, 일조시 주현日照市莒县, 웨이팡시 린취현潍坊市临朐县, 지닝시 자샹현济宁市嘉祥县, 칭다오 서해안 신구(황다오구)青岛西海岸新区(黄岛区), 라이시시莱西市

- 장수성江苏省: 쉬저우시(신이시 포함)徐州市(含新沂市), 둥타이시东台市, 창

수시常熟市, 화이안시 훙쯔현淮安市洪泽县

- 안후이성安徽省: 쑤저우시宿州市, 보저우시亳州市, 진자이현金寨县, 류안시六安市, 추저우시(딩위안현 포함)滁州市(含定远县)
- 저장성浙江省: 원링시温岭市, 푸양시 창안진富阳市常安镇, 닝보따시 개발구宁波大榭开发区
- 푸젠성福建省: 창러시长乐市, 취안저우시(안시현 더화현, 펑라이진 포함)泉州市(含德化县、安溪县蓬莱镇), 장저우투자촉진국 경제기술개발구漳州招商局经济技术开发区
- 장시성江西省: 잉탄시鹰潭市, 지안시吉安市, 푸저우시 난펑현抚州市 南丰县, 난창시 동후구南昌市东湖区, 난창시 고신구南昌市 高新区
- 후난성湖南省: 융저우시 치양현永州市祁阳县, 샹탄경제기술개발구湘潭经济技术开发区, 창더시(진시, 리현, 한수현 포함)常德市(含津市, 澧县, 汉寿县), 위안장시沅江市, 천저우시 안런현郴州市安仁县, 천저우시 이장현郴州市宜章县
- 광둥성广东省: 허유앤시 장동신구河源市 江东新区
- 광시 좡족 자치구广西壮族自治区: 친저우시钦州市, 위린시玉林市
- 윈난성云南省: 다리시大理市, 원산시文山市, 위시시玉溪市
- 구이저우성贵州省: 안순시 시시우구安顺市西秀区
- 간쑤성甘肃省: 장예시张掖市, 천수이시天水市
- 쓰촨성四川省: 아바티베트족 자치주阿坝藏族羌族自治州, 원촨현汶川县, 이빈시宜宾市, 싱원현兴文县, 광안시广安市, 루저우시泸州市, 러산시(어메이산시 포함)乐山市(含峨眉山市)
- 산시성陕西省: 한중시汉中市
- 후베이성湖北省: 징저우시(홍후시 포함)荆州市(含洪湖市), 셴타오시仙桃市, 샹양시襄阳市

- 칭하이성青海省: 거얼무시格尔木市, 하난저우구이더현海南州贵德县, 하이난저우공허현海南州共和县
- 닝샤 후이족 자치구宁夏回族自治区: 중웨이시中卫市
- 장 위구르 자치구新疆维吾尔自治区: 창지시昌吉市, 알어이타이디 퓨윈현阿勒泰地区富蕴县
- 신장생산건설병단新疆生产建设兵团: 시허즈시石河子市, 우지아취시五家渠市

확장된 시범지역 명단
- 스자좡시 시범지역에 정딩현石家庄市试点新增正定县 추가
- 랑팡시 시범지역에 관안현廊坊市试点新增固安县邯 추가
- 한단시 시범지역에 총타이구邯郸市试点新增丛台区 추가
- 랴오위안시 시범지역에 신둥펑현辽源市试点新增东丰县 추가
- 웨이하이시 시범지역에 루산시威海市试点新增乳山市 추가
- 타이저우시 시범지역에 타이저우 경제개발구泰州市试点新增泰州经济开发区 추가
- 푸양시 시범지역에 타이허현阜阳市试点新增太和县 추가
- 원저우시 시범지역에 창난현温州市试点新增苍南县 추가
- 우한시 시범지역에 장시아현武汉市试点新增江夏区 추가
- 황강시 시범지역에 마청시黄冈市试点新增麻城市 추가
- 샹양시 시범지역에 라오허코우襄阳市试点新增老河口市 추가
- 류저우시 시범지역에 루자이현柳州市试点新增鹿寨县 추가
- 몐양시 시범지역에 장요우시绵阳市试点新增江油市 추가[8]

참고자료

1 国家智慧城市. 百度百科 2021-04-09
2 中国已有22个大中城市规划文件提出建设智慧城市. 新华网 2012-12-04
3 新一代信息技术与创新2.0 : 智慧城市的两大基因. 移动政务研究 2013-03-28
4 国家智慧城市(区、镇)试点指标体系. 智能制造网 2014-04-03
5 第三批国家智慧城市试点名单公布 新增84个试点城市. 中国交通技术网 2015-09-22
6 住建部公布首批智慧城市试点名单. 和讯网 2013-03-28
7 国家智慧城市试点工作正式启动 三大概念掘金. 腾讯财经 2013-09-16
8 住建部公布第一批国家智慧城市试点名单. 中国城市低碳经济网 2013-01-29

용어해설

1) 시범지표체계(试点指标体系): 국가스마트시티 시범지표체계는 보증체계 및 인프라(保障体系与基础设施), 스마트건설 및 살기 좋은 주거(智慧建设与宜居), 스마트관리 및 서비스(智慧管理与服务), 스마트산업 및 경제(智慧产业与经济)의 4가지 지표로 하부 2등급, 3등급 지표로 구성된다. 국가스마트시티 개발 및 추진계획의 타당성과 완전성을 뒷받침한다.
2) 스마트건설과 살기 좋은 지표(智慧建设与宜居指标): 디지털도시 관리, 도농계획, 녹색건축물 등이 중점적으로 제시되었다. 그러나 도시의 거리공간은 복잡다원적인 도시사회생활을 담고 있어 도시공간을 구성하는 기본 골격이며, 스마트시티의 건설관리와 기능향상과 밀접한 관계가 있으며, 스마트한 변혁이 그것에 현저한 영향을 끼치고 있다.
3) 국가스마트시티시범관리대책(国家智慧城市试点暂行管理办法): 중화인민공화국주택 및 도농건설부판공청(住房和城乡建设部办公厅)은 2012년 11월 22일에 「국가스마트시티 시범실시 관리방법」을 정식으로 발간하고, 2012년도 시범사업과 관련된 작업을 완료했다.
4) 디지털라이프(数字生活): 인터넷과 일련의 디지털 테크놀로지에 기반한 생활방식으로, 보다 편리하고 빠른 생활경험과 업무편의를 제공할 수 있다. 2018년 6월 현재 중국 농촌지역 인터넷 보급률은 36. 5%, 농촌 인터넷 사용자 수는 2억 1,100만 명으로 전체 인터넷 사용자의 26.3%를 차지하여 2017년 말보다 204만 명이 증가했다.
5) 3대 운영사업자(三大运营商): 중국 3대 통신운영사업자는 유선전화·이동전화·인터넷 접속 통신서비스를 제공하는 차이나모바일(中国移动), 차이나텔레콤(中国电信), 차이나유니콤(中国联通) 등 3개 회사이다.

2-1
안후이성, 새로운 도전과 좌절 그리고 희망

벙부시 경제 개발구 스마트시티 사업

베이징 남역과 상하이 홍차오역을 잇는 1,318㎞ 세계 최장의 고속철도 노선이 2011년 6월 30일 개통했다. 베이징과 톈진 허베이, 안후이, 산둥, 장쑤성 등 4개 성, 3개 직할시, 24개 도시를 관통하며 4시간 40분대로 주파한다. 베이징 상하이 **징후고속철도**京沪高铁[1]는 남부의 주장珠江경제권과 함께 북부의 보하이渤海만경제권, 동남부의 창장長江경제권을 연결한다. 동부연안지역 중 상대적으로 낙후한 안후이성安徽省 등을 관통하면서 이들 지역이 창장경제권 등과 더불어 발전할 길을 열었다. 징후고속철도가 지나는 역 주변에 신도시가 들어서고 지난, 쉬저우, 창저우 등 부동산 가격이 상승하기 시작했다.

벙부蚌埠는 안후이성 북부에 위치하며 벙산구蚌山区, 위후이구禹会区, 화이상구淮上区, 롱즈후구龙子湖区 등 4개 구, 후아이위앤현怀远县, 구전현固镇县, 우허현五河县 등 3개 현, 인구 350만 명으로 '진주도시'로 알려진 안후이성 최초의 지급도시地级市이다.

화이하淮河 중하류에 위치한 벙부항蚌埠港은 중국 내 28개 주요 내륙항구 중 규모가 가장 크며 장쑤江苏, 상해上海, 절강浙江, 장시江西 등 성,

도시省市로 연결되는 안후이성의 핵심 수로 허브이다.

벙부는 **화동철도**华东铁路[2] 교통망의 중요한 거점으로 북경-상해철도 京京沪铁路와 **화이난철도**淮南铁路[3]가 벙부에서 교차하며 벙부남역蚌埠南站은 북경-상해京沪高铁 고속철도의 7개 중앙허브역 중 하나이다. **베이징-푸저우 고속철도**京福高速铁路[4]는 벙부남역에서 출발한다. 벙부남역은 총 24개의 철도노선이 있으며 500m 길이의 플랫폼 7곳에 13쌍의 열차가 동시에 정차할 수 있다. 중국 철도망을 따라 고속철도 개통으로 관광객들이 몰려들고 중국 중소도시는 하루가 다르게 바뀌고 있다. 신설역 주변엔 주거단지, 호텔, 회사, 더 나아가 기업, 연구소 등 산업단지가 자연스레 형성된다. 고속철 건설이 가져오는 부수적인 효과가 내수를 진작시킬 수 있다고 기대하는 것이다. 안후이성 3선급 도시였던 벙부에 신도시 개발열기가 달아오르기 시작했다.[1]

2010년 12월 벙부시 경제개발구 기본설계에 참여했던 무영종합건축사사무소 해외사업본부로부터 스마트시티 사업기회 정보를 전달받았다. 추가 보충자료를 요청하고 사업현황 문건을 넘겨받아 검토의견서를 중국 에이전트에 제출한 지 2개월이 지난 시점에 중국 출장 일정이 잡혔다.

당시 광교 신도시, 아산 배방지구, 인천 경제자유구역 등 U-City 신도시 컨설팅, 설계 및 구축 경험이 있었던 삼성SDS는 실무진과 함께 안후이성 벙부시 스마트시티 사업참여 가능성을 타진하기 위해 2011년 3월 31일 장쑤성 난징에 소재한 중퉁궈화 본사를 방문했다.[2]

중퉁궈화따펑투자유한공사中通国华大丰投资有限责任公司는 중국 국영 철도회사인 중국철로통신신호그룹中国铁路通信信号集团公司이 출자한 자회사로 **중국 화동지역**中国华东地区[5)]을 중점 대상으로 신도시 개발, 투자, 자문하는 도시개발 시행사이다.

중퉁궈화는 벙부시 스마트시티 시범지구의 주관 시행사로 벙부시 경제개발구 개발을 진행하고 있었다. 중퉁궈화의 스마트시티 부문 파트너사로 대만IT회사인 상하이타이렌디지털과기유한회사上海钛联数字科技有限公司가 벙부시 경제개발구 시범사업과 관련하여 선정되어 있었다.

상하이타이렌디지털은 장쑤성 난징 스마트시티 사업에 참여하고 있었고 IBM, **디지털차이나**神州数码[6)] 등과 파트너십을 맺고 난징 스마트시티 6개 분야 프로젝트를 수행 중이었다.[3]

상하이타이렌디지털은 벙부시 경제개발구 스마트시티 프로젝트를 위해 지난 1년 동안 벙부시 요구사항 파악과 현장조사활동을 진행했고 독자적으로 스마트시티를 진행할 수 있는 역량과 자원을 갖춘 회사였다. 스마트시티 관련한 32개 응용시스템에 대해 자체 또는 아웃소싱을 통해 벙부 시범사업을 준비하고 있었다.

2012년 9월까지 벙부시에 가시적인 사업성과를 보여주어야 하는 상황에서 중퉁궈화는 상하이타이렌디지털 등 관련 기업들과 6개월 가까이 사업협의를 했으나 사업 진척이 순조롭게 진척되지 못했다. 중퉁궈화는 스마트시티 추가 파트너를 물색하느라 고심하고 있었다. 당시 벙부시 경제개발구 기본설계를 수행하고 있던 무영종합건축사사무소를 통해 삼성SDS로 연결됐다.

당시 벙부시 경제개발구 시범사업은 스마트시티 실시설계와 시공을 동시에 진행해야 하는 사업으로 기본협약을 체결하고 사업수행방안을 승인받아 자재공급 및 구축개발을 진행하는 방식이었다. 기본협약과 동시에 실시설계를 착수, 과업수행을 진행하면서 사업준공까지 진행하는 사업이다. 벙부시 고위 간부들은 본인 재임기간 중 스마트시티 성과를 중앙정부에 보고해야 하는 중압감을 갖고 있었다.

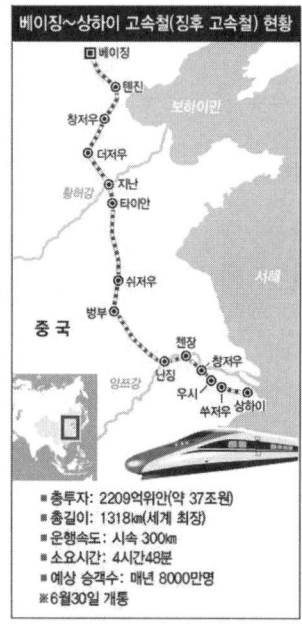

베이징~상하이 고속철 현황
(출처: 한겨레신문)

3선급 지급도시인 벙부시는 베이징 상하이 징후고속철도京沪高铁 개통과 맞물려 당시 중국 중앙정부의 스마트시티 정책에 힘입어 벙부시 경제개발구를 스마트시티 시범지구로 지정하고 안후이성 새로운 경제개발 중심도시로 도약을 시도했다.[4]

3월 31일 난징 중통궈화와 첫 미팅 이후 벙부 경제개발구 스마트시티 시범사업에 대한 기본 제안서를 준비했다. 5월 11일부터 5일간 벙부시 경제개발구 윈도심, 롱즈후龙子湖 주변에 대한 현장실사를 실시하고 중통궈화, 벙부시 경제개발구 관계자 인터뷰를 진행했다. 5월 12일 중통궈화 난징 본사에서 양사는 안후이성 벙부시 경제개발구 스마트시티 프로젝트 합작 의향서項目合作意向书에 서명했다. 의향서의 내용은 중국 안후이성 벙부시 경제개발구 스마트시티 사업에 대해 단계별 시공권 제공, 벙부시 정부의 정책적, 법률적 행정업무 승인사항 지원, 정부 혜택 프로그램 제공, 예산의 집행 및 조달구매 지원, 중통궈화가 추진하여 화동지역 스마트시티 개발 사업에 대한 참여 우선권 보장, 중통궈화의 모기업인 **중국철로통신신호그룹**中国铁路通信号集团公司[7]이 추진하는 스마트시티 사업에 대해 사업 우선권을 보장하는 내용을 담았다.

2012년 안후이성 벙부시 인민정부 주관 전자정보산업 합작사업교류회

중통궈화는 국영기업의 성격을 띠고 있고 당시 장쑤성 타이싱시 황차오전 신도시太兴市黄桥镇新城, 장쑤성 옌청 연해지구개발盐城沿海地区开发, 네이멍구 오르도스內蒙古鄂尔多斯 스마트시티 도시개발사업에 첫발을 내딛고 있어 정보통신 사업파트너와의 협력이 절실한 상황이었다. 중국 스마트시티는 2~3선 지방도시로 스마트시티가 확대될 것이며, 중국 대형 시행사, 중국 대형 IT기업, IBM, 시스코 등 글로벌 기업 등이 중국 스마트시티 시장에서 주도권을 놓고 각축하고 있었다. 중통궈화는 장쑤성, 안후이성을 기반으로 만들어진 성단위 기업으로 삼성과 파트너십을 확보하는 것이 나름 중국 스마트시티 시장에서 기반을 다지고 스마트시티 사업 경쟁력을 확보하는 데 도움이 될 것이란 판단을 했다.

　삼성그룹은 중국에서 인지도가 높았고, 삼성SDS는 스마트시티 사업 수행 역량을 보유하고 있어 중통궈화의 사업파트너로 선정하는 과정에서 긍정적으로 작용했다. 중통궈화는 삼성SDS가 시스템 통합 사업자로 기술서비스를 제공하는 것뿐만이 아니라 중통궈화와 합작하여 병부시에 스마트시티 SPC를 설립할 것을 제안하기도 했다. 당시 중국 도시개발사업은 전통적 도시건설방식을 벗어나 ICT와 융합한 스마트시티 건설방식으로 전환하는 단계였다. 또한 차이나텔레콤, 화웨이, 알리바바 등 중국 ICT 대형기업이 지방정부 스마트시티 사업에 시행사 자격으로 참여하고 있었다. 외국기업이 중국시장에서 제품이나 서비스만을 제공하는 것만으로는 당시 중국 스마트시티 시장에서 지방정부의 요구사항을 대응해가는 것이 제한적일 수밖에 없었다. 대등한 사업지위를 확보하기 위해 기술, 서비스 제공만이 아닌 자본참여가 불가피한 것이었으나 삼성SDS는 당시 자본출자형보다는 기술, 서비스만을 제공하는 전제로 중국시장 참여를 승인했다.[5]

벙부시 롱즈후龙子湖 주변 및 도심 시범지구(약 2.0㎢)를 대상으로 2012년 3월부터 9월까지 총 사업비 2억 위안(약 360억 원) 규모로 현지 SPC법인인 안후이중퉁궈타이과기유한회사安徽中通国泰科技有限公司와 총액 계약을 하고 벙부시에 제출한 지혜성시智慧城市 시범지구 구축방안을 근거로 당사의 실시설계 및 사업수행계획서를 승인받아 사업을 추진해가기로 합의했다.

2011년 12월 2억 위안(약 360억 원) 턴키방식(일괄수주) 도급 계약 의향서를 입수하여 분석해보니 중국정부기관 관련 외국기업이 수행할 수 없는 사업영역이 함께 포함되어 있어 당사 사업규모는 7,700~1억 1,500만 위안(약 140~200억 원)으로 조정했다. 중퉁궈화로부터 벙부시 경제개발구 입찰문서를 입수하여 제안요청서를 분석하고 2012년 2월 15일 사업수행 계획서를 제출했다.

삼성SDS 본사 사업관리부서는 100억이 넘는 계약금액으로 중국 안후이성 3~4선 지급도시에서 시스템통합방식으로 스마트시티사업을 수행하는 것에 반신반의했다. 또한 대금회수에 대해 큰 우려를 표명했다. 이후 중퉁궈화 난징 본사, 삼성SDS 중국법인 베이징 본사, 안후이중퉁궈타이과기유한회사 벙부 사무소를 왕래하며 대금결제방식, 사업참여범위 등 양사 중재방안을 놓고 수차례 협상을 했다. 사업범위를 벙부당교 안전방범蚌埠党校平安城市, 벙부제6중학관제시스템蚌埠第六中学监控系统, 벙부시범구역도로관제시스템蚌埠市经开区道路监控系统 3개 항목

1,600만 위안(약 30억 원)으로 당사 참여부문을 축소하여 사업을 참여하는 것으로 최종 합의를 이끌어냈다. 경제개발구시범사업의 19개 항목 2억 위안(약 360억 원)과 대비하면 1/10로 사업규모가 축소되었다.

사업부서는 중국 스마트시티 구축 사업권 확보, 지원부서는 중국 사업대금 리스크 헤징 등 각각 명분을 살리면서 절충안을 도출하여 본사와 중국법인 간 계약규모를 합의했다.

30억 원의 계약금액은 중국 스마트시티 시장진입비용으로 인식하고 사업리스크가 발생하면 프로젝트 함몰비용으로 처리하겠다는 관리 마인드가 담겨 있었다.

최종 계약협상단계에서 대금지급방식과 관련하여 중통궈화 시행사와 당사 간 또다시 견해차가 발생했다. 중통궈화는 계약대금 지급조건으로 구축완료 후 85%, 하자보수 1년 후 10%, 2년 후 5%의 조건을 제시했는데 이는 당시 중국 스마트시티 건설 때 시행사와 지방정부의 BT(Build Transfer)[8] 사업방식을 준용하면서 삼성SDS에 대해서 대금결재방식을 배려한 것이라는 중통궈화의 해석이었다. 즉 자본투자 후 이윤을 보장받는 방식과 도급계약방식을 절충한 조건이었다.

이후 삼성SDS 양혜택 중국 법인장과 베이징 본사 계약변호사를 동행하여 중통궈화 왕원치王文棋 총재와 최종 담판을 하여 대금지급방식을 계약체결 시 선금 10%, 준공 시 75%, 하자보수 1년 차 10%, 2년 차 5%로 조정하는 것으로 합의했다. 당초 BT방식인 구축 이후 대금을 지급하려는 방식을 도급계약형태로 변경하여 선금지급조건을 추가한 것이다.[6]

이후 2012년 12월까지 중퉁궈화, 삼성SDS, 상하이타이렌디지털 등 3개 당사자는 계약체결단계에서 사업수행방식과 대금지급조건과 관련하여 미묘한 견해차를 좁히지 못하면서 사업은 교착상태에 빠졌다.

2012년 12월 하순 당사는 중퉁궈화와 상하이타이렌디지털에 사업 참여 불가를 통보하고 벙부시 경제개발구 스마트시티 시범사업을 포기했다.

2010년 당시 솔루션 기반 SI 사업관리역량을 가지고 중국 스마트시티 시장에 진출하면서 한국 스마트시티 구축경험을 기반으로 IBM이나 시스코 글로벌 기업 대비 비교우위를 부각하면서 기술제안 위주로 사업기회 발굴활동을 전개했다.

중국 대형 부동산 시행사, 차이나텔레콤, 화웨이, 디지털차이나 등 대형 ICT 기업 등의 각축장이었던 지방정부 스마트시티 건설사업은 스마트시티 용역시공만이 아닌 운영 및 유지보수까지 기업이 주도적으로 이끌어주길 기대했다. 참여기업이 스마트시티의 실질적인 사업모델과 산업생태계를 만들고 지역경제에 기여하기를 지방정부는 기대하고 있었다.

중국 지방정부의 스마트시티 건설은 정부 거버넌스를 혁신하고 대민서비스를 높이는 측면도 있지만 비즈니스 파트너와 함께 경제 공동체 건설을 목표로 하는 것임을 절감하게 되었다.

베이징화시아마이루오과기유한회사北京华夏脉络科技有限公司가 투자하여 '중국 클라우드 밸리华夏云谷[9]' 벙부 클라우드 컴퓨팅 및 스마트 산업기지를 건설한다. 프로젝트는 벙부시 경제개발구 쉐한루学苑路와 쉐

웬루学苑路 교차로의 동북, 동남 및 남서 모서리에 위치한다.

프로젝트의 총 토지 면적은 약 1.66㎢이며 그중 상업용 957,486㎡, 주거용 697,678㎡, 총투자액은 약 20억 위안(약 3,700억 원)이며 베이징-상하이 노선京沪沿线을 따라 재해 백업, 데이터 저장, 지역경제, 생산, 비즈니스, 레저 및 기업가 정신을 통합하는 현대적인 '과학기술산업복합체科技产业综合体'를 건설한다.

안후이와 북부 안후이에서 가장 큰 클라우드 컴퓨팅 및 데이터센터 산업기지를 건설하고 클라우드 컴퓨팅, 스마트시티 및 서비스 아웃소싱 산업 주체를 모으고 육성하며 국제 아웃소싱 및 서비스의 수용 능력을 조성한다.

벙부시 빅데이터 산업발전을 위한 중요한 전략적 플랫폼을 제공하고 선진 지역의 산업기술 이전을 촉진하며 벙부시의 첨단 산업경쟁력을 제고한다.[7]

참고자료

1 家门口的高铁时代 你准备好提速了吗?. 碧桂园集团 2018-04-17
2 벙부 경제개발구 스마트시티 추진보고. 삼성SDS 2011-06
3 蚌埠智慧城市示范区规划建设 上海钛联数字. 2011-08-01
4 蚌蚌埠智慧城市示范 上海钛联数字. 2011-09-02
5 三星SDS Smart City_中文版本_2011_Ver1. 0. 삼성SDS 2011-11
6 蚌埠智慧城市会议记录. 삼성SDS 2012-11
7 "华夏云谷"蚌埠云计算与智慧产业基地项目简介. 蚌埠经济开发区 2018-01-29

용어해설

1) 징후고속철도(京沪高铁): 베이징-상하이 고속철도라고도 하며 베이징과 상하이를 연결하는 고속철도이다. 2008년 4월 18일에 공식적으로 건설을 시작했으며 2011년 6월 30일에 전체 노선이 공식적으로 개통되었으며 초기 운영속도는 300km/h이다. 베이징 남역에서 상하이 훙차오 역까지 운행하는 총연장 1,318km, 24개 역, 최고 시속 380km로 설계됐다. 2017년 9월 현재 베이징-상하이 고속철도의 운행 속도는 시속 350km이다. 2020년 1월 16일 현재 베이징-상하이 고속철도 개통 8주년을 맞이하여 총 11억 명의 승객을 수송했다.

2) 화동철도(华东铁路): 상하이에서 난징까지 연결하는 철도로 2018년 기준 110년의 역사를 지닌 중국 철도의 변화의 전형으로 장강삼각주 지역경제를 견인했다.

3) 화이난철도(淮南铁路): 화이난철도는 안후이성 벙부(蚌埠)와 화이난시(淮南市)에서 우후시(芜湖市)까지 운행한다. 1935년 수이자후(水家湖)에서 위시커우(裕溪口)까지 구간이 건설되었다. 화이난선의 본선은 317.5km(화이난에서 우후까지의 구간은 214km)이다.

4) 베이징-푸저우 고속철도(京福高速铁路): 국영철도시스템에서 베이징-푸저우 고속철도라는 명칭은 없다. 철도노선은 베이징-상해 고속철도의 베이징 남역에서 벙부남역까지, 허페이-벙부 고속철도(合蚌高速铁路)의 벙부남역에서 허페이 북성역까지, 벙부-푸저우 연결선(蚌福联络线)의 허페이 북성역에서 허페이 남역까지, 허페이 남역에서 푸저우역까지 가는 허페이-푸저우 고속철도(合福高速铁路)로 구성되어 있다.

5) 중국 화둥지역(中国华东地区): 중국 동부에 위치한 화둥(华东)지역은 건국 초기 중국 6대 행정구역 중 하나였던 1급 행정구역이 1954년 폐지돼 현재의 상하이(上海)·장쑤(江蘇)·저장(浙江)·안후이(安徽)·푸젠(福建)·산둥(山東)·타이완(臺灣) 등에 해당하고, 장시(江西)는 중난구(中南

區)에 속했다가 다시 화둥구로 편입됐다. 1961년 상하이, 장쑤, 저장, 안후이, 장시, 푸젠, 산둥 등지에 설치됐다가 1978년 이후 철폐됐다. 화둥은 현재 상하이, 장쑤, 저장, 안후이, 푸젠, 장시, 산둥, 대만 등 7개 성(省) 1개 시(市)로 사용되고 있으며 대만은 특수성 때문에 별도이며 통계에도 포함되지 않는 것이 일반적이다. 이를 제외한 6개 성 1개 시의 행정구역 코드는 모두 '3'으로 시작한다.

6) 디지털차이나(神州数码): 2000년 인터넷 시대의 정보산업 발전에 적응하기 위해 레노버 그룹을 분할하여 디지털차이나를 설립했다. 2001년 디지털차이나는 홍콩 증권거래소에 상장되었다. 스마트시티를 위한 '디지털스마트시티서비스그룹', 대업종과 농업정보화를 위한 '디지털정보서비스주식회사', '디지털그룹', '공급망서비스본부', '금융서비스그룹' 등을 보유하고 있다. 매출규모는 700억 홍콩달러, 직원 2만 명이며 전국 50여 개 도시에 주재기구를 두고 있다.

7) 중국철로통신신호그룹(中国铁路通信信号集团公司): 국무원 국유자산감독관리위원회가 직접 감독하는 대규모 중앙기업으로 1984년 1월 7일에 설립되었다. 사업범위는 철도 및 도시철도 교통통신 신호시스템 통합, 연구개발 설계, 장비제조, 건설 및 운영 및 유지보수의 완전한 산업 인을 보유하고 있으며 중국 철도통신 신호편집 단위이다. 시스템 표준 및 과학연구 및 설계, 제조 및 엔지니어링 서비스, 해외, 도시 철도 운송, 통신 및 정보, 기반시설, 엔지니어링 및 기타 사업 부문에서 많은 완전 소유, 지주, 주주 및 합작투자가 있으며 전국에 분포되어 있다. 해외 국가에 사무실이나 프로젝트 부서가 있다. 세계 최고 수준의 고속철도 운행제어 시스템 기술과 장비를 보유하고 있다. 시장은 국내외 철도, 도시철도 운송, 공항, 항구 및 광산을 포함한다. 2017년 7월 12일, 중국 A급 국유자산 감독관리위원회의 2016년 연간 운영성과 평가를 수상했다. 2020년 4월 국무원 국유자산감독관리위원회의 '과학개혁 시범기업'에 선정됐다.

8) BT(Build Transfer): 국가기관과 투자자 사이에 체결된 계약방식의 일종으로, 투자자가 사회간접자본을 건설하고 건설이 완료된 후, 이를 양도하면 정부는 투자자가 투자자본 회수 및 이윤의 획득을 보장받을 수 있도록 다른 프로젝트에 참여할 수 있는 조건을 마련하여 주거나, BT 계약서상의 합의에 근거하여 투자자에게 비용을 계산하여 주는 투자형식을 말한다.

9) 중국 클라우드 밸리(华夏云谷): 2016년 2월 26일 벙부 경제개발구 시장감독국에 등록 및 설립되어 스마트시티 기술연구 및 개발, 기술컨설팅 및 기술서비스가 제공한다. 총투자액은 약 20억 위안(약 3,700억 원) 규모로 재해 백업, 데이터 저장, 지역경제, 생산, 비즈니스, 레저 및 기업가 정신을 통합하는 '과학기술산업복합체(科技产业综合体)'를 건설한다.

2-2
산시성 시안,
삼성문화복합단지 대륙몽

2011년 4월 6일 산시성 시안 취장국제회의전시센터曲江国际会展中心에 서 제15회 **중국동서협력투자무역박람회**中国东西部合作与投资贸易洽谈会[1]가 열렸다. 시안취장국가문화산업시범구西安曲江国家级文化产业示范区는 중국 및 해외 자본유치를 통해 취장이 주요 문화사업을 추진할 계획으로 이 날 145억 위안(한화 약 1조 9천억 원) 투자규모의 18개의 프로젝트 서명식 행사가 있었다.

2011년 전국양회全国两会는 문화산업을 국민경제의 **버팀목 산업**支柱 性产业[2]으로 육성한다는 정부업무보고政府工作报告를 통해 문화산업진흥 계획文化产业振兴规划이 나온 뒤 문화산업의 전략적 위상을 강조하고 문 화산업이 새로운 성장동력으로 자리매김했음을 보여준다. 시안시 취장 신구曲江新区는 이날 서명식에서 삼성SDS를 포함하여 화교성그룹华侨城 集团, 유쿠닷컴优酷网, 영국에메랄드갤러리그룹英国翡翠画廊集团, 상하이오 우칭투자관리공사上海欧擎投资管理公司, 베이징상조영상공사北京上造影视, 샤먼반안투자공사厦门磐安投资有限公司, 중국시그마공사中国希格玛公司, 베 이징태학신심교육도서공사北京泰学新心教育图书公司 등이 참석했다.

서명된 프로젝트에는 삼성SDS의 테마파크 디지털 콘텐츠, 유쿠닷컴 의 글로벌 비디오 연구개발 제작센터 및 영화박물관, 시안성벽지구西安

城墙景区 남문입성영빈식南门入城迎宾仪式 리노베이션, 시안취장 애니메이션 게임西安曲江动漫游戏 데이터센터, 취장국제예술창작기지曲江国际艺术创作基地, 취장모나리자예술창작센터曲江蒙娜丽莎艺术创作基地 등 문화, 예술, 콘텐츠 관련 등이 포함되었다.

 시안시 부시장 겸 취장신구 관리위원회 퇀셴니엔團先念 주임은 18개 프로젝트 체결을 통해 시안 문화산업이 국제화国际化, 규모화规模化, 클러스터화集群化, 단지화园区化의 새로운 특징을 보여준다고 했다. 이를 기점으로 문화와 과학기술, 문화와 금융의 융합을 중점적으로 추진해 12차 5개년 계획十二五에서 **취장문화산업曲江文化产业**[3]의 도약을 추진했다.

 취장신구관리위원회 리위안李元 부주임은 최근 몇 년 동안 취장문화산업이 활기를 띠면서 국가의 주목을 받고 있다고 말했다. 50개의 선두 문화기업이 규모화 발전을 이끌었고 1,000개의 중소문화기업이 성장해가고, 10개의 문화산업지원정책이 중국을 주도하고 시장화 재산권 거래 플랫폼이 서부지역 최전선에 있으며 6대 발전 부문이 손잡고 국유 문화기업과 민간 문화기업이 상생하는 산업구조라고 했다.

 이를 바탕으로 취장신구는 현재 서부 콘퍼런스에서 7개 범주의 38개 주요 문화 프로젝트를 시작했으며 총투자액은 380억 위안(약 5조억 원)이다. 이번 대회 동안 취장신구는 문화관광, 대형상업, 도농총괄, 국제호텔그룹 건설, 박물관타운 건설, 현대문화산업, 복합문화프로젝트, 전략협력프로젝트 등 많은 분야에 걸쳐 있으며 대회장에서 체결된 18개 프로젝트는 가장 대표적이고 시범 주도형 주요 문화사업이다.

 특히 2007년 국가문화부国家文化部 최초의 국가급 문화산업 시범단지로 선정된 취장신구曲江新区와 **선전화교성**深圳华侨城[4])이 어제 전략적 협력기본협약을 체결해 양대 국가급 문화산업시범단지의 긴밀한 심도 있는 협력을 다짐했다. 이 자리에서 화교성 문화복합체 프로젝트华侨城文化综合体项目와 허샹응미술관 시안 컨템포러리센터 프로젝트何香凝美术馆西安当代艺术中心项目도 계약이 성사됐다.[1]

시안은 취장신구 1기 사업을 2004~2009년 기간에 개발을 완료하였다. 면적 20.57㎢로 중국 현지 대형업체가 투자하여 대명궁大明宮 유적지 보호구, 법문사法文寺 문화풍경구, 린퉁臨潼 국가관광레저기구, 루관대楼观台 도교道教 문화전시구 및 신흥주거단지를 성공적으로 개발하여 타 도시의 모델케이스가 되어 취장 2기로 확장 계획하게 된 계기를 마련했다. 중국 대형 부동산개발상 **완커**万科[5])가 1기 사업을 성공적으로 개발하여 취장 1기를 문화관광 성공모델이 되어 타 도시에 전파되었다. 당시 취장 1기는 시안에서 부동산 가격이 제일 높아 취장 2기도 높을 것으로 예상했다. 취장 2기는 이미 국무원에서 토지이용 승인을 받은 상황이었다.

취장 2기는 개발 면적은 40.97㎢이며 문화산업을 기반으로 자연생태계를 유지하며 출판매스컴산업단지, 국제회의전람산업단지, 국제문화창의단지, 애니메이션게임산업단지, 문화오락산업단지, 국제문화체육레저구, 영화/TV산업단지, 예술가부락 등 9개 단지를 조성 유치하여 2009~2015년까지 건설할 계획이다. 2기는 자연생태를 고려하여 50%는 녹지로 조성하고 나머지 50%를 개발할 예정이다. 녹지면적이 상대적으로 실제 개발면적은 크지 않아 빠른 기간 내 개발될 것으로 전망했다. 중국 전역이 급속히 발전하고 있어 2015년까지 개발을 완료하는 것을 목표로 하고 있다.

　삼성그룹은 당시 삼성에버랜드에서 2회에 걸쳐 취장신구를 방문하였고 답례로 시안문화위원회가 에버랜드를 3회 방문하여 연 8백만 명 방문객 운영 노하우를 전수받았고 캐리비안베이에 감명을 받았다. 취장 테마파크는 취장신구를 중심으로 남쪽 5㎞ 지점에 위치하였고 16만 평 규모로 에버랜드의 80% 면적이다. 2010년도 하반기 착공하여 2012년 상반기 개장을 목표로 하였고 연간목표 내방고객 수는 180만 명이었다. 당시 삼성에버랜드는 중국 시안 투자가 성공한다면 중국 내 최초 놀이/유락시설이기 때문에 긍정적으로 검토하고 있었으며 시안시에 일부 지분투자 의향이 있었다. 공동투자, 위탁운영, 순수 컨설팅 등 어떤 형태로도 가능성을 열어놓고 있었다. 삼성에버랜드는 2004년부터 2009년 지속적인 협상 여지를 지니고, 합작방식에 대한 실마리를 찾으려 했으나 글로벌 금융위기 이후 삼성그룹의 해외투자 분위기가 경색되면서 결실을 보지 못했다.

　시안시 정부와 취장관리위원회는 삼성그룹의 투자유치에 적극적이었고 부동산, 호텔, 마트 등 상업시설에서의 협력도 제안하였다. 특히 도시 중심에 랜드마크성 고층건물에 대한 설계 및 시공, 운영을 제안하였다.

　톈진 에코시티와 유사하게 친환경 주거시설에 대한 투자 및 건설 참여를 요청하였다. 아울러 취장신구 내 음악, 미술, TV드라마, 영화, 관람회, 국제박람회 분야에서 삼성과 기획 경험을 공유하고 싶어 했다.[2]

당시 삼성물산은 싱가포르, 홍콩, 중국, 한국 유력 시행사 또는 투자사와 합작하여 서안 취장 중심부에 랜드마크 복합타워 건립을 추진하는 것을 검토하였다. 2011년 4월 삼성물산과 시안 취장신구관리위원회西安曲江新区管理委员会와 20억 위안(한화 약 3,500억) 규모의 취장 2기 국제창작산업원 한국삼성문화빌딩国际创意产业园韩国三星文化之巅项目 프로젝트 전략제휴합의서에 서명했다. 중국에서 허가받은 최초, 최대 규모의 문화산업시범기지에 문화산업CBD 개념으로 국제문화창작원을 취장 2기에 건설하는 것으로 랜드마크 초고층 빌딩과 상업종합체를 건설하여 중한문화교류합작기지中韩文化产业交流合作基地를 조성하는 내용이다.

이는 세계적인 랜드마크 빌딩을 건설한 삼성의 기술력, 정보화 빌딩 건설 및 스마트단지 기술역량을 인증한 것이다. 시안은 삼성과 공동으로 초기 기획 단계부터 개발, 건설, 운영까지 투자 합작형태로 진행하는 것과 삼성에서 합작투자가 힘든 상황이면 단독발주를 제공하는 방안 두 가지를 제안했다.

산시성陕西省의 성도인 시안西安은 중국 문명의 발양지이며 진秦, 한汉, 당唐 등 11개 왕조의 수도였으며 실크로드의 시발점으로 중국 내륙의 상하이上海로 불린다. 취장신구는 중국정부에서 허가받은 최초, 최대 규모의 문화산업 시범기지이며 핵심 지역인 국제문화창작원의 구성이 정보서비스, 설계서비스, 예술품, 문화여행, 애니메이션게임, 현대매체, 교육서비스, 문화전시업 등으로 구성되는바, 삼성물산, 제일기획 등 삼성그룹 내 건설, 디자인 역량을 보유한 관계사와 동반 진출을 해야 효과를 낼 수 있었다.

삼성SDS는 시안 취장신구 2기 대상 계획 면적은 40.97㎢에 대한 스마트시티 마스터플랜, 설계, 시공 등 턴키형태로 시안취장 문화산업 투자유한회사와 실무TF를 구성하고 사업제안을 추진했다.

첸바오건 시안시장, 퇀셴니엔 부시장 등 시정부 및 시안취장신구 관리위원회西安曲江新区管理委员会 고위층에 사업추진을 보고했고 시안취장 문화산업투자유한회사 왕젠쥔王建军 상무부총경리 산하 유관부서 실무진과 취장 신구2기 스마트시티 사업의 구체적 실행방안을 수립했다.[3]

삼성SDS는 시안 취장신구 2기의 사업화 방안을 3가지로 제안했다. 첫 번째는 스마트시티 체험관 구축사업으로 시안취장문화산업투자유한공사로부터 부지를 받아 삼성에서 투자하여 스마트시티 체험관을 구축하는 것으로 시안취장 2기 스마트시티 발전방향을 홍보하고 미래사업기회를 창출해가는 것이다. 스마트시티 체험관의 삼성 투자분은 한화 약 50억 원 정도로 예상했고 통상적으로 입장료 수익으로 회수하는 것으로 시안취장 정부와 투자액회수 방안에 대해 별도 협의가 필요했다. 선투자 사업에 대한 사업타당성 분석, 사업모델 및 재원확보 등이 핵심적인 사항이었다.[4]

두 번째는 국제창작원(지구)에 대한 스마트시티 구축으로 국제창작원은 시안취장문화산업이 100% 개발하는 지구이므로 사업추진이 용이했고 취장 1, 2기 사업 전 지역으로 확산할 수 있다. 삼성의 스마트시티 사업제안 내용을 검토하고 시안취장과 삼성이 JV설립을 하여 사업 추진하는 것으로 논의했다. 스마트시티 M/P, 설계, 시공 등 턴키형태로 사업제안을 했다.

세 번째는 랜드마크 빌딩을 건설하는 것으로, 삼성물산과 협업하여 초고층 빌딩을 포함한 도심 랜드마크 건물에 대해 사업기회를 검토했다. 중심지구 내 초고층 랜드마크 타운을 조성하는 사업이다. 대상면적이 120만 ㎡이고 사업규모는 20억 위안(약 3,700억 원)으로 기획 단계부터 개발, 건설, 운영까지 투자합작형태로 진행한다. 랜드마크 건물의 위치 및 규모에 대해 건설부문 제안은 가능했다. 삼성물산과 에버랜드의 협업이 필요한 부분이고 선투자가 요구되는 사업으로 판단됐다. 당시 중국 삼성 본사에서 주관하는 신도시개발 신사업기회 발굴 TF가 연대하여 협력하기로 했다.[5]

2011년 시안시 인민정부 및 관리위원회 사업간담회

2012년 중국 산시성 시안에 삼성전자 투자유치가 가시화되고 향후 5만 명 규모 삼성타운 건설 소식이 언론을 통해 알려졌다. 삼성전자가 반도체 공장 건설에 투자하면서 시안은 새로운 투자지역, 한·중 경협의 미래로 떠올랐다. 삼성반도체 프로젝트는 중국이 유치한 단일 외자 프로젝트 중에서 가장 큰 규모이고, 한국 기업이 해외에 투자한 프로젝트 중에서 가장 크다. 1기 공정에 75억 달러를 투자했다. 이어 삼성그룹 계열사인 삼성SDI, 삼성SDS, 삼성물산, 삼성엔지니어링, 삼성화재, 호텔신라 등이 중국시장진출을 본격화했다.[6]

2005년 원자바오溫家宝 총리는 베이징 중관춘中关村 시찰 시, 시안, 베이징, 상하이, 선전, 우한 등 5개 하이테크 개발구를 세계일류의 하이테크 개발구로 건설해 과학기술능력과 종합실력을 높이는 데 큰 공헌을 하라고 지시한 후 시안은 종합과학기술 실력이 베이징과 상하이 뒤를 잇는 중국 3위의 도시로 올라섰고, 55개의 국가중점실험실과 3,000여 개의 기술개발단체가 있다.

시안에는 국립대학이 44개 있고 대학원이 43개, 사립대학이 36개 있으며, 재학생수는 80여만 명이며 국립대학 실력은 전국 3위, 사립대학의 규모와 실력은 전국 1위로 평가받고 있다. 시안은 서북지역 주요도시 가운데 청두, 충칭에 비해 발전이 더뎠으나 삼성전자의 진출과 더불어 다국적 IT기업들이 몰려들고 있다.[7]

삼성전자는 산시성 시안시에 낸드플래시메모리 공장을 보유하고 있다. 2012년에 70억 달러의 대규모 투자로 건설을 시작했으며, 2014년에 완공되어 본격적인 생산을 하고 있다. NAND 플래시메모리에 대한 수요 증가를 충족하기 위해 시안에 두 번째 공장 건설에 80억 달러를 투자했다.

150억 달러(약 17조 8,000억 원)를 투입한 2공장은 2018년부터 증설을 시작해 현재 완공 단계다. 2공장 증설이 완료되면 1공장(월 12만 장)을 포함해 시안에서만 월 25만장 규모의 낸드플래시 생산이 가능하다. 삼성전자 전체 낸드플래시 생산능력의 절반에 해당한다.[8]

중국 스마트시티 시장에 진출하려는 한국기업들은 글로벌 플랫포머와의 차별화, 투자 대비 사업 수익성 확보 등 어려운 과제를 안고 있다. 스마트시티 건설에는 다수 업종이 관련되므로 업종 간 조정 및 주관사 선정, 추진TF 구성 등을 준비해야 한다. 세계적 기업인 GAFA(Google, Apple, Facebook, Amazon), 중국 알리바바, 텐센트 등을 한국기업이 직접 대항하기는 쉽지 않다. 중국 대상 도시의 규모, 목적, 범위에 따라 이들과 협력, 또는 한국기업의 스마트시티 얼라이언스 기능 확충 등이 필요하다. 사업 수익화는 단일사업이 아닌 복수사업(부동산, 서비스, 기기·설비 판매, 플랫폼 등)의 포트폴리오 구성을 통해 달성할 필요가 있다. 글로벌 차원의 스마트시티가 빠르게 확산되고 있고 또 다른 글로벌 시장인 중국에서 살아남기 위한 생존전략을 짜는 것을 더 이상 미룰 순 없다.[9]

참고자료

1 西安曲江 : 文化产业成吸金"大户". 西安晚报 2011-04-07
2 중국 서안 출장 보고서. 삼성SDS 2010-09
3 곡강 2기 Smart City Master Plan 추진전략. 삼성SDS 2011-07
4 국제창의구 홍보체험관 사업추진 방안. 삼성SDS 2011-07
5 국제창의구 중심상업지역 사업추진 방안. 삼성SDS 2011-07
6 삼성투자 이끈 '산시 속도 시안 효율' 한·중 경제협력 서부 개척 시대 활짝.
  중앙일보 2015-07-30
7 삼성전자가 선택한 中 시안의 반도체산업 매력. KOTRA 중국 시안무역관 2012-03-22
8 삼성 등 5대기업, 중국 사업 재편. 키워드는 '재검토'. 박정한 글로벌이코노믹 2021-10-12
9 한·중·일의 스마트시티 해외진출 전략 비교 연구. 대외정책연구원 2019-12-31

용어해설

1) 중국동서협력투자무역박람회(中国东西部合作与投资贸易洽谈会): 국무원 서부지역 발전지도 그룹과 중국국제무역촉진위원회가 주최하는 회의이다. 1997년에 설립되었고 국무원 서부지역발전지도단실, 중국국제무역진흥원, 국가공상행정총국, 품질감독검사검역총국, 국무원 대만사무실 및 기타 국가 부처가 후원하고 위원회, 27개 성, 자치구 및 시정촌, 신장 생산 건설단, 상무부, 국방과학기술산업위원회, 정보산업부가 지원하는 단위이다. 콘퍼런스의 주제는 '상호작용과 개방성, 지속가능한 개발'이며 동, 중, 서의 협력을 목적으로 하고 투자와 무역을 주요 내용으로 하고 투자협상을 중점으로 성급 간 자본협력을 적극 추진하고 국제투자협력 분야를 더욱 확대하며 투자효과를 제고한다.
2) 버팀목산업(支柱性产业): 국가경제체제에서 중요한 전략적 위치를 차지하고, 그 산업규모가 국가경제에서 차지하는 비중이 크며, 이를 뒷받침하는 역할을 하는 산업 또는 산업클러스터를 말한다. 이러한 산업은 길잡이 역할을 할 뿐만 아니라 국가경제를 지탱하는 역할을 한다.
3) 취장문화산업(曲江文化产业): 산시성 시안, 취장을 기반으로 문화관광, 영화와 텔레비전, 전시, 출판, 미디어, 공연예술, 애니메이션, 주요 문화발전 프로젝트를 중심으로 문화산업 클러스터를 만들어가고 있다. 시장지향, 기업의 표준화된 관리를 중점으로, 중국 문화 상위 30개 기업과 중국 상위 500개 기업의 발전목표를 가지고 산시성 취장모델에서 벗어나 중국전역 및 세계에 영향을 미치도록 중국 문화산업을 발전시킨다.

4) 선전 화교성(深圳华侨城): 광둥(广东)성 선전(深圳)의 화교도시 철쭉산(杜鹃山)에 위치하며 국내 최신 대형 테마파크로 32만 ㎡의 부지에 조성되어 있다. 현대 레저 개념과 첨단 엔터테인먼트 기술을 활용하여 사람들의 참여와 관광 수요 경험을 충족시켜 흥미로운 관광 분위기를 조성하고 다이나믹한 매력을 선사한다.

5) 완커(万科): 중국의 대표적인 부동산개발(房地产开发) 기업으로 1984년 5월에 설립되어 광둥성 선전에 소재한다. 2016년 중국 상위 500대 기업에서 86위를 차지했고 2018년 7월 포춘 500 목록 중 332위에 랭크되었다. 완커의 대표적인 부동산 브랜드는 'Four Seasons Flower City(四季花城)', 'City Garden(城市花园)', 'Golden Home(金色家园)' 등이다.

2-3
후베이성 우한, 스마트시티 컨설팅

"컴퓨터·모바일이 잘 작동하는 데는 소프트웨어가 큰 역할을 하며, 스마트智慧는 소프트웨어를 통해 실현된다"고 추톈진신문楚天金报讯 시에홍전解鸿震 기자가 전했다. 2010년 12월 3일 후베이성 우한에서 2010년 IBM 소프트웨어 혁신포럼 투어 행사가 있었고 IBM Greater China Software Group의 중국 중부 지역 란퉁兰通 매니저는 향후 몇 년간 IBM은 3대 전략三大战略을 수립하여 우한 스마트시티武汉智慧城市 건설을 돕겠다고 밝혔다. 정보기술의 발전으로 세상이 더 똑똑해지고 소프트웨어는 어디에나 존재하는 동시에 소프트웨어와 시스템 전달과정이 갈수록 복잡해지고 있다. 이와 관련, 란퉁兰通 매니저는 IBM 소프트웨어가 소프트웨어 파크软件园의 경제 발전 촉진, 클라우드 컴퓨팅 시대의 소프트웨어 제공 실현, 중국 중부지구 스마트시티 구축 등 3대 전략을 통해 우한을 더욱 '스마트'하게 만들 것이라고 했다.[1]

2012년 11월 1일 후베이성 우한에서 우한시 인민정부가 후원하고 우한국제무역진흥협의회武汉市贸促会, 우한스마트시티연구소武汉智慧城市研究院, 중국IBM우한지부武汉分公司가 공동주관하는 'IBM 스마트시티건설 우한교류회智慧城市建设武汉交流会[1)]'가 개최되었다. 이 자리에는 우한시 인민정부 청지에루程介儒 부비서장과 우한시 정보산업판공실 황장칭黄长清 주임, 우한스마트시티연구원 후위胡昱 원장 및 IBM 전문가들이 참석했다. 이 자리에서 우한시 인민정부 청지에루 부비서장은 IBM이 첨단기술과 개념을 갖춘 세계 최대의 정보 기술 및 비즈니스 솔루션 회사라고 소개했다. 이 교류회의 목적은 2020년까지 스마트시티 기반을 구축하는 우한개발계획의 일환으로 IBM의 고급 R&D, 애플리케이션, 마케팅 및 관리 개념을 최대한 활용하는 것이며 우한의 서비스 산업 업그레이드 계획, 도시의 리더십, 과학기술 혜택, 인민생활 개선 등 위해 우한의 스마트시티 건설을 독려하는 것이라고 말했다. IBM 전문가를 초대하여 스마트 분야의 성공적인 사례를 공유하고 커뮤니티, 스마트교통 및 스마트물류를 받아 우한 스마트시티 건설에 반영하는 것을 기대했다.

　IBM이 2008년 제안한 '스마트시티'는 지각感知, 상호연결互联, 지능智能의 특성이 있으며, 도시의 모든 측면의 요구를 균형 있게 수용하고 도시 내 다양한 자원의 할당을 최적화할 수 있는 효율적인 생태계이다. IBM '스마트시티' 시스템은 우한 시 관리자가 직면한 많은 문제를 해결할 수 있으며 이미 중국에서 유익한 실용적인 응용 프로그램을 출시했다. 예를 들어 대중교통 부문에서 전장시镇江市는 IBM IOC(Intelligent Operations Center)[2] 솔루션을 선택했으며 이 프로그램은 도시교통네트워크交通网络의 실시간 파노라마 보기全景视图, 교통정보의 포괄적인 수집 및 실시간 분석을 제공한다. 대중교통의 용량과 효율성, 교통체증을 예측하고 시민들이 휴대전화를 사용하여 버스도착정보를 확인할 수 있으므로 도시교통 관리 수준과 도시거주자의 삶의 질을 크게 향상시킨다. 동시에 IOC는 다양한 유형의 도시서비스관리를 완벽하게 지원하여 공공안전, 사회관리, 공공업무, 수력 및 에너지, 식품안전, 의료 및 건설을 통합할 수 있는 통합 플랫폼으로 확장될 수 있다.

이번 교류회에서 IBM 전문가들도 **스마트단지**智慧园区3) 구축에 관해 토론했다. 단지园区는 산업발전의 중요한 플랫폼이자 운반체이다. 단지의 정보화 수준을 높이고 스마트단지를 적극 건설하는 것은 우한에서 스마트시티의 심도 있는 융합을 촉진하는 중요한 보장이 된다. IBM은 스마트단지가 사물인터넷物联化, 커넥티드화互联化, 지능화智能化의 특성이 있으며 소규모 스마트시티라고 본다. 따라서 스마트단지는 스마트시티 건설과 이 둘의 심도 있는 융합의 접점이기도 하다.

IBM의 스마트단지솔루션에는 스마트데이터센터, 스마트네트워크 및 케이블링, 스마트디지털비디오 모니터링솔루션, 소프트웨어관리, 포털구축, 통합플랫폼 등이 포함되며, 이는 우한의 **공업단지**工业园区4)가 효율적으로 자원을 통합하고, 지능화된 관리수준을 높일 수 있도록 강력한 기술지원을 할 것이다.[2]

2011년 8월 10일 디지털차이나神州数码가 베이징 본사 이외의 제2 본사 및 **디지털차이나테크노파크**神州数码科技园5)가 둥후东湖 하이테크파크高新奠基에 새롭게 둥지를 잡았다. 계획에 따르면 2013년까지 총면적은 12.5만 ㎡이며 총투자액이 6억 위안인 IT 산업단지는 10,000명 가까운 규모로 연간 매출이 100억 위안이 넘는다. 2000년 **레노버그룹**联想集团6)에서 분리되고 2001년 홍콩 증권거래소에 상장된 이후 디지털차이나神州数码는 중국 최대 통합IT서비스 업체이다.

왜 우한에 정착했는가? 관계자는 디지털차이나는 어떤 도시에 수요가 있으면 해당 회사가 지역 고객을 위해 서비스를 제공한다고 말했다. 2010년 11월 우한武漢은 10년 안에 스마트시티를 건설하자고 제안했고 이것은 디지털차이나의 목표와 일치하므로 우한에 온 것이다. 디지털 차이나 우한 테크노파크神州数码武汉科技园는 베이징 다음의 두 번째 본사로 대규모 IT 산업단지大型IT产业园가 될 것으로 알려졌다.

이 단지는 중국 중부권 정보화 발전의 **혁신시범단지**创新示范区[7]가 될 것이며 디지털차이나의 고객 및 서비스의 포괄적인 변환을 위한 시범단지가 될 것이라고 설명했다. 디지털차이나는 스마트시티 전략에서 총판 또는 도시정보화 컨설턴트 역할을 맡아 도시사용자에게 서비스를 제공하는 것으로 알려졌다. 업계에서는 이 프로젝트를 IBM의 스마트지구와 같은 맥락이라고 보고 있다.

예를 들어 시민카드로 신분증, 교통카드, 사회보장카드, 은행카드 등의 기능을 통합해 개인의 사회 무와 도시공공서비스를 통합함으로써 시민생활을 편리하게 할 수 있을 뿐 아니라 **정보의 섬**信息孤岛[8]과 중복 사용 문제도 효과적으로 막을 수 있었다. 디지털차이나 관계자는 대중교통, 수도요금, 사회보험, 의료·건강, 적립금은 물론 KFC나 주차·주유도 시민카드로 결제할 수 있다고 말했다. 또한, 현대도시관리 플랫폼을 구축하는 과정에서 정부기능과 정보기술의 융합을 통해 의료, 교통, 사회 보장 등 사회관리서비스 문제를 해결할 수 있다.[3]

2012년 11월 22일 후베이성 우한시 고위공무원 시찰단이 한국 스마트시티 구축사례 벤치마킹을 위해 삼성SDS 본사를 방문했다.
이번 한국 스마트시티 시찰은 우한 시정부가 삼성SDS 중국법인을 통해 요청하여 성사가 되었고 삼성SDS는 스마트시티 및 중국 현지화 사업 경험을 우한 시정부에게 어필할 수 있는 좋은 계기가 마련되었다. 당시 우한시는 AFC 기존 고객으로 스마트시티를 강조하고 있었고 미국 IBM와 전략적 제휴관계를 맺고 중국 디지털차이나 등 중국 기업과 함께 스마트시티를 진행하고 있었다.

2012년 당시 한국 스마트시티가 공공 인프라 및 서비스 분야에서 중국보다는 한 단계 앞서 있다는 것이 중론이었고 중국 지방정부와 기업들이 대부분 인정하는 분위기였다. 방한기간 중 당사가 수행했던 수원 광교 스마트시티 센터를 방문하였고 중국 광둥성 포산시에서 수행했던 스마트시티 수행경험 등을 공유했다.[4]

우한시는 중국 지방정부 중 가장 혁신적으로 스마트시티를 추진하는 대표적인 도시 중 하나이다. 2011년 3월 중국 디지털차이나와 스마트시티 콘셉트 설계를 착수하였고 같은 해 9월 시정부 대표단이 독일을 방문하여 지멘스와 자원절약형 및 친환경사회구축 관련 MOU를 체결한 바 있다. 또한 7월 독일 슈나이더 중국 본사와 우한시 동후 신기술개발구 사업 관련 본계약을 체결했다. 8월, 우한시 스마트시티 MP 및 설계 시행을 디지털차이나에 위탁하여 착수하였다.

우한 시정부는 2012년 8월 스마트시티 건설을 위해 16조 4천억 원 투자계획을 발표했다. 2012년 11월 IBM과 스마트시티 사업교류회 진행했다.

후베이성 우한시 탕량즈 시장 주재로 21일 시정부 상무회를 열고 우한 스마트시티 건설 마스터플랜과 설계방안을 논의했다. 탕량즈 시장은 스마트시티 건설의 핵심은 스마트관리와 서비스라며 정보기술(IT)의 도움으로 우한 도시관리서비스 수준을 끌어올려 도시관리와 운영이 하나의 네트워크를 형성할 것이라고 지적했다.

이 방안에 따르면 우한 스마트시티 건설의 전체 구조는 일련의 정보 인프라를 구축하고 응용, 산업 및 운영의 3가지 핵심 체계를 구축하고 15개의 전문적인 스마트계획을 수립했다. 사회종합관리 및 서비스, 국토계획, 시정시설, 관광, 공공안전, 교통, 도시관리, 문화, 교육, 의료 및 건강, 환경보호, 물관리, 식품의약품 감독, 지역사회 및 물류 등을 포함한다.

우한 스마트시티 마스터플랜은 체계성과 완전성으로 인해 전국 최초로 추진되었다. 2012~2015년 시범사업을 시행하고 2016~2020년 전면적으로 확대한다. 이 계획에는 중국 최초로 '사회종합관리 및 서비스社会综合管理与服务'와 '지리공간 인프라시설地理空间基础设施'이 포함됐다.

탕량즈 시장은 스마트시티는 물, 전기, 도로, 가스 등과 함께 주요도시 기반시설 건설이라고 말했다. 이는 사람들에게 이익이 되는 중요한 과학기술 프로젝트이자 도시관리혁신프로젝트로 우한 '**양형사회**两型社会[9]' 건설을 추진해 도시관리서비스 효율성과 품질을 향상하는 데 도움이 될 것이라고 말했다. 비록 현재 만들어진 스마트시티 모델과 경험은 아직 없지만, 선행 시험에서 과학적이고 정확하고 실용적으로 힘써줄 것을 당부했다.

우한 스마트시티 사업이 시작된 지 1년이 넘었다. 탕량즈 시장은 스마트시티 건설과 관련한 구체적인 방안과 및 자금 계산 등은 심화할 필요가 있다며 세부적인 실행방안과 규정을 마련해 실현 가능한 연간 목표를 설정해야 한다고 말했다.

건설운영 및 산업육성과 관련하여 탕량즈 시장은 정부의 최우선 과제는 운영주체를 최대한 다변화하고, 사회적으로부터 서비스를 구매할 수 있는 것은 정부가 더는 인프라 투자를 하지 않는 것이라고 말했다.
스마트시티 운영 중 정보보안과 법적보장 등의 문제를 심도 있게 연구하고, 건설과정에서는 유기적으로 통합재고량을 통합하고, 네트워크 공유를 실현하며, 필요에 따라 영역을 확장하고, 최적화를 제고해야 한다고 했다. 스마트시티 건설은 점진적으로 업그레이드해야 하고, 서두르지 말아야 한다고 강조했다.[5]

2013년 4월 삼성SDS는 중국 판화그룹 유한회사攀华集团有限公司와 우한 스마트시티 마스터플랜 계약을 체결했다. 판화그룹은 중국 국가건설부 국영 부동산 개발기업으로 연 매출 120억 위안, 직원 5,000명이었다.

우한은 창장 중류 도시군 중 국가중심도시로 국가중점개발을 위한 주축선인 창장长江과 한수이汉水 교차점에 위치한다. 스마트시티 시범구인 우한 경제기술개발구를 지정했는데 총면적 약 253.28㎢로 대상 건설구역은 약 92㎢로 중심상업구, 제조업 시범구, 생태성, 지혜성의 4대 구역을 조성한다는 계획이다. 금번 마스터플랜의 공간적 사업범위는 지혜성智慧城 및 생태성生態城 구역으로 총면적 약 83.7㎢ 중 지혜성 약 26㎢, 생태성 약 56.7㎢다.

우한경제기술개발구武汉经济技术开发区는 우한시 남서부에 위치하고 동쪽은 창장금수로长江黄金水道, 남쪽은 상하이-청두, 베이징-주하이 고속도로沪蓉和京珠高速公路, 북쪽은 제3창장대교长江三桥와 인접해 있다. 중국 중서부 스마트시티 건설의 중심으로 중서부 22개 국가급 개발구 중 경제력 1위이다. 우한 스마트시티는 중국 스마트 생태도시 발전의 선도사례를 목표로 하여 국가생태시범구역 건설, 인문, 생태자원을 활용한 스마트 국제도시 건설, 교통, 생활이 자유로운 융합산업도시 건설 3대 건설방향을 제시했다.[5]

우한 스마트시티 프로젝트는 개념설계, 상세설계, 서비스 구축의 순으로 진행되는데 우한 스마트시티 마스터플랜 사업범위는 전체 사업단계 중 개념설계에 해당한다. 우한의 개발 콘셉트는 물과 산이 서로 어우러져 이루는 아름다운 환경湖光山色, 江田齐备의 생태, 인문자원을 이용하여 차별화하고 빛의 도시계획光城计划, 스마트 우한 등 중대 전략을 실현하는 우한 빈장 국제화武汉滨江国际化 공간을 건설하는 것이다. 지혜 생태성의 전략은 단지도시社区城市, 창의도시创意城市, 작은도시微城市이다.

우한 스마트시티 핵심 성공요소로 기업환경 활성화, 생태문화, 수자원 특성화, 지속가능도시 4가지를 도출하고 첨단 기술과 산업의 성장으로 인간중심 창조도시를 건설한다는 의미의 '지혜혈류智慧血流 창의도시创意城市'를 우한 스마트시티 비전으로 제시했다.

최종 우한 스마트시티 마스터플랜을 통해 스마트환경, 스마트생활, 스마트문화, 스마트여행, 스마트단지, 스마트기업환경, 스마트교통, 스마트안전방범, 스마트도시관리, 스마트물류 등 10대 부문의 29개 서비스 항목을 도출했다.[6]

2013년 12월5일 **중국자동차수도**도中国车都[10] 우한경제기술개발구武汉经济技术开发区와 마이크로소프트 중국법인微软中国有限公司이 전략적 협력 양해각서를 체결했다.

세계 유수의 소프트웨어 기업과 전통산업의 선도산업단지가 만났을 때 어떤 화학반응을 보일지 주목하는 가운데 양측은 우한의 디지털인프라건설武汉数字化基础设施을 공동으로 추진하고 **도시혁신시스템**城市创新体系[11]을 점진적으로 개선하며 우한 개발구를 중국의 대표적인 '스마트시티'로 건설한다는 것이다.

이번 협약에 따라 앞으로 스마트시티 건설, 제조업 전환 혁신, 스타트업 발전, IT 인재 양성, 지식재산권 보호 등의 분야에서 양측은 도시 전체의 생산력과 정보화를 향상시키기 위해 심도 있는 협력을 진행할 계획이다.

우한개발구 관리위원회武汉开发区管委会 저우용스周勇士 부주임은 "마이크로소프트 등과 협력하여 우한개발구를 중국 스마트시티의 표본中国智慧城市的样本으로 만들고 싶다"고 말했다.[7]

참고자료

1 IBM三大战略"给力"武汉"智慧城市". 新闻湖北 2010-12-04
2 IBM智慧城市建设武汉交流会在武汉召开. 比特网 2012-11-05
3 携手武汉布局"智慧城市". 长江商报 2011-08-11
4 무한시 스마트시티 방한단 벤치마킹 진행보고. 삼성SDS 2012-11
5 武汉市智慧城市整体规划出台. 国脉物联网 2013-09-28
6 무한 스마트시티 컨설팅 사업추진보고. 삼성SDS 2013-07
7 武汉开发区"牵手"微软 打造中国"智慧城市"样板. 长江商报 2013-12-06

용어해설

1) IBM 스마트시티 건설 우한교류회(智慧城市建设武汉交流会): 세계 최대의 정보 기술 기업인 IBM이 우한 스마트시티 발전의 마케팅 활동 일환으로 우한국제무역진흥협의회, 우한스마트시티연구소, IBM 중국 우한지사가 공동 주최하는 행사로 후베이성 우한에서 개최됐다. IBM이 2008년 제안한 "스마트시티"는 지각, 상호연결, 지능의 특성을 갖고 있으며, 도시의 모든 측면의 요구를 균형 있게 수용하고 도시 내 다양한 자원의 할당을 최적화할 수 있는 효율적인 생태계이다. IBM은 우한교류회를 통해 자사 스마트시티 제품 및 서비스를 제공하고 우한 스마트시티 건설에 참여하였고 여타 지방정부가 추진하는 스마트시티 건설에 영향력을 행사했다.

2) IBM IOC(Intelligent Operations Center): IBM 스마트시티 운영센터(Intelligent Operations Center for Smarter Cities) 솔루션은 IBM의 다양한 소프트웨어 제품들을 통합하여 유연한 배치모델을 제공하며 정보화 수준의 도시 배치에 적용하여 도시 의사결정자들이 도시 내부의 다양한 기관과 자원을 조화롭게 조정하고 통합된 데이터 가상화, 실시간 협업, 심층적인 문제점들을 관리할 수 있도록 지원한다.

3) 스마트단지(智慧园区): 일반적으로 정부(또는 민간기업과 정부)가 계획해 건설하는 것으로, 급수·전기·가스·통신·도로·창고 및 기타 부대시설이 잘 갖춰져 있고, 특정 업종에 대한 생산과 과학실험에 필요한 표준적인 건물이나 건축물을 말한다. 산업단지, 물류단지, 도시산업단지, 과학기술단지, 창조단지 등을 포함한다.

4) 공업단지(工业园区): 국가 또는 지역 정부가 행정수단을 사용하여 자체 경제발전의 내부 요구사항에 따라 영역을 구분하고 다양한 생산요소를 수집하며 특정 공간 내에서 과학적 통합을 수행하고 강도를 높이는 지역이다. 공업화의 특징을 강조하고 기능적 배치를 최적화하고 시장경쟁

과 산업고도화에 적응하는 현대산업분업 및 협력생산지역으로 만든다.

5) 디지털차이나테크노파크(神州数码科技园): 디지털차이나가 후베이성 우한에 2010년 8월 20일에 설립하였고 업무범위는 과학기술단지의 개발 및 관리, 부동산개발, 주차장관리, 자산관리, 컴퓨터하드웨어 및 지원부품, 네트워크의 연구 및 개발, 생산 및 판매제품, 멀티미디어 제품 및 전자정보제품, 통신장비, 사무자동화장비, 계측, 인쇄 및 사진조판장비, 주택임대 등이다.

6) 레노버그룹(联想集团): 1984년 중국 과학원컴퓨팅기술연구소(中国科学院计算技术研究所)에서 20만 위안을 투자하여 11명의 과학 및 기술인력에 의해 설립된 글로벌 수준의 혁신적인 기술기업이다. 1996년 이래로 레노버의 컴퓨터 판매는 중국 국내시장에서 1위를 차지하고 있으며, 데스크톱 컴퓨터, 서버, 노트북 컴퓨터, 스마트 TV, 프린터, 휴대용 컴퓨터, 마더보드, 휴대폰, 일체형 컴퓨터 및 기타 제품을 생산한다.

7) 혁신시범단지(创新示范区): 중화인민공화국 국무원의 비준을 받은 시험, 체험 탐구, 자주적 혁신 촉진 및 하이테크 산업 발전에 대한 시범을 실시하는 구역을 말한다. 국가과학기술부(国家科学技术部)는 "혁신시범단지 건설은 과학기술 혁신의 체제를 더욱 정비하고, 전략적 신산업 육성을 가속화하며, 혁신 드라이브 발전을 추진하며, 경제발전방식 전환을 가속화하는 데 주도적 역할을 할 것"이라고 밝혔다.

8) 정보의 섬(信息孤岛): 기능상 서로 관련이 없고, 정보가 공유되지 않으며, 정보와 업무의 흐름과 응용이 서로 동떨어져 있는 컴퓨터 응용시스템을 말한다. 그러나 기업의 다른 변화와 달리 IT 응용 프로그램은 더 빠르게 변화하고 있다. 즉, 기업에서 수행하는 모든 로컬 IT 응용 프로그램 개선은 이전 응용 프로그램과 호환되지 않거나 미래의 '상위 수준'과 호환되지 않을 수 있다. 따라서 산업발전의 관점에서 정보섬의 출현은 어느 정도 필연적이다.

9) 양형사회(两型社会): '자원절약형 사회와 환경친화적인 사회'를 의미한다. 자원절약형 사회란 사회경제 전반이 자원절약의 기초 위에 세워진 것으로, 자원절약, 즉 생산·유통·소비 등 각 분야에서 기술·관리 등 종합적인 조치를 취해 절약을 단행함으로써 자원활용 효율을 꾸준히 높이고 자원소비와 환경적 대가를 최소화함으로써 늘어나는 물질문화 수요를 충족시키는 발전모델이다. 환경친화적 사회는 인간과 자연이 조화롭게 공존하는 사회형태로, 인간의 생산과 소비활동이 자연생태계와의 조화롭게 지속가능한 발전으로 이어지는 것이 핵심이다.

10) 중국자동차수도(中国车都): 우한 경제기술개발구는 차이뎬구(蔡甸区)·한남구(汉南区)와 연합하여 우한에 중국 자동차 수도를 건설했다. 우한의 '4대 공업 분야' 발전계획에 따라 우한개발구의 최우선 임무는 자동차 산업 강화이며 우한개발구 내 완성차 공장들은 2013년 말 현재 81만 대를 생산하고 있으며, 선룽(神龙) 3공장, 둥펑혼다(东风本田) 2공장, 둥펑승용차(东风乘用车) 2기 등 기존 자동차 업체들이 효율을 발휘하면서 총 165만 대를 생산한다.

11) 도시혁신시스템(城市创新体系): 도시혁신시스템은 도시 중심의 지역을 대상으로 하며, 주체요

소는 기업·정부·대학·연구기관·중개조직, 비주체요소는 자원과 환경이다. 도시혁신시스템의 속성은 일종의 사회경제시스템으로, 여러 요소들이 형성한 공간의 전체다. 도시혁신시스템의 역할은 도시의 산업혁신을 실현하여 도시와 지역의 경제성장을 촉진하는 것이다.

2-4
산둥성 칭다오,
서해안경제신구 한중 협력모델

2019년 6월 11일 칭다오 세계 엑스포시티 컨벤션센터에서 보아오 아시아포럼의 글로벌 헬스케어 포럼대회가 개최되었다. 이 자리에서 칭다오 헬스케어 산업협력青岛健康产业에 관한 서명식이 있었다. 총 60억 위안이 투입되는 스마트 헬스케어 산업단지智能健康产业园 프로젝트는 '인공지능人工智能＋빅헬스케어大健康' 산업 융합과 혁신이 특징이다. 칭다오의 신구운동에너지新旧动能 전환의 중요한 계기가 될 전망이다.

스마트 헬스케어 산업단지智能健康产业园[1]는 칭다오 **서해안발전그룹**青岛西海岸发展集团[2]과 **화룬그룹**华润集团[3]이 공동으로 건설하며 총면적 약 3.04㎢, 건축규모 670,000㎡, 투자 약 60억 위안이다. 첨단 바이오의약품, 인공지능 의료장비 및 기기, 스마트의료, 건강 빅데이터 응용 프로그램 및 정밀의학 구축에 중점을 둔다. 국제협력 및 교류 플랫폼, 체계적인 첨단 인재채용시스템, 인공지능과 빅헬스케어 산업의 융합과 혁신, 산업단지 에코시스템 등을 구축하여 고품질의 시범단지 혁신을 주도한다.

한편, 스마트 헬스케어 산업단지는 링산만灵山湾 영상문화산업단지 확장지구 내에 위치한 지역으로 칭다오 서해안발전그룹이 건설을 주도하여 '인더스트리 4.0의 인공지능 단지'로 만들어질 예정이며, 스마트 제조를 엔진으로 하는 산업혁신지구产业创新区, 인공지능을 기반으로 한 응용과학기술전시지구应用科技展示区, 3세대가 융합된 특화한 레저 주거지구休闲宜居区를 조성할 예정이며 확장지구의 핵심목표는 신·구동력 전환, 전통 산업지능 향상, 문화창조산업 스마트혁신을 실현하는 것이다.[1]

칭다오 서해안경제신구는 칭다오 서쪽 황다오 일대에 17.4㎢(526만 평) 규모의 한중혁신산업단지를 건설한다. 경제특구 규모 면에서 상하이 푸둥신구, 톈진 빈하이신구에 이어 세 번째이다. 서해안경제신구는 칭다오시 자오저우만 서쪽에 위치해 있으며 세계적 규모의 첸완항과 둥자커우항을 품고 있다. 중국정부는 서해안경제신구를 추진하면서 해양과학기술, 신에너지, 첨단제조업, 의료용 전자기기, 바이오 제약, 헬스케어 단지 등 첨단기술과 문화산업을 분야에서 한국과의 협력을 강화하는 데 역점을 두고 있다.

경북대병원이 중국의 대표적인 경제협력구인 칭다오에 국립대병원으로는 처음으로 중국 국제진료센터를 설립한다. 경북대학교병원은 12월 7일 중국 칭다오에서 칭다오 국제경제협력구 자오스위赵士玉 서기 겸 주임, 장젠궈张建国 부서기 겸 부주임와 '경북대학교병원 칭다오 국제진료센터 설립'을 위한 업무협약 양해각서(MOU)를 체결했다.

업무협약 내용으로는 경북대병원은 첨단 의료기술 및 ICT기반 시스템 구축 등을 하고, 청도협력구에서는 병원 설립을 위한 하드웨어 시설에 대하여 적극 지원하여 첨단의료분야에서의 상호협력을 도모하기로 했다. 특히 중국의 요청으로 메디컬 시장에 진출하는 것은 국립대병원 중 처음 있는 일이다. 칭다오 경제신구 내 칭다오 협력구에서 추진 중인 한·중 건강산업단지에 들어설 경북대병원 칭다오 국제진료센터에는 ICT를 기반으로 한 건강증진센터, 모발이식센터, 미용성형상담센터, 소화기센터 등 경북대병원의 경쟁력 있는 특화센터가 들어서게 된다. 또한, 이 센터에서 중증으로 진단되는 중국환자는 경북대병원에서 진료할 수 있도록 하여 향후 경북대병원의 의료브랜드 가치를 대외적으로 높일 계획이라 밝혔다.

경북대학교병원 칭다오 국제진료센터 설립을 위해 경북대학교병원은 병원 설립에 필요한 자문과 의료진 인력 지원, 교육, 경영 및 관리를 담당하고, 칭다오 협력구는 병원설립에 대한 정책지원, 행정지원 및 자본투자 관련 제반사항을 담당하게 된다. 이를 위해 경북대학교병원은 12월 중으로 칭다오 협력구에 담당 인력을 파견할 예정이고 이어서 2016년에는 경북대학교병원 칭다오 국제진료센터 설계 및 건물 착공, 2017년 개원을 목표로 하고 있다. 조병채 경북대학교 병원장은 "경북대학교병원은 앞으로 국내 환자뿐만 아니라 중국 산둥성 칭다오 환자들에게도 최상의 의료기술과 서비스를 제공할 것이다"면서 "이번 협약을 계기로 한중혁신산업단지 내 의료분야의 눈부신 성장과 양 기관의 무궁한 발전을 기원하고 더 나아가 한·중 FTA 체결에 힘입어 한국과 중국이 많은 교류를 통해 양국이 더욱 발전할 수 있기를 기대한다"라고 밝혔다.

장젠궈(张建国) 칭다오 협력구 부서기는 "현재 칭다오는 높은 인구성장률에 비해 의료시설과 기술이 낙후되어 있다. 경제신구 내 종합병원이 2개가 있지만 모두 구식병원이기 때문에 경북대학교병원과의 협력이

시급하다"면서 "이러한 배경으로 봤을 때 이번 협력은 발전 가능성이 아주 크다고 할 수 있으므로 장기적인 관점에서 상호 적극적이고 세심하게 진행되길 바란다"며 향후 두 기관의 업무협력이 본격화되길 희망했다.

경북대학교병원은 경북대학교병원 칭다오 국제진료센터를 통해 중국 의료시장을 선점하고 이를 기반으로 중국 전역의 주요 권역에 의료 네트워크를 구축해나갈 계획이다.

칭다오는 국제 항구도시이자 관광도시로 유명하며 중국 10대 경제도시로 중국을 대표하는 브랜드도시의 하나이다. 칭다오 서해안경제신구는 2014년, 중국에서 9번째 국가급 경제신구로 공식 비준되었으며 한·중 FTA를 기점으로 한국과 해양과학기술, 신재생에너지, 첨단제조업 등의 분야에서 협력을 강화하기 위한 개방적이고 특혜성 정책을 실행하고 있다.

이러한 배경 아래 칭다오 협력구는 국제표준의 산업도시로 건설하는 데 있어서 중점적으로 무역, 문화, 헬스케어 등의 산업분야에서 한국과의 협력을 실현하고 있다. 이번 칭다오 협력구 내 경북대학교병원 국제진료센터 설립 역시 첨단의료 도입을 위해 마련됐다.[2]

순천향대학교 중앙의료원은 12일 중국 칭다오靑島 국제경제협력구 중한무역혁신관에 '순천향 사무소' 현판식을 갖고 현지 투자자를 만나는 등 본격적인 중국 진출에 나섰다. 현판식에는 순천향의료원을 대표해 서유성 순천향대 서울병원장과 유병욱 순천향대 국제교류처장이, 칭다오 국제협력구에서는 자오스위 국제경제협력구 관리위원회 주임과 포진우 한국사업본부장 등이 참석했다.

투자자 설명회는 현지에서 부동산 개발과 병원을 운영하고 있는 사업가에게 중한혁신산업단지에 80~100베드 규모의 최고급 시설을 갖춘 모자보건 및 산후조리원을 건립을 제안했다. 향후에는 산후조리원을 기반으로 모자母子병원과 대형종합병원으로 발전시키고, 최고급 호텔까지 건립한다는 비전을 제시해 관심을 모았다.

칭다오 국제협력구 관계자와 투자 의향을 밝힌 사업가는 "최근 중국이 두자녀정책을 시행했기 때문에 산후조리원에 대한 수요가 급증할 것이다. 하루빨리 긴밀한 협력으로 사업을 구체화하자"며 적극적인 반응을 보였다. 서유성 순천향대서울병원장은 "순천향은 한국 최초로 모자보건센터를 건립, 운영해왔고 전국에서 4개의 병원을 운영하고 있기 때문에 칭다오의 모자 보건 향상은 물론, 의료선진화에도 크게 기여할 수 있을 것"이라며 "구체적인 논의와 협력을 확대해서 좋은 결과를 낼 수 있도록 하겠다"고 강조했다.

한편, 순천향중앙의료원은 2015년 12월 24일 중국 칭다오 국제경제협력구와 업무협약을 체결하고 건강의료분야의 교류와 협력을 강화해나가기로 약속했다.[3]

2012년 12월 중국 삼성본사 이병철 상무 등 삼성SDS, 삼성물산 관계자들이 칭다오시 초청으로 건강산업단지(10㎢) 및 한중혁신산업단지(15㎢)를 둘러보고 칭다오 서해안 경제개발신구 개발(총 2,096㎢) 프로젝트에 대해 삼성그룹의 사업참여 요청을 받았다.

당시 건강산업단지 및 한중혁신산업단지는 현장실사 결과, 개략적인 도시계획만 수립되고 부지조성공사는 진행되지 않았다. 건강산업단지를 우선적으로 추진할 계획이며 이에 앞서 스마트시티 컨설팅을 준비 중이었다. 사업책임자였던 칭다오 서해안 경제개발신구 관리위원회 자오스위赵士玉 부주임이 방한에 앞서 중국 삼성본사에서 삼성SDS, 삼성물산과 스마트시티 관련 워크숍을 요청하였다.

2013년 3월 27일 산둥성山东省 부성장 방한시 삼성그룹 서초사옥을 방문하였고 삼성계열사 건설 및 ICT 임원진들과 간담회를 실시했다. 당시 칭다오는 2018년까지 지하철 8개 노선이 건설될 예정이고, 신공항 건설 계획이어서 삼성SDS, 삼성물산이 AFC사업, 공항사업을 준비하고 있었다. 방문단은 서해안 경제신구 관리위원회 자오스위 부주임을 비롯하여 황도구 당위원회 리원화 서기, 서해안 경제신구 투자 촉진 유한공사 송웨이칭 사장 등이었다.[4]

2013년 1월부터 3월까지 삼성SDS, 삼성물산, 중국 삼성본사와 스마트시티 상품을 기반으로 한 중국 도시개발사업 공동 진출전략을 협의했다. 중국 칭다오시는 칭다오 남부개발계획 지역을 대상으로 도시개발 기획부터 개발, 운영단계까지 전체 밸류체인에 대해 삼성물산을 주관사로 하고 삼성그룹 계열사의 참여를 정식으로 요청했다. 이에 개발예정지에 대해 삼성물산이 컨설팅 업무를 통해 도시분석, 타당성 검토, 도시발전 계획을 수립후 사업참여 여부를 결정할 예정이었다.

대상은 칭다오시 자오저우만胶州湾 남부지역 3.76㎢로 산업, 의료, 고급주거, 상업 등 복합개발이며 **중한창신산업원**中韩创新产业园[4)] 관리위원회가 발주처이다. 과업기간은 2013년 6월부터 12월까지이며 도시계획, 타당성 조사, 스마트시티 3개 부문이다. 도시계획은 개발비전,

도시분석 및 발전전략 수립, 콘셉트 마스터플랜을 작성하며 타당성 조사는 시장분석, 재무타당성 검토, 사업전략을 수립하고 스마트시티는 비전, 공간분석, 최적화 모델 수립을 하는 것이다.

삼성SDS는 AECOM[5] 홍콩과 스마트시티를 분담하여 수행하였고 CBRE[6]는 마케팅, 타당성 조사를, 한아, 서영, 희림건축은 도시계획과 콘셉트 마스터플랜을 수립하고 삼성물산이 주관 PM사로 프로젝트 관리, 타당성 조사, 도시계획, 스마트시티에 대한 총괄업무를 맡았다.

삼성SDS, 삼성물산, 삼성중국본사 3사가 공동협력하여 중국 도시개발 비즈니스 모델을 만들었다. 중국시장 마케팅 측면에서 도시개발과 스마트시티 교두보를 확보하는 전략이다. 2012년 기준 중국 도시개발 투자규모는 1.1조 위안(약 181조 원), 매년 25% 이상의 성장을 하고 있었다.[5]

2013년 6월 24일 칭다오 서해안경제신구와 계약체결 이후 7월 7일부터 11일까지 칭다오 한성시티靑岛韩星城 프로젝트 도시개발, 사업기획, 컨설팅 관련하여 킥오프, 1차 워크숍, 주변 도시 인프라 실사가 있었다. 9월 3일부터 6일까지 1차 중간보고 미팅을 실시하고 타당성 조사, 도시계획, 스마트시티 각 부문별 실무 미팅을 진행했다.

타당성분석은 시장 트렌드 및 분석, 도시계획은 도시분석 및 개발방향 설정, 스마트시티는 비전 및 KPI 수립 부분에 대해 칭다오 발주처가 생각하는 한성시티靑岛韩星城에 대한 개발전략과 스마트비전을 컨펌받는 과정이다.

주요 시설 및 주변 도시인프라 실사, 칭다오 최대 복합리조트 및 블루바이오 산업단지, 건강·의료시설, 하이취안만海泉湾 복합리조트, 청양구城阳区 CBD, 황다오구黄岛区 등을 견학했다. 대상부지의 남쪽에 **완다그룹万达集团**[7]의 테마파크 조성 계획이 9월 21일 발표됐다. 젊은 층이 많이 운집하는 지역이 될 것이며 빠르게 개발이 진행될 것으로 보였다.

해안가 쪽으로 자동차 테마, 영화테마 거리가 조성되고 5성급 호텔이 4개가 연속적으로 공급될 것으로 전망했다. 관련 계획으로 인구유동이 많은 지역으로 발전할 것으로 보였다. 반면 한성시티 대상부지는 도시와 거리가 있는 조용한 공간이다.

고속도로를 이용하면 10분 거리에 완다그룹의 개발지역에 접근할 수 있어서 한성시티에 너무 많은 유락시설을 포함하지 않아도 될 것으로 보였다. 노인이 한곳에서 계속 요양을 하다가 그 자리에서 장례를 맞이하는 것은 중국에서는 맞지 않은 방향이었다. 오히려 정기적인 검진을 통한 중년층 예방보건 차원의 접근이 정부 측의 방향이 아닌가 생각했다. 40세에서 60세의 인구가 주요 대상이며 일정 금액을 내고 일 년에 한 달 정도 생활하면서 건강을 회복하는 개념의 시설이 타당할 것으로 보였다.

계절적 요인을 반영하여 회원권 가격을 차등하는 것까지 세부적 계획을 고려하고 이러한 개념으로 시설을 개발하고 분양 및 판매하는 것은 문제가 없다고 생각하며 주거와 헬스케어의 유기적 연계가 핵심 성공요인이 될 것으로 전망했다.

에코와 스마트 콘셉트를 어떻게 적용할지에 대한 내부 토의가 있었다. 도시 및 시설 계획에 에코를 반영하고 스마트 콘셉트는 헬스케어와 연동하는 것으로 진행했다. 에코-스마트는 지금까지 중국에서의 스마트도시가 ICT 위주의 스마트시티였기 때문에 차별화 관점에서 에코, 에너지, 교통, ICT에 대한 부분을 인프라 측면에서 접근했다.

단순한 공간 배치만을 아닌 실질적인 개발논리로 접근하고 실현 가능한 실질적인 방향으로 추진했다. 도시계획 측면에서 중앙정부의 비준을 받기 위한 유리한 요소와 개발 측면에서 투자자나 테넌트를 설득하는 기 논리를 마련했다. 완다가 진행 중인 서해안신구 도심에서 대규모 위락시설을 계획 중이어서 상호보완 개념으로 진행했다.

시니어 대상으로만 하는 것이 아닌 40~60대 중년층을 포함하였고 타임쉐어 하우징 등과 중년층의 신체검사, 건강검진 등을 고려했다. 국무원 상무회의에서 언급된 건강산업 내용 중 건강산업, 의료관광, 재활, 양로양생养老养生 등을 참조하여 건강 양로산업 발전, 건강관련산업 육성, 인재양성 등을 반영했다.

에코-스마트는 건강, 헬스케어와 적극적으로 연동하고 생태를 기초로 스마트를 도입하는 건강도시, 산업과 도시가 융합되고 광역적으로 영향력 있고, 지속해서 발전하는 도시를 목표로 했다. 에코와 스마트시티와 관련된 글로벌 도시의 비전, 전략목표, 기획 및 디자인, 이니셔티브, 시스템, 데모프로젝트, 프로젝트 목표 및 지침, 디벨로퍼, 파트너, 컨설턴트, 거버넌스, 파이낸스, 비즈니스 및 어트랙션 기능, 교훈, 출처 등의 내용을 담아 서해안경제신구 정부에 전달했다.

칭다오 한성시티韩星城의 도시계획과 전략에 부합되는 ICT 콘셉트 설계가 진행되었다. 에코부문은 삼성물산 기술연구센터, AECOM에서 맡아 수행하고 스마트 부문은 삼성SDS가 담당했다. 미래수요를 위한 플러그인 플랫폼 구축, 최신 스마트서비스의 지속적 제공을 위한 테스트베드 적용, 도시통합운영센터의 단계별 구축 등 확장성 및 운영 효율성을 고려한 스마트 인프라 추진전략을 수립했다.

자오스위 주임은 한국의 세종시, 송도 신도시 홍보관에 좋은 인상을 갖고 있었고 이를 반영하여 홍보관과 통합관리센터를 연계하는 방안을 프로젝트팀에 요청했다. 중국 독일생태원 홍보관의 강점과 약점에 분석하여 한성시티 홍보관 계획에 반영했다. 건강 개념은, 단순한 건강, 치료, 재활 이상으로 주변의 생태환경을 최대한 이용하여, 이 단지만 가지고 있는 특수한 콘셉트를 정립하는 것으로 부지 내 자연환경을 이용만이 아닌, 광역적인 주변 자연환경을 이용하려고 했다. 또한, 건강 개념은 하드웨어적인 것보다는 자연환경을 이용 소프트웨어적인 부분 존재하므로 단순한 의료치료가 아닌, 건강, 관광, 휴양이 결합하고자 했다. 링주산靈珠山 주변의 숲과 호수 등 주변 관광자원과 연계를 고려하고 단순한 건강이 아니라, 생활과 연계한 건강임을 강조했다. 삼성병원 건강검진센터를 고려하여 건강검진센터에 의료컨설팅 서비스 적용이 가능하고 티가든, 과일 등 식물원 시설 개발을 고려했다.

자연환경과 보건조건을 활용하여 산업 밸류체인을 확장하여 타임셰어링 콘도, 임산부 산후조리원 등 원격 스마트 플랫폼 구축을 고려했다. 단지 내 거주민을 넘어, 광역 및 전국단위 사용자가 이 플랫폼을 이용할 수 있도록 하고 한방병원 콘셉트 적용, 한방과 양방의 혼합 병원을 고려하여 중의학과 식이요법, 국제재활보건 관련 콘셉트를 적용했다. 프로젝트의 핵심 키워드인 에코, 스마트 콘셉트를 반영하여 산업과 도시를 융합하고 주거와 사업이 동시에 편리한 지속가능한 글로벌 수준의 건강산업단지를 구현하고자 했다.[6]

참고자료

1 智能健康产业园项目落户西海岸新区. 青岛新闻网 2019-06-12
2 경북대병원,중국 칭다오 경제협력구 첫 국제진료센터 설립. 경북대병원홈페이지 2015-12-11
3 중국 칭다오에 '순천향사무소' 설치. 의계신문 박명인기자 2016-01-14
4 청도시 서해안 경제지구 방문단 광교 u-City 시찰 추진보고. 삼성SDS 2013-03
5 중국 청도시 도시개발 컨설팅 추진보고. 삼성SDS 2013-05
6 중국 청도시 한성시티 컨설팅 출장보고. 삼성SDS 2013-09

용어해설

1) 스마트헬스케어 산업단지(智能健康产业园): 인공지능(人工智能)과 대건강(大健康)의 산업융합혁신을 특화하여 칭다오 서해안발전그룹(西海岸发展集团)과 화룬그룹(华润集团)이 공동으로 조성한 사업으로, 총 부지 면적 약 750무(亩), 건축규모 67만 제곱미터, 투자액 약 60억 위안 규모로 조성된다.

2) 칭다오 서해안발전그룹(青岛西海岸发展集团): 2012년 3월 공식 출범했고 칭다오시당(青岛市党)과 시정부(市府)가 설립 허가를 내준 시 직(直)의 대형 공기업으로 자본금 100억 위안이다. 칭다오 서해안 신구의 링산만(灵山湾) 영화문화산업지구, 장마산(藏马山) 관광리조트, 링산만 서편지구(灵山湾西片区) 등 기능구역을 사업개발을 실시한 것은 대표적인 모범 사례로 꼽힌다.

3) 화룬그룹(华润集团): 1938년 창립되어 1952년 중국공산당 중앙판공청(中共中央办公厅)에서 중앙무역부(현 상무부)로 소속관계가 바뀌었다. 1983년 화룬유한회사를 설립하여 1999년 12월, 대외경제부(外经贸部)와의 관계를 끊고 중앙관리로 분류되었다. 2003년 국무원 국유자산감독관리위원회 산하 중앙기업에 귀속됐다. 주요 사업은 소비재 제조 및 유통, 부동산 및 관련 산업, 기반시설 및 공공시설이 포함되며 17개의 주요 수익센터가 있으며 홍콩에는 6개의 상장 기업이 있다. 2018년 중국 사회과학원(中国社会科学院)이 발표한 기업의 사회적 책임기업 1위를 차지했다. 2019 포춘지 500 순위 중 80위를 차지했다.

4) 중한창신산업원(中韩创新产业园): 칭다오 서해안 신구 내에 위치하고 있으며, 20㎢ 규모이며 무역, 문화 및 건강 산업 분야에서 5년간 중한 경제무역협력 1급 신도시를 건설하고 10년은 동아시아 전역에서 가장 영향력 있는 한중 혁신협력 신도시를 건설할 계획이다. 중한창신산업원의 1단계 개발은 3.76㎢ 면적으로 서해안 신지구와 도시 중심지를 잇는 중앙비즈니스 축에 입지해 국제표준 산업도시로 육성된다.

5) AECOM: 글로벌 인프라 종합 서비스 기업으로 기획, 설계, 엔지니어링에서 프로젝트 및 건설 관리에 이르기까지 운송, 건설, 물, 신에너지 및 환경 등 프로젝트 수명주기의 모든 단계에서 고객에게 전문적인 서비스를 제공한다. 포춘 500대 기업이며 2020년 연간 매출은 132억 4천만 달러이다. 중화권의 홍콩, 타이베이, 상하이, 베이징, 선전, 광저우 및 청두를 포함한 10개 이상의 도시에 사무소가 있으며 총 6,500명 이상의 직원이 있다.

6) CBRE: 200년 이상의 기업 역사를 가지고 있으며 텍사스주 댈러스에 본사를 두고 있다. 1978년 홍콩에 사무실을 설립했으며 1988년 베이징 국제무역센터의 1단계에 대한 독점 임대 컨설팅 서비스를 제공하면서 중국 본토에서 사업을 시작했다. 포춘 500대 기업 및 스탠더드 & 푸어스 500대 기업이다. 10만 명 이상의 직원이 있으며 주요 업무는 부동산 임대 및 판매의 전략적 컨설팅 및 구현, 기업 서비스, 부동산 시설 및 프로젝트 관리, 모기지 융자, 감정 및 평가, 개발 서비스, 투자 관리, 연구 및 전략 컨설팅 등이다.

7) 완다그룹(万达集团): 1988년에 설립되어 상업, 문화, 부동산 및 금융의 4가지 주요 산업 그룹을 형성했다. 상업용 부동산 투자 및 운영, 호텔 건설 투자 및 운영, 백화점 체인 투자 및 운영, 영화관 라인 및 기타 문화산업 투자 및 운영 등 전문기업으로 완다상업 보유면적 3,387만 m²에 베이징 CBD, 상하이 펜타곤(上海五角场), 청두 골든불(成都金牛), 쿤밍시산(昆明西山) 등 323개의 완다광장(万达广场)이 문을 열었다. 2019년 8월 디디추싱은 완다호텔과 전략적 협력을 체결했고 완다그룹은 2019년 중국 서비스산업 상위 500위 중 50위에 이름을 올렸다.

2-5
쓰촨성 청두,
부동산개발상 파괴적 혁신

뤼디그룹绿地集团[1])이 전통적 '도시건설' 모델을 다시 업그레이드한 '스마트타운계획智慧城镇计划'을 발표했다.

뤼디그룹은 중국 정책방향과 시장요구에 부응하고 경쟁우위 확보를 위해 '신도시전략新城战略', '초고층전략超高层战略', '산업도시통합전략产城一体化战略'을 수립했다. 현재 새로운 도시화 물결과 차세대 정보기술 산업발전의 도전과 기회에 직면하여 뤼디개발모델绿地开发模式을 업그레이드했다. 2013년 7월 16일 뤼디그룹은 '스마트타운계획智慧城镇计划'을 발표하고 IBM, 차이나텔레콤中国电信, 시스코 등의 전략적 파트너와 함께 뤼디 스마트시티 산업개발센터绿地智慧城市产业发展中心의 설립을 공동 착수했다.

이것은 뤼디그룹이 '신형도시화新型城镇化' 방향을 따르고 특색 있는 신도시화 및 신형스마트시티 산업의 발전을 모색하기 위해 취한 중요한 조치이며 기술혁신 및 실증응용을 핵심으로 하고 차세대 정보기술을 통합하고 제품기획 및 기술응용에서 더 큰 돌파구를 촉진하여, 선진개념과 첨단기술로 산업발전을 주도하기 위한 일환이다.

뤼디그룹, IBM, 삼성그룹, 차이나텔레콤, 시스코, 화웨이, ZTE의 리더들과 중앙정부, 베이징, 상하이, 광둥의 100개 이상의 주류 언론의 기자들이 이 행사에 참여했다. "중국의 도시화와 미국이 주도하는 IT 기술혁명은 21세기 인류사회 발전에 영향을 미치는 두 가지 주요 사건이 될 것"이라는 명제에 공감대를 형성했다. 현재의 신형도시화新型城鎭化 건설의 맥락에서 스마트시티는 이 둘을 통합해가는 것이 산업의 발전방향이다. 새로운 형태의 도시화는 '**사람의 도시화人的城鎭化**[2]'이며 사람들의 생산 및 생활활동과 관련된 데이터는 가장 기본적이고 가장 광범위하며 가장 가치 있는 '빅데이터大数据'가 될 것이며 이것은 미래의 혁명이 될 것이다.

도시건설산업은 전례 없는 기회와 도전을 맞이하고 있다. 전통적인 개발회사는 시대에 발맞추고 전략적인 업그레이드 및 변환을 완료해야 한다. '12차 5개년 계획+二五' 기간 동안 중국 각급 정부는 스마트시티에 1조 1,000억 위안 이상을 투자하고 2012년 중국 GDP의 4%에 해당하는 2조 위안 이상의 산업 기회를 창출할 계획이다. 동시에 정부는 조기투자를 유도하고 있으며 사회적 자본이 점점 더 많이 유입되면서 스마트시티는 산업투자 이슈로 떠오르고 있다. 그런 점에서 뤼디는 다시 주도권을 쥐고 기회를 확고히 잡고 있다.

이번에 공개된 '**뤼디스마트타운계획**綠地智慧城鎭計劃[3]" 백서에서 뤼디는 강력한 부동산 개발 능력과 지속가능한 과학기술능력을 바탕으로 부동산 개발업체에서 스마트시티로 전 산업사슬 통합자의 전략적 전환, 미래지향적 과학기술 스마트빌딩 조성, 스마트시티 복합서비스 부가가치 플랫폼 구축, 스마트시티 산업생태계 협력권 구축을 제시했다.

주거환경에 더욱 효율적이고 쾌적한 경험을 줄 뿐만 아니라, 자원통합 능력을 발휘하고, 협력 파트너가 함께 전문 개발 플랫폼을 구축하여 각지의 '스마트시티智慧城市' 건설의 기획 및 관리 파트너가 됨으로써 '스마트시티'를 상상에서 현실화하기 위한 것이다.

뤼디그룹의 장유량张玉良 회장은 다가오는 국가의 새로운 도시화新型城镇化 개발 계획에 따라 뤼디의 '도시 만들기' 모델이 시대와 함께 발전하고 있다고 말했다. 뤼디그룹은 더 이상 '주택 및 도시 건설 기능'에 만족하지 않고 도시건설의 선두에 서서, 가장 현대적인 계획개념, 가장 앞선 스마트기술 및 녹색에너지절약기술을 프로젝트에 적용하여 도시의 차별화, 특화된 새로운 도시화를 추진하여 도시가치와 품질을 향상할 것이다.

2013년 스마트타운 전략을 가동하여 2015년 스마트기술을 가장 광범위하게 적용하는 기업 선정, 2018년 국제적인 영향력을 갖춘 스마트시티 기업으로 자리매김하고 2020년 스마트시티 플랫폼의 리더가 되는 것이다. 탐색·실천·보급·통합에서 네 단계로 나눠 첫걸음, 산업연구를 모색한다. '뤼디스마트시티 산업개발센터'를 구성해 IBM, 시스코, 삼성, 차이나텔레콤, 마이크로소프트, 화웨이, ZTE 등 파트너들과 함께 스마트시티 산업에 대한 이론을 초기 연구방향에 포함시킨다.

초기 연구방향은 스마트커뮤니티(WiFi 기술 기반 무선커뮤니티, RFID 기술 기반 IoT커뮤니티, 시스템통합 기반 스마트커뮤니티), 스마트종합체(클라우드 기반 클라우드 오피스 제품, IoT 기반 스마트호텔, 빅데이터 기반 스마트비즈니스), 스마트뉴타운(노인요양 부동산 기반 스마트의료플랫폼, 청년커뮤니티 기반 스마트교육플랫폼, 고급 커뮤니티 기반 스마트보안플랫폼)이다.

두 번째 단계는 시범사업을 적용하는 것으로 뤼디가 추진하는 스마트커뮤니티, 복합체综合体, 뉴타운 등 다양한 형식의 프로젝트를 시범사업으로 선정하고, 스마트시티 전반에 걸친 계획설계 개념을 실증적으로 검증하고, 산업화를 위한 기술구현 탐색을 진행한다. 그중 와이파이 기술 및 RFID 기술 시범 프로젝트에는 우한武汉 리츠칼튼 호텔, 청두成都 468 주상복합타워 등이며 클라우드 오피스 제품 및 스마트복합체智慧综合体 시범 프로젝트는 상하이上海 공핑루公平路 오피스, 쿤밍昆明 우화五华 복합체 사업 등이다. 클라우드 및 IoT 기반 스마트금융, 스마트교육, 스마트의료서비스 시범사업은 우한武汉 한난 뉴타운汉南新城, 란저우兰州 파이낸셜 타운金融城이다.

스마트 복합체 개념으로 건설 중인 쓰촨성 청두 슈펑 468 뤼디플라자
(출처: 칭디찬왕)

세 번째 단계는 산업을 촉진하고 운영하는 것이다. 시범사업사례의 성공적인 경험을 결산하고, 단계별 표준화된 기술방안을 수립하고, 각 지역 신규 프로젝트에 복제 보급하고, 스마트시티 산업생태계를 구축, 스마트시티 개발 및 건설을 위한 패키지 서비스를 제공한다. 디자인, 건설 및 운영의 도시. 네 번째 단계는 새로운 산업을 지원하는 것이다.

마지막 단계는 스마트시티 전체 산업체인 개발자가 되어 스마트시티 최고 수준의 계획 및 설계, 투자 및 자금 조달, 건설, 운영 등 전체 산업체인 서비스를 도시 건설자와 기타 개발 회사에 제공한다.[1]

2013년 6월 28일 뤼디그룹의 장유량張玉良 회장은 베이징에서 박근혜 대통령을 만났다. 이 자리에서 뤼디그룹이 제주 헬스케어 단지 개발에 9억 달러를 투자한 사실을 보고했다.

이날 대한상공회의소와 중국 국제무역진흥협의회가 공동 주최한 '**한중 비즈니스 협력 포럼**韩中商务合作论坛[4]' 베이징 댜오위타이釣魚台에서 열렸고 중국을 국빈 방문 중인 박근혜 대통령이 포럼에 참석해 연설했다. 중국과 한국의 정부와 재계 관계자 300여 명이 한자리에 모여 양국 경제협력 현황과 전망에 대해 토론하고 의견을 교환했다. 이번 포럼에 중국 부동산 개발 및 투자회사를 대표하여 뤼디그룹의 장유량 회장이 초청되었다.[2]

2011년 이후 뤼디그룹은 상하이시 당 위원회와 시정부 지원을 받아 국유기업 개혁을 심화하고 '대외진출走出去' 전략을 구사하는 등 국제화에 적극적으로 나서고 있다. 뤼디그룹은 9억 달러를 투자하여 한중 최초의 합작품인 제주 '6대 핵심사업' 중 **관광헬스타운**旅游健康城[5] 사업을 추진했다.

총부지면적은 약 150만 ㎡, 연건평 43만 ㎡이며 관광휴양시설, 의료서비스시설, 상업쇼핑몰, 관광리조트 및 주택 등을 조성할 계획이며, 주거·오락·의료의 다양한 기능을 결합해 공공편의시설이 갖춰진 세계적 수준의 휴양형 주거단지로서 사업을 본격 추진했다. 뤼디그룹은 중국시장과 자원을 최대한 활용하여 해외개발을 가속하고 계속 사업기회를 포착하여 부동산, 상업, 의료, 관광 및 기타 산업 분야에서 관련 한국과의 협력을 강화할 것이다.

주거, 상업 기능이 결합된 주상복합쇼핑시설綜合体(HOPSCA)이 중국에서 각광을 받고 있다. HOPSCA는 호텔(Hotel), 사무실(Office), 공원녹지(Park), 쇼핑몰(Shopping mall), 컨벤션센터(Convention), 주거시설(Apartment)이 일체화된 상업시설로 이 중 최소 3가지 시설을 갖춘 곳을 의미하며 중국 부동산개발상 추진하고 있는 건설 복합체綜合体를 말한다. 베이징, 상하이, 선전 등 1선 도시뿐만 아니라 2, 3선 도시에도 HOPSCA가 증가하는 추세이다.

뤼디는 미국, 태국, 인도네시아 등 해외사업에서 다양한 실적을 쌓았고 높이 492m의 상하이 글로벌 금융센터 빌딩, 베이징 무역센터(330m), 베이징 CCTV 본사(234m)를 지은 것으로 전해졌다. 또한, 선전 핑안빌딩(660m)과 우한 뤼디플라자(606m), 톈진 117빌딩(570m), 광저우 동타워(530m) 등 최고층 빌딩을 HOPSCA 개념으로 건축 중이다.

제3회 **중국 베이징 국제서비스무역 교역회**中国北京国际服务贸易交易会[6]가 2014년 5월 28일부터 6월 1일까지 베이징 국가콘퍼런스센터国家

会议中心에서 개최되었다. 이 행사는 서비스 무역을 위한 세계적 규모의 국제 플랫폼이며 전 세계에서 유일하게 서비스무역 12개 분야를 포괄하는 종합적 서비스무역박람회이다. 중국 상무부와 베이징 시정부가 공동으로 주최하며, 2012년부터 해마다 개최되고 있으며 세계무역기구(WTO), 국제연합무역개발협의회(UNCTAD), 경제협력개발기구(OECD) 등 3개의 국제기구와 협력하고 있다.

이번 행사면적은 5만 ㎡로, 117개의 국가와 지역에서 온 2,524개 업체가 참가했으며 참관객은 약 26만 명을 기록했다. 2012년 제1회 교역회는 1,700개의 참가업체, 10만 명의 참관객, 601억 달러의 계약 체결액을 기록하였으며 2013년 개최된 제2회 교역회에서는 참가국 및 지역수가 확연히 증가했으며 계약 체결액은 787억 달러에 달했다.[3]

중국정부는 서비스무역 정책을 적극적으로 발표하며 서비스무역 발전을 위해 노력하고 있다. 중국 국무원은 2014년 5월 4일 발표한 「대외무역의 안정적 성장지원에 관한 의견关于支持外贸稳定增长的若干意见」을 통해 대외무역구조를 개선해 향후 서비스무역을 적극적으로 지원할 의사를 밝혔다. 2014년 5월 23일 중국 해관총서가 발표한 「대외무역의 안정적 성장을 지원하는 조치关于支持外贸稳定增长的若干措施」에 서비스무역의 특징에 적합한 해관 감독관리방식을 수립하고 완비할 것이라 밝혔다.

이번 교역회 고위급 회의에서 중국 국무원 왕양汪洋 부총리는 서비스무역발전 적극 추진에 시장화, 산업화, 사회화, 글로벌화를 방향으로 하여 서비스업 발전을 추진하고 그 비중을 확대할 것이라 강조했다. 또한 중국 서비스업의 빠른 발전은 경제성장과 구조조정에 촉진제 역할을 할 뿐만 아니라 경제발전속도변화기經濟增速換挡期에서 일자리를 창출해내는 중국 경제의 중요한 주춧돌 역할이라고 했다.

중국 **징진지**京津冀[7] 도시권과 **창장경제벨트**长江经济带[8] 건설 등 도시화가 가속되는 시점에서 중국의 친환경, 스마트시티 건설 등의 수요가 증대할 것으로 전망했다.

중국정부의 도시화 핵심프로젝트인 스마트시티 관련 한국의 삼성 SDS, 독일의 지멘스, 일본의 NEC 등 많은 외국기업이 참가했다.

이번 교역회에서 삼성SDS는 한국 스마트시티 성공사례를 상세히 홍보했다. 스마트타운 솔루션 전시와 함께, 중국 뤼디그룹과 전략적 제휴관계를 맺고 중국 건설복합체 사업인 HOPCA 시장공략을 위한 TF를 구성하여 선제안 활동을 개시했다.

뤼디그룹이 추진하는 베이징 팡산房山 체험관, 후베이성 우한武汉 606 뤼디플라자, 쓰촨성 청두成都 468 뤼디플라자 등 주요 사업기회에 스마트타운 자사 솔루션 공급을 추진했다.

삼성SDS 전시부스의 스마트시티 통합운영플랫폼, 스마트안전영상분석솔루션, 스마트빌딩솔루션 등은 중국정부 및 기업 관계자들에게 주목을 받았다.

스마트복합체综合体는 클라우드 기반 클라우드 오피스 제품, IoT 기반 스마트호텔, 빅데이터 기반 스마트 비즈니스 기술을 주거, 상업 기능이 결합된 주상복합시설, 즉 호텔, 사무실, 공원녹지, 쇼핑몰, 컨벤션센터, 주거시설 등에 제공하는 것으로 중국 부동산개발상의 디지털 트랜스포메이션 일환이기도 하다.

  삼성SDS는 2013년 7월 16일 뤼디그룹과의 스마트타운 전략적 파트너십 대회战略合作伙伴盛会 이후 중국 스마트복합체 사업의 성공적 진입을 위해 스마트 호스피털리티(Smart Hospitality) 추진전략을 수립했다.

  호스피털리티는 고객을 직접대면, 서비스를 제공하는 산업으로 2012년 글로벌 운영시장 기준으로 미국 630조, 중국 325조 영국, 독일, 프랑스가 각각 100조 내외의 시장규모를 형성했다. 운영은 미국, 신축은 중국이 최대 시장규모였다.
  글로벌 IT시장은 트랜스포메이셔널 정보기술(Transformational IT) 중심으로 고속성장이 예상됐다. 트랜스포메이셔널 정보기술은 매출 증대와 수익창출에 기여하며 프론트 오피스형으로 고객 접점 서비스, 애널리틱스(Analytics) 서비스로 구분할 수 있다.
  고객접점 서비스는 디지털 사이니지, 버추얼 서비스, 스마트 콘퍼런스, 원카드 등 최종 사용자를 대상으로 하는 서비스이다.
  애널리틱스 서비스는 고객동선분석 등 고객행동 및 트렌젝션 데이터를 분석하는 서비스이다.

  또한, 전통적인 정보기술(Traditional IT)은 운영효율화와 비용절감에 기여하는 백오피스형으로 업무운영서비스, 빌딩운영서비스로 구분한다. 업무운영서비스는 PMS, CRS, RMS 등 업종별 기간계 솔루션이고 빌딩운영서비스는 FMS, BMS, Surveillance 등 시설, 빌딩, 보안

솔루션이다.[4]

중국 대형 개발상을 대상으로 HOPSCA의 융복합 오퍼링을 기획하고 사업규모, 당사 솔루션 재사용성을 고려하여 뤼디绿地, 완다万达, 화룬华润, 완커万科 등 중국 상위 12개 부동산개발상을 대상으로 사업기회 발굴활동을 전개했다.

중국 전역에 344개 부동산 개발상房地产开发商 중 12개 대형 기업이 HOPCA 개발면적의 24%를 수행하고 있었다. 뤼디그룹은 베이징 HOPSCA 모델을 쓰촨성 충칭으로 수평전개하고 있었고 1선 도시에 제공했던 사업모델을 2~3선 도시로 확산, 적용했다.

1995년부터 2015년까지 20년간 중국 HOPSCA을 분석해보면 도시핵심지역은 호텔, 오피스, 쇼핑몰 3개 조합형태가 대세였다. 도시부심지는 오피스, 쇼핑몰, 아파트먼트 3개 조합형태이다. 또한 신도시는 호텔, 오피스, 쇼핑몰, 아파트먼트 조합으로 복합단지가 형성됐다.

이러한 분석을 토대로 뤼디, 완다, 화룬 등 주요 3개 기업에 대한 호텔, 오피스, 쇼핑몰, 아파트먼트 4개 기능공간 위주로 오퍼링 서비스를 준비했다.

삼성SDS의 스마트타운, 스마트컨버전스, 스마트네트워크 솔루션을 융복합하여 통합 오퍼링 세트를 구성했다.

당시 중국, 한국 복합단지 사례 및 건설업 IT 비중을 분석하면 건설 구축비 대비 IT 비용이 3~5%로 2018년 당해연도 기준 HOPSCA IT 투자비가 한화 11.4조 원이다. 2015년부터 2018년까지 4개년 연평균 39% 성장률을 기록했다

HOPSCA IT 비용은 통신/인프라 30%, 설비/전기/빌딩운영 50%, SI솔루션, 즉 업무운영 서비스, 고객접점 서비스, 애널리틱스 서비스 등이 20%로 구성된다.

이중 빌딩운영, 업무운영, 고객접점, 애널리틱스 등 서비스 25%를 당사 유효시장으로 설정했다. 당시 뤼디, 완다, 화룬 등 메이저 3사를 분석 자료를 보면 고객접점 서비스에서 뤼디는 오피스 클라우드 서비스, 완다는 쇼핑몰 모바일 서비스, 화룬은 아파트먼트 홈네트워크 서비스를 차별화 요소로 했다.

애널리틱스 서비스를 보면 호텔, 쇼핑몰, 오피스, 아파트먼트 경우 공간 연계분석 니즈와 고객접점, 업무운영, 빌딩운영 서비스 연계분석 니즈가 높았다.[5]

HOPSCA 분석결과 CX, 애널리틱스 등 고객접점 서비스를 통해 차별화된 고객경험을 제공, 사전예측 및 개인화된 서비스 제공, 프론트 및 백오피스 연계강화 등 오퍼링 방향성을 설정했다. 호텔, 오피스, 쇼핑몰, 아파트먼트 4개 대상 고객접점, 애널리틱스, 빌딩운영 솔루션을 매핑하여 총 34개 오퍼링을 도출했다. 이를 당사 솔루션 및 보유기술 역량과 매핑하여 분석해보니 26개 솔루션을 HOPCA 주력 상품으로 선정했다.

한국 COEX 사례로 고객접점 서비스 오퍼링을 시뮬레이션을 해보니 고객유입, 실구매율, 체류시간, 시간당 소비액, 임대 수수료율이 증가하여 기존대비 부동산 개발상이 추가 매출 146억을 획득하여 기존 매출대비 37% 증가하는 효과를 볼 수 있다.

결국 HOPSCA는 부동산 개발상에게 매출증대와 비용감소 파이낸셜 밸류를 제공한다. 예컨대 인터랙티브 사이니지는 미디어 아트와 광고 등 콘텐츠 출력 및 인터랙션을 통해 집객효과를 제공하며 이는 고객유입증대로 이어진다.

실내 길찾기는 고객성향, 구매패턴 연관 매출노출과 동선 유도를 하여 고객동선을 연장과 체류시간을 증대한다. 원카드 호스피털리티는 사용자인증, 출입인증, 지불결제 등 모든 서비스를 하나의 카드에 통합하는 것으로 멤버십 기반 마일리지 적립 및 타깃 프로모션이 가능하다. 원카드 서비스를 통해 구매액 증가로 연결되는 데 한국 대형 백화점의 경우 시간당 소비액 20% 증가한 것을 볼 수 있다.

삼성SDS는 뤼디그룹 대상 HOPSCA TF를 구성하고 중국총괄, 본사 스마트타운사업부, 기술연구소와 협업하여 중국 부동산개발상 대상 사업을 전개했다. HOPSCA 통합 오퍼링 기반 선제안 활동을 통해 사업 파이프라인을 강화했다. 뤼디그룹과 협업모델을 개발하고 양사 기술교류회를 통해 파트너십을 강화하고 솔루션 플랫폼 및 표준화 기반 핵심 솔루션을 확보해갔다.

후베이성 우한, 쓰촨성 청두, 산시성 시안 등 뤼디 플라자를 대상으로 세일즈포스팀을 구성하여 본격적인 영업활동을 전개했다.[6]

2015년 제주도 서귀포시 한라산 해발 250~300m에 조성 중인 뤼디 녹지헬스케어 단지를 대상으로 삼성 HOPSCA 사업제휴 및 스마트시티 제안활동이 진행됐다.

동북아 헬스케어 타운 건설 경쟁이 심화되면서 제주 헬스케어는 차별적 경쟁요소가 찾아야 했다. 관광자원이 풍부한 국제 휴양지인 제주도 서귀포에 진료, 연구, 거주, 휴양 복합단지 건설에 ICT 기술을 활용한 스마트 헬스케어 단지를 조성하는 방안을 제시했다.

헬스케어 타운 길안내, 개인 맞춤형 프로모션 쿠폰, 디지털 사이니지 등 고객접점서비스, 의료관광 고객 전체 여정관리, 최적화된 객실환경 등이 제공되는 객실/부대 서비스, 입주시설 통합관리, 에너지 관리를 지원하는 입주기업 프리미엄 서비스, 편리한 주차관리, 쾌적하고 안전한 주거 안전/편이 서비스 등 프리미엄 헬스케어 단지로 탈바꿈을 시도했다.[7]

호텔(신라호텔), 쇼핑몰(신세계), 아파트먼트(래미안), 파크(에버랜드) 등 업종별 노하우를 보유하고 있고 건설(삼성물산), 전자제품(삼성전자), ICT(삼성SDS), 보안(에스원) 등 국내 및 해외 구축 및 운영 경험을 보유한 삼성그룹과 글로벌 최고 HOPSCA 전문기업으로 트랜스포메이션을 진행하고 있던 뤼디그룹과의 기업 연합은 필연적일 수밖에 없었다.

제주헬스케어단지 내 뤼디국제병원은 중국 뤼디그룹이 영리병원으로 추진했고 제주도를 방문한 중국인 의료관광객이 대상이지만 내국인도 이용할 수 있어, 의료계와 시민단체를 중심으로 영리병원 설립 반대운동으로 이어져 현재까지 뤼디그룹과 제주도 간 소송 중이다.

뤼디국제병원은 2015년 보건복지부로부터 설립허가를 받았지만,

2018년 제주도지사로부터 내국인 진료 제한을 조건부로 병원개설허가를 내주면서 논란에 휩싸이기 시작했다. 뤼디제주는 "조건부 허가가 부당하다"라며 소송을 제기했고 개원조차 하지 않았다. 제주도는 "정당한 이유 없이 개월 내 업무를 시작하지 않았다"는 이유로 뤼디국제병원의 개설허가를 취소했다.

현재 뤼디제주와 제주도는 병원 개설허가 취소처분과 관련해 소송 중으로 1심은 제주도가, 2심은 뤼디제주가 승소했으며 대법원의 최종 판단만 남아 있다.[8]

참고자료

1 "造城"模式再升级 绿地集团发布"智慧城镇计划". https://www.ldjt.com.cn/ 2013-07-18
2 韩国总统朴槿惠在京会见张玉良董事长. https://www.ldjt.com.cn/ 2013-07-08
3 중국 서비스산업에 주목하라. 베이징 서비스교역회 중국 베이징무역관 남지은 2014-06-12
4 Smart Hospitality 사업추진전략 – HOPSCA. 삼성SDS 2014-09
5 성도 468 사업 제안 방안 – HOPSCA. 삼성SDS 2015-11
6 1995~2015年中国城市综合体行业发展前景与投资战略规划分析报告. 前瞻产业研究院
7 녹지코리아 제주 헬스케어 타운 추진전략. 삼성SDS 2015-02
8 녹지국제병원, 병원 아닌 리조트가 인수… 영리병원 탄생 예고?. 현대자산운용 2021-10-05

용어해설

1) 뤼디그룹(绿地集团): 1992년 7월 18일에 설립되었으며 중국시장 개혁의 물결에서 태어난 대표적인 기업 중 하나이다. 부동산 및 기반 시설 건설을 주업무로 하고 금융, 소비, 건강, 과학 기술 및 기타 산업까지 사업범위를 확장해왔다. 2019년에 뤼디그룹의 자산규모는 1조 1,400억 위안을 초과하여 영업이익 4,280억 위안, 이익 147억을 달성하여 자산 및 수익의 '2조 규모'로 진입하기 시작했다. 뤼디그룹은 2012년부터 9년 연속 포춘 글로벌 500대 기업에 선정되었으며, 2020년에는 176위를 달성했다. 2020년 포춘 500대 중국 기업에서 1위를 차지했다. 뤼디 부동산 브랜드는 업계에서 특히 초고층 빌딩, 대규모 도시 단지, 고속철도 신도시, 전시 센터, 현대 산업 단지 및 기타 분야 도시 및 농촌 건설 및 부동산 개발 등에서 업계 최고의 위치에 있다. 현재 중국 29개 성·시·자치구 130여 개 도시에 뤼디개발사업이 진행 중이며, 초고층 도시 랜드마크 빌딩은 30채에 이르고, 장쑤성 뤼디 즈펑빌딩(绿地紫峰大厦) 450m과 우한뤼디센터(武汉绿地中心) 500m 등을 건설했다.

2) 사람의 도시화(人的城镇化): 도시화의 외형적 표현은 도시규모의 확장을 의미하지만, 그 실체는 중국공산당 제18차 전국대표대회 보고서(十八大报告)의 농업이전 인구 시민화다. 미래 도시화는 토지자원의 집약적 효율적 배치를 전제로 농민의 도시화, 지역 이전과 직업전환뿐만 아니라 신분전환, 취업방식, 주거환경, 사회보장 등 농민의 '시민 꿈, 창업 꿈, 안주 꿈'을 실현하는 '사람의 도시화'에 더욱 중점을 둬야 한다.

3) 뤼디스마트타운계획(绿地智慧城镇计划): 뉴타운 전략에서 초고층 전략, 산업도시 일체화 전략으

로 정책방향 및 도시개발 요구사항에서 경쟁우위를 유지했다. 신형 스마트 도시화 건설의 물결과 차세대 정보기술 산업 발전의 도전과 기회를 맞아 뤼디그룹은 2013년 7월 16일 '스마트타운 계획'을 성대하게 발표하고, IBM, 차이나텔레콤, 시스코, 삼성 등 전략적 협력 파트너들과 공동으로 뤼디 스마트시티 산업개발센터(绿地智慧城市产业发展中心)를 설립했다

4) 한중 비즈니스 협력 포럼(韩中商务合作论坛): 2013년 박근혜 대통령의 방중 기간 중 대한상공회의소와 중국국제무역진흥위원회(CCPIT)는 상하이 쉐라톤호텔에서 한중 비즈니스 협력 포럼을 개최하고 양국 간의 경제 협력 계획을 논의했다. 대한상공회의소 박용만 회장은 이번 정상회담에서 한중이 경제, 정치, 안보, 문화, 국제협력에서 공동번영을 위한 청사진을 제시했다고 밝히고 협력사업에 대해서도 한·중 자유무역협정(FTA)이 조속히 승인되기를 기대한다고 말했다. 한중 경제계 인사들은 투자, 환경·보건, 문화산업 분야에서 쌍방의 협력을 강화하고 한중 자유무역협정(FTA) 활용에 대해 의견을 교환했다.

5) 관광헬스타운(旅游健康城): 제주에 있는 뤼디그룹은 9억 달러 규모의 대지면적에 43만 ㎡ 가까운 규모로 조성됐다. 관광헬스케어타운은 한라산을 등지고 바다를 바라보며 서귀포를 내려다보는 관광휴양시설, 의료서비스시설, 상업쇼핑몰, 관광리조트호텔 및 주택 등을 조성하고 주거·오락·의료의 다양한 기능을 결합한 공공편의시설이 갖춰진 세계적 수준의 휴양형 주거단지로 2013년부터 사업을 3단계로 나눠 개발했다. 관광헬스케어타운 건설은 뤼디그룹이 해외진출전략의 일환으로 중국 부동산 기업으로는 처음으로 해외에 대규모 투자를 한 것을 의미한다.

6) 중국 베이징 국제서비스무역교역회(中国北京国际服务贸易交易会): 중국 서비스업과 서비스무역의 국제경쟁력을 높이고 경제발전방식의 전환을 가속화하는 데 있어서 서비스업과 서비스무역의 역할을 충분히 발휘하기 위해 2012년 당중앙위원회와 국무원은 상무부와 베이징시 인민정부는 중국(베이징) 국제서비스무역박람회(약칭 베이징 박람회)를 공동 후원했다. 2019년에는 중국 국제서비스무역박람회로 이름이 변경되었다. 2020년에는 중국 국제서비스무역박람회의 약칭이 '경교회(京交会)'에서 '복무회(服贸会)'로 변경되었다. 글로벌 서비스 무역 분야에서 중국 수출입박람회(广交会) 및 중국 국제수입박람회(进博会)와 함께 중국의 3대 전시플랫폼이다.

7) 징진지(京津冀): 중국의 '수도경제권', 징진지 도시군은 베이징(北京)·톈진(天津) 등 양대 직할시를 비롯해 허베이(河北)성 바오딩(保定)·탕산(唐山)·랑팡(浪坊)·스자좡(石家庄)·친황다오(秦皇岛)·장자커우(張家口)·청더(承德)·창저우(沧州)·헝수이(衡水)·싱타이(邢台)·한단(邯郸)·허난성(河南省)의 안양(安阳)을 포함한다. 이 중 베이징(北京)·톈진(天津)·바오딩(保定)·랑팡(浪坊)이 중부의 핵심 기능 지역으로, 징진바오(京津保) 지역이 가장 먼저 연동돼 발전했다.

8) 창장경제벨트(长江经济带): 상류의 청두–충칭(成渝) 도시권, 중류의 량후(两湖) 도시권, 하류의 장쑤–장시–안후이(苏赣皖) 도시권, 창장삼각주(三角洲) 도시권으로 구성된다. 창장 하류의 도시

집합체는 장시(江西), 안후이(安徽), 장쑤(江苏) 및 푸젠(福建) 서부로 구성된다. 안후이, 장쑤는 창장 하류의 도시군이자 창장삼각주의 도시군이다. 장쑤 중부는 창장 하류와 창장삼각주 사이에 있는 지역이다.

Part 3
중국 신형스마트시티 혁신과 차이나 스탠더드

3-0. 신형스마트시티

3-1. 톈진 에코시티, 스마트시티 플랫폼 글로벌 경쟁

3-2. 베이징·상하이·선전·시안 전시회, 한중 얼라이언스 시동

3-3. 푸젠성 샤먼, 스마트 교통관제 업그레이드

3-4. 산시성 타이위안, 스마트 시큐리티 한중 합작 모색

3-5. 허베이성 친황다오·후베이성 우한, COVID 19 극복

3-0
신형스마트시티[1]

'신형스마트시티新型智慧城市'는 항상 시민에게 봉사하고 효율적이고 질서 있는 도시 거버넌스, 개방적이고 포괄적인 데이터 공유, 녹색 및 오픈소스 기반 경제발전, 사이버 공간의 보안 및 명확성을 주요 목표로 하고 있다. 체계적인 기획, 정보화 주도, 창의적인 혁신을 통해 차세대 정보기술과 도시 현대화의 심도 있는 융합, 지속적인 진화를 통해서 국가와 도시의 조화로운 발전과 새로운 생태계를 실현하는 것이다. 그 본질은 국민을 진심으로 섬기는 구체적인 조치와 실천이다.[2]

배경

도시 거버넌스 및 관리城市治理和管理는 국가 거버넌스 시스템의 중요한 부분일 뿐만 아니라 글로벌 인터넷 거버넌스 시스템의 중요한 전달자이자 사이버 공간에서 공유된 미래의 커뮤니티를 구축하기 위한 중요한 기반이다. 지난 몇 년 동안 중국은 거의 300개 도시가 스마트시티 건설 시범사업智慧城市建设试点을 전개하여 공공서비스 수준公共服务水平을 효과적으로 개선하고 관리능력을 높였으며 도시경제 발전을 촉진했다.

국가 거버넌스 시스템 및 거버넌스 기능의 지속적인 발전과 함께 '혁신, 조정, 녹색, 개방, 공유'의 개발 개념이 심화되고, 인터넷 강국 전략, 국가 빅데이터 전략, '**인터넷플러스**互联网+[1]' 실행계획의 구현[3]과

'디지털중국数字中国[2]'의 지속적인 발전[4]은 도시에 새로운 의미와 도전을 부여했다. 이는 전통적인 스마트시티가 새로운 도시로 진화하는 것을 촉진할 뿐만 아니라 새로운 유형의 스마트시티로 발전하는 계기가 되었다.

2015년 12월 16일 시진핑 주석习近平主席[5]은 우전서밋乌镇峰会[6] 개회 연설에서 글로벌 인터넷 거버넌스 시스템全联互联网治理体系 발전의 4대 원칙과 사이버 공간의 공동운명체网络空间命运共同体 구축을 위한 5대 방안을 제시했다. 인터넷 시대의 새로운 스마트시티 건설이라는 중요한 주제에 대한 지도적 역할, 특히 인터넷 인프라 구축의 가속화, 인터넷 경제 혁신의 촉진, 인터넷 보안의 보장 등이 신형스마트시티新型智慧城市 건설의 핵심임을 지적했다.

의미

제18기 중앙위원회 제3차 전체회의十八届三中全会는 국가 거버넌스 시스템 및 거버넌스 역량의 현대화를 촉진하기 위해 제안되었으며, 제18기 중앙위원회 제5차 전체회의十八届五中全会에서 제시한 '혁신创新, 조정协调, 녹색绿色, 개방开放, 공유共享'의 발전 이념으로 '신형스마트시티' 건설에 전례 없는 발전 기회를 가져왔다. 2015년 12월 17일 세계 인터넷 콘퍼런스 '디지털 중국 포럼数字中国论坛'[7]에서 중국전자과기집단中国电子科技集团[8] 판요우산樊友山[9] 부회장은 「신형스마트시티와 밝은 미래 건설携手共建新型智慧城市美好未来」[10]에 대한 기조연설을 했다. '신형스마트시티'는 '국가 거버넌스 시스템의 지속적인 발전, 국가 발전 개념의 지속적인 심화, 디지털 중국의 지속적인 발전'이라는 세 가지 측면에서 중요한 의미를 지닌다며 신형스마트시티의 '6개 건설이념'을 제안했다.

중요 이벤트

2015년 12월 17일 국가인터넷정보판공실国家互联网信息办公室 부주임 왕쉬준王秀军, 국가발전개혁위원회国家发展和改革委员会 부주임 린녠시우林念修, 공업정보화부工业和信息化部 부부장 천자오슝陈肇雄, 중국전과기中国电科 쥐췬성左群声 부사장 및 기타 증인, 중국전자과기中国电科, 선전深圳, 푸저우福州, 자싱嘉兴은 신형스마트시티 건설을 위한 전략적 협력 기본 협정战略合作框架协议에 공동 서명하여 신형스마트시티 건설의 첫 걸음을 내디뎠다.

선전深圳, 푸저우福州, 자싱嘉兴 신형스마트시티는 중국 신형스마트시티 건설에서 참고할 수 있는 선진적인 경험을 제공한다. 스마트시티는 이미 일종의 도시 발전이념이 되어 각급 정부, 사회 각계의 높은 평가를 받았다. 100%의 부성급副省级 도시, 89%의 지급이상地级以上 도시, 49%의 현급县级 도시가 이미 스마트시티 건설을 진행하여, 누적적으로 참여한 지방급地市级 도시 수가 300여 개에 이른다. 스마트시티 계획 투자액은 3조 위안, 건설 투자액은 6천억 위안에 달했다. 예를 들어 선전은 485억 위안, 푸저우 155억 위안, 지난济南 97억 위안, 시장르카쩌시西藏日喀则市 33억 위안, 인촨银川 21억 위안을 투자할 계획이다. 동시에 1만 2,000개 이상의 ICT 벤더厂商가 스마트시티 건설에 참여했으며 시스템 통합 3급 자격系统集成三级资质 이상을 갖춘 7,000개 이상의 기업, 정통 CT벤더CT厂商 화웨이华为, ZTE中兴 및 인터넷 기업 BAT를 비롯해 10만 개 이상의 중소 애플리케이션轻应用 및 중소 서비스 기업微服务商 등이 있으며 740만 개의 스마트시티 관련 APP 소프트웨어软件가 제공됐다.

국가 부처와 위원회国家部委, 산업협회行业协会, 시범도시示范城市에서 스마트시티를 주제로 다양한 정상회의峰会, 포럼论坛, 전시회展览를 잇달아 개최하고 정부 관료, 기술 전문가, 기업 리더들이 스마트시티가 직면한 문제점, 핵심기술의 혁신적 응용과 미래 발전의 관건에 관해 토론, 교류하며 정책제언을 했다.

4대 핵심항목

제2회 세계인터넷콘퍼런스 '**인터넷의 빛**互联网之光[3]' 박람회博览会에서 사물인터넷 개방형 시스템 아키텍처物联网开放体系架构, 개방형 도시정보플랫폼城市开放信息平台, 도시운영지휘센터城市运行指挥中心, 사이버공간보안시스템网络空间安全体系 등 4가지 핵심 항목을 선보였다.

- IoT 개방형 시스템 아키텍처: 자체 지적재산권을 가진 IoT 개방시스템 아키텍처 방안, '객체이름확인시스템物体命名解析系统'와 IoT항구物联港를 핵심으로 하는 IoT 인프라를 구축하여 네트워크 발전网络发展과 사이버공간안전网络空间安全의 주도, 능동, 지배권을 확보한다.
- 개방형 도시정보플랫폼: '플랫폼平台+빅데이터大数据' 전략으로 도시자원 빅데이터 범용서비스플랫폼大数据通用服务平台을 제공하고, 데이터 통합 및 공유의 실현, 정보 외딴섬信息孤岛 제거, 데이터 보안 보장, 빅데이터 활용 수준 향상 등에 기여한다.
- 도시운영지휘센터: 도시의 운영을 전면적으로 감지하고, 사회 및

네트워크 데이터에 접속하여 부서 간 조정 및 연동을 통해 돌발 사건에 대한 비상 대응의 효율성을 제고한다.
• 사이버공간보안시스템: '도시 인프라 보안, 도시 데이터 센터 보안, 도시 가상 사회 보안'을 포함하는 보안시스템이다.

스마트시티 건설은 여전히 업종시스템行业系统 구축을 지나치게 강조하고 있으며, 재정부财政部의 **PPP 시범 프로젝트**示范项目[4] 중 교육, 교통, 관광, 농업, 의료, 공안 등 10개 분야의 마스터플랜 계획总体规划 부재와 행정력 부족으로 '스마트 아일랜드智慧孤岛'를 형성하여 스마트시티 건전한 발전을 저해하고 있다.

항저우 알리바바 시티브레인 운영센터

6개 건설개념

'신형스마트시티' 6개 건설개념은 시스템 아키텍처体系架构, 그리드네트워크栅格网, 범용기능플랫폼通用功能平台, 데이터수집数据集合, 도시운영센터城市运行中心, 표준标准 등이다.

- 개방형 시스템 아키텍처: 시스템 구축 규칙을 따르고, 체계적인 공정기법을 사용하고, 개방적인 시스템 아키텍처를 구축하고, '공유강화强化共用, 공용통합整合通用, 응용프로그램 개방开放应用'의 사상을 통해 다양한 신형스마트시티 건설 및 발전을 이끈다.
- 그리드네트워크: 하늘과 땅의 일체화된 도시정보 서비스 그리드네트워크를 구축하고, 신형스마트시티 건설의 기반을 마련하며 도시에 대한 정확한 감지, 정보시스템의 상호연결 및 혜민惠民 서비스를 실현한다.
- 범용기능플랫폼: 범용적인 기능 플랫폼을 구축하여 각종 정보자원 관리와 서비스 패키지화를 구현하고, 나아가 도시 관리 및 공공서비스의 지능화를 지원하며, 도시기반 정보자원을 효과적으로 관리하여 시스템의 효율성을 제고한다.
- 데이터시스템: 개방 및 공유 데이터 시스템을 구축하고 데이터의 표준화된 편집 및 통합을 통해 데이터 '총화总和'를 실현 형성함으로써 의사결정 지원 데이터의 생산 및 운영을 효과적으로 개선하고 도시 거버넌스의 과학 및 지능화 수준을 한 단계 향상시킨다.
- 도시운영센터: 신형스마트시티를 위한 통합운영센터를 구축하고 도시자원의 융합 및 공유, 부서 간 조정 및 연계를 실현하고 효율적이고 정확한 관리와 안전하고 신뢰할 수 있는 도시 운영을 지원

한다. 도시의 시립시설, 공공안전, 생태환경 및 거시경제, 민생 민심 등 상황을 효과적으로 파악하고 관리한다.
- 통합표준체계: 표준화는 신형스마트시티의 규범적이고 질서정연하며 건전한 발전을 위한 중요한 보증이며, 정부 주도로 각 도시의 특색과 결합하여 건설내용과 핵심요소를 분류하며, '건설, 개혁, 평가'의 3가지 측면을 포괄하는 표준체계를 구축해야 한다.

신형스마트시티는 스마트시티의 운영运营을 필요로 하며, 도시자원 강화의 통합자城市资源赋智整合者, 운영서비스생태계의 조성자运营服务生态建立者, 시장지향적인 운영의 리더市场化运营主导者, 이 3가지가 스마트시티의 지속가능한 발전의 기반基础이자 보장保障, 핵심核心이다.

체험 응용

제2회 세계인터넷콘퍼런스 '인터넷의 빛互联网之光' 박람회에서는 스마트서밋智慧峰会, 스마트우전智慧乌镇, 스마트주차智慧停车, 스마트의료智慧医疗, 스마트비주얼智能视觉, 스마트환경관리智慧环境管理, 사이버공간안전网络空间安全, 시너지제조协同制造, 오픈IoT앱开放物联网应用 등 신형스마트시티 분야의 축적된 응용기술과 선진마인드를 선보였다. 그중 **이글 시리즈의 산업용 드론雄鹰系列行业级无人机**[5]이 실물형태로 전시되어 눈길을 끌었다.

- 스마트환경관리: 대기오염 감지 및 지능 인식이 가능하며 CETC[6] 스마트환경관리플랫폼智慧环境管理平台은 환경보호부서, 기상부서, 정부 정책부서를 대상으로 대기질 모니터링, 대기오염 예측 및 조기

경보, 오염물질 추적분석, 배출감소 시뮬레이션 및 효과평가 기능을 제공하여 대기환경을 지능적으로 관리할 수 있다.

- 스마트우전智慧乌镇 APP: 명승지 영상은 실시간으로 생중계되어 명승지 안의 사람들의 역동적인 변화 흐름을 볼 수 있다. 숙박시설과 식사환경도 보장된다. 자동차로 오는 경우 '스마트우전' 앱을 사용하여 도로상황을 미리 알 수 있다. 이 앱은 혼잡을 피하기 위해 편안한 운전경로를 선택하고 경치 좋은 지역 주변의 주차공간을 찾아준다. IoT 시범거리物联网示范街에 들어서면 스마트우전앱은 사람이 많이 모이는 곳을 알려주고, 일단 이 지역을 피해서 여행코스를 안내해준다.[10]

- 우전관리데스크탑乌镇管理桌面: 이기종 데이터 교환을 통해 시스템 간 데이터 접속을 지원하며, 서로 다른 응용서비스가 작동될 수 있게 하며 서로 다른 영역(논리 또는 물리적인) 데이터 간의 통신과 통합을 실현한다. 데이터 처리를 통해 도시 통합 데이터를 시각화할 수 있다. 관리자들은 '우전관리데스크톱乌镇管理桌面'에 접속해 날씨, 도시교통, 생태환경, 인구, 공공안전, 숙박, 음식점 등 세부사항을 확인하고 우전의 당일 상황을 파악할 수 있다.

2019년 3월 21일부터 22일까지 푸저우福州에서 '집중생태적·스마트 진화因聚而生·智能进化' 주제의 2019 화웨이华为 중국생태동반자대회中国生态伙伴大会가 개최됐다. 차이나디지털中地数码은 화웨이의 공간지리정보 분야 중요 파트너로 초청받아 「화웨이&차이나디지털 빅데이터 연합 솔루션华为&中地时空大数据联合解决方案」, 「화웨이 클라우드-차이나디지털 스마트시티 엄선방안华为云-中地数码智慧城市严选方案」 등 2가지 솔루션을 발표했다. 이번에 출시된 연합 솔루션은 도시에 강력한 시공간 데이터时空数据 저장, 관리, 분석 및 계산기능을 제공한다. 또한 지리정보와 원격감지, 드론, 포인트 클라우드点云, 경사촬영倾斜摄影, BIM, VR/AR 등 기술을 제공하며, 지하에서 지상, 실외에서 실내, 현실에서 가상, 정적에서 동적 등 다차원의 스마트 시공간 개념智慧时空的理念을 해석한다. 또한 MapGIS[7)]와 화웨이의 머신러닝机器学习, 딥러닝深度学习 기술을 융합하여 지능형 GIS 서비스 제품을 제공하며 도시공간문제 해결을 위한 새로운 지원도구를 지원한다.

참고자료

1 新型智慧城市. 百度百科 2021-01-26
2 新型智慧城市概述. "智慧福州"管理服务中心 主办 2020-07-24
3 "互联网+"行动计划出炉 借PPP培育推广智能制造. 新浪 2015-12-19
4 "数字中国"从乌镇启航. 新浪 2015-12-19
5 乌镇峰会大家谈习近平的互联网观是一种大思维. 中国青年网 2015-12-19
6 乌镇峰会大家谈乌镇时间开启, 中国叫醒世界. 人民网 2015-12-19
7 乌镇论道·数字中国分论坛 "数字中国"有五大着力点. 中国社会科学网 2015-12-19
8 中国电科. 中国电科官网 2015-12-19
9 中国电子科技集团总经理樊友山：建设新型智慧城市. 网易 2015-12-19
10 樊友山：携手共建新型智慧城市美好未来. 中国日报 2015-12-19

용어해설

1) 인터넷 플러스(互联网+): 혁신 2.0(정보시대, 지식사회의 혁신적인 형태)에 의해 인터넷이 발전하는 새로운 업태를 말하며, 지식사회의 혁신 2.0에 의해 인터넷의 형태가 발전하고 탄생하는 경제사회 발전의 새로운 형태이다. 인터넷 사고의 진일보한 실천성과로 경제형태를 끊임없이 변화시켜 사회경제 실체의 생명력을 이끌어내고 개혁, 혁신, 발전을 위해 광활한 인터넷 플랫폼을 제공한다. 2020년 5월 22일 리커창(李克强) 총리는 2020년 국무원 정부 업무 보고서에서 '인터넷 플러스'를 전면적으로 추진하고 디지털 경제에서 새로운 이점을 창출할 것을 제안했다.
2) 디지털 중국(数字中国): 차세대 국가정보화 발전의 새로운 전략이자 날로 늘어나는 인민들의 아름다운 삶의 욕구를 충족시키는 새로운 조치로, 경제·정치·문화·사회·생태 등 각 분야의 정보화 건설을 포함한 '광대역 중국', '인터넷 플러스', 빅데이터, 클라우드, 인공지능(AI), 디지털 경제, 전자정부, 신형스마트시티, 디지털 농촌 등을 포함한다.
「중화인민공화국 국민경제 및 사회발전 제14차 5년 계획과 2035년 비전목표요강(초안)」은 디지털 시대를 맞이하여 데이터 요소 잠재력을 활성화시키고 인터넷 강국 건설을 추진하며 디지털경제, 디지털사회, 디지털정부 건설을 가속화하고, 디지털화로 생산방식, 생활방식, 통치방식의 변혁을 구동할 것을 제시하고 있다.
3) 인터넷의 빛(互联网之光): 2015년 12월 16일부터 18일까지 제5회 인터넷의 빛 박람회가 저장성 우전에서 국가인터넷정보판공실, 과학기술부, 공업정보부, 저장성 인민정부가 공동 주최했

다. '인터넷의 빛'을 주제로 중국의 인터넷 발전 성취, 세계 인터넷 발전에 대한 중국의 적극적인 공헌, 전 세계 인터넷의 최신 기술, 제품, 응용 등을 전시했다. 2015년 12월 16일, 시진핑(习近平) 주석은 저장성 우전에서 열린 '인터넷의 빛' 엑스포를 시찰했고 인터넷이 인민의 생산과 생활에 엄청난 변화를 가져왔고 여러 분야에서 혁신과 발전에서 강력한 주도적 역할을 했다고 강조했다. 인터넷이 가져다주는 주요 기회를 잘 활용하고 혁신 주도의 발전 전략을 철저히 실행해야 한다고 했다.

4) PPP 시범 프로젝트(示范项目): 정부와 사회자본 협력모델(PPP)은 인프라 및 공공서비스 분야에서 구축된 일종의 장기적 협력관계다. 통상 인프라의 설계·건설·운영·유지·보수를 사회자본이 대부분 맡아 '사용자 부담' 및 필요한 '정부 부담'을 통해 합리적 투자 대가를 받고, 정부 부처는 인프라 및 공공서비스 가격과 품질 감독을 맡아 공공의 이익을 극대화한다. 국가발개위는 사회자본을 유치한 인프라 구축 시범사업 80건을 내놓았다. 지방자치단체들도 PPP 사업에 적극 나서고 있다. 전국 곳곳에서 PPP 시범 프로젝트가 선보이고 있다.

5) 이글 시리즈의 산업용 드론(雄鹰系列行业级无人机): 하이크비전의 산업용 드론 발표는 보안 업계 드론 분야 제품의 새로운 기준을 정의하고 다양한 업계의 업무 수요를 충족시켜 입체 방제 시대가 시작됐음을 보여준다. 공안, 에너지, 교통, 사법, 문화, 교육 및 건강, 건물, 금융 업종에 적용된 이 제품은 표적정찰, 공중순찰, 전력순찰, 수자원 보호 시설 모니터링, 문화 보호, 측량 및 매핑, 사고조사, 긴급구조, 재난구조 해양순찰, 수색구조 등을 응용한다.

6) CETC: 중국전자과기집단유한공사(China Electronics Technology Group Corporation)는 2002년 3월 1일 설립되어 중앙 정부가 직접 관리하는 국유 중추 기업이다. 군전자부대, 사이버 정보국, 국가전략과학기술부대가 있다. CETC에는 700개 이상의 기업 및 기관이 있으며 47개 국가급 연구기관과 15개 상장기업이 있으며 직원 수는 200,000명 이상이며 그중 55%가 R&D 인력이며 35개의 국가급 핵심 연구소, 연구센터 및 혁신센터가 있다. 수년 동안 포춘 500에 선정되었다.

7) MapGIS: 중국지질대학에서 개발한 범용 지리정보시스템 소프트웨어로 지도편집 및 출판시스템인 MAPCAD를 기반으로 개발되었으며 공간데이터를 수집, 저장, 검색, 분석 및 그래픽으로 표현할 수 있다. MAPGIS는 MAPCAD의 모든 기본 매핑 기능을 포함하며 매우 복잡한 지형도와 지질도를 출판 정확도로 생성할 수 있다. 동시에 지형 데이터 및 다양한 전문 데이터의 통합 관리 및 공간분석 및 쿼리를 수행할 수 있으므로 다중소스 지구과학 정보의 포괄적인 분석을 위한 플랫폼을 제공한다.

3-1
톈진 에코시티,
스마트시티 플랫폼 글로벌 경쟁

중신 톈진 에코시티中新天津生态城는 중국과 싱가포르 정부의 전략적 협력 프로젝트로, 자원 절약 및 환경친화적인 사회 건설을 위한 전형적인 시범典型示范 사업이다.

'맥동시티脉动城市[1]'는 도시 미세 관리, 정교한 서비스, 시민 안락한 주거생활, 신경제 산업의 발전을 도모하는 동시에 녹색성장을 바탕으로 조화로운 성장과 지속가능한 발전을 도모하는 것을 목표로 한다.

에코시티 맥동응용센터生态城脉动应用中心는 도시의 일상적인 종합관리와 비상사태에 대비한 응급관리에 필요한 다양한 도시 관련 정보자원을 효과적으로 통합 및 활용하기 위해 첨단 정보기술과 시스템을 기반으로 한다.

또한 데이터 집합 플랫폼과 스마트 시각 플랫폼에 의존하여 다양한 정보자원을 과학적으로 통합하고 에코시티 전반에 대해 고효율 관리감독을 실현하며 점차 현대적이고 효율적인 새로운 도시관리모델을 수립하는 것이다.

첨단정보기술을 활용하여 스마트시티 관리공정을 개선·심화하고 정보공유와 업무시너지를 기반으로 도시관리 중 돌발사태의 영향을 감소시키고 정부의 감독수준과 서비스 능력을 향상시킨다.

에코시티 맥동응용센터의 건설은 다음과 같은 목표를 달성하기 위해 에코시티의 여러 부서의 정보수집과 처리, 주요 비상사태의 종합관리에 중점을 두고 있다.[1]

중국-싱가포르 톈진 에코시티 스마트시티 운영센터

- 운영상황 전반에 대한 통제: 전면적인 사물인터넷 인프라, 고정 및 회전형 드론시스템, 지능형 영상모니터링시스템을 통해 도시운영 상황을 자동적으로 감지할 수 있다. 데이터 시각화 기술을 기반으로 도시운영의 핵심영역을 고도 가시화, 그래픽 방식으로 도시운영의 전체 모습을 보여준다.

- 각종 사건 합동 처리: 에코시티의 일상 관리 및 비상사태 관리체계를 개선하고 미리 설정된 표준화된 업무처리 절차에 따라 조기경보, 지휘통제, 부서연동 등과 같은 기능을 갖춘 도시 비상대응플랫폼을 구축하여 에코시티의 일상적인 관리 지원과 비상사태 대응체계를 실현한다.
- 실시간 도시정보 공개: 다채널 정보공개시스템을 구축하여 시민에게 실시간으로 도시 환경, 교통, 날씨 등의 정보를 제공하고 정보 소비를 촉진하고 편리하고 안전하며 쾌적한 생활환경을 조성한다.
- 잠재적 위험의 과학적 예방: 미리 설정된 에코시티 운영 종합지표에 따라 도시운영 중 수집된 정보를 실시간으로 분석하여 도시운영 중 각종 위험을 사전에 예측하고 사고를 줄인다.
- 스마트 도시정책 결정: 도시운영 과정에서 수집된 다양한 데이터를 바탕으로 도시 거버넌스의 핵심영역과 시민들의 관심사를 전문적으로 분석하여 주요 정책 수립 및 정부 의사결정의 근거를 제공한다.

2019년 5월 18일 **세계스마트콘퍼런스**世界智能大会[2)] 폐막회의에서 중국 싱가포르 톈진 에코시티 스마트시티 지표체계中新天津生态城智慧城市指标体系가 공식 발표됐다.[2]

지표체계는 중국표준화연구소中国标准化研究院, 싱가포르 공무국제협력단新加坡公共事务对外合作局, ISO 국제 전문가로 구성된 공동 팀에서 작성했으며 인프라, 데이터서비스, 스마트환경, 스마트거버넌스, 스마트경제, 및 스마트민생 등 6가지 1등급 지표6类一级指标를 구체화하고 선행실증, 효과지향, 특색부각 등 요구사항에 따라 30개 2등급 지표30项

二级指标를 확정했다.³

톈진 빈하이신구滨海新区에 위치한 중국 싱가포르 톈진 에코시티中新天津生态城는 중국과 싱가포르가 공동으로 합작해 세계 최초로 국가 간 협력으로 건설된 생태도시生态城市이자 중국 최초의 **녹색발전 종합시범구绿色发展综合示范区**[3)]가 있는 곳이다.

톈진 에코시티中新天津生态城는 혁신적인 실천과 지속가능한 도시화의 새로운 길을 개척하며 스마트시티 건설 공로를 널리 인정받았다. 2019년 4월 국제표준화기구 도시지속가능발전기술위원회城市可持续发展技术委员会 파리회의결의에서 에코시티를 「ISO37106 국제표준-스마트시티 운영가이드라인ISO37106国际标准-智慧城市运行模型指南」의 국제표준 공동주도 단위로 할 것을 권고했다.

톈진 에코시티 스마트시티 지표체계는 6개의 범주로 분류되며, '인프라基础设施'는 영상모니터링시스템 공유율 등 3가지 지표로 인프라의 상호연결, 통합공유, 첨단기술 접목을 강조하며 스마트시티의 장기적 발전을 위한 기반을 마련했다.

톈진 에코시티 관리위원회 관계자는 에코시티가 국내외 스마트시티 개발계획, 목표 및 표준을 비교한 결과 대부분 지표가 국제 선진수준을 넘어서고 있다며 2020년에는 부처 간 정보자원 공유율 등 7개 지표 100% 달성, 2025년까지 **도시정보모델城市信息模型(CIM)**[4)] 적용률 등 16개 지표 100% 달성, 2035년까지 공공건물 에너지 사용량 온라인 모니터링 관리범위 등 18개 지표가 100%를 달성할 것이라고 말했다.

톈진 에코시티는 현재 1개의 스마트시티 운영센터智慧城市运营中心, '사물, 숫자, 사람' 등 3개의 통합 서비스 플랫폼综合服务平台과 N 종류의 스마트 애플리케이션智慧应用으로 구성된 '1+3+N' 프레임워크框架体系를 구축했다.[4]

국가 거버넌스 시스템과 거버넌스 기능의 현대화를 촉진하려면 먼저 도시 거버넌스 시스템 및 거버넌스 기능을 현대화하고 스마트 구조로 도시관리방법, 관리모델 및 관리개념의 혁신을 촉진해야 한다. 중신톈진 에코시티는 국가스마트시티 시범사업의 대표적인 프로젝트로 '에코시티 업그레이드판'과 '스마트시티 혁신판' 이륜구동 발전전략 아래 빅데이터, 클라우드 컴퓨팅, 5G, 인공지능 등 첨단기술을 통해 도시 관리를 더욱 지혜롭고 효율적이며 정교하게 할 수 있도록 '시티브레인城市大脑' 건설을 심화하고 있다.[5]

기존의 '운영센터'를 기반으로 에코시티의 시티브레인은 '데이터센터', '보안센터' 및 '표준센터'를 추가하여 점차 다중 두뇌 병렬화를 실현하고 **데이터 부에너지**数据赋能[5], **스마트 부에너지**智慧赋能[6], 표준규약, 안전보장이 통합된다.

운영센터는 시티브레인을 움직이는 운반자로서 도시의 운영상황을 매일 모니터링하고 관리할 수 있으며 도시의 비상상황 발생 시 비상출동과 부서 간 합동처리가 가능하다. 에코시티는 시티브레인 운영센터는 3단계 플랫폼三级平台으로 구성되며 계층적으로 연동해 운영한다.

즉, 1단계 플랫폼一级平台은 2단계 플랫폼을 연결 및 지휘하고, 도시의 다양한 분야에서 데이터 간의 결합관계를 분석하고, 응급지휘 및 파견을 수행하고, 작업을 평가하는 책임이 있는 운영센터이다.
2단계 플랫폼二级平台은 각 기능부서의 운영 관리, 도시지능화 관리, 도시데이터의 통합분석 등 3단계 플랫폼을 지휘하며, 3단계 플랫폼三级平台은 각 전문회사를 주체로 하는 도시의 데이터 기반이다.

데이터센터는 시티브레인 작동의 기반이며, 전역의 데이터 자원의 통합접근, 통합관리 및 분석을 통해 빅데이터를 사용하여 도시 거버넌스城市治理를 강화한다.

보안센터는 시티브레인 작동을 위한 방패이며 보안 전략, 재해복구 전략 등 기술적인 수단과 데이터 보안 메커니즘을 통해 시티브레인을 보다 안전하게 운영한다.

표준센터는 시티브레인의 운영매뉴얼로서 스마트시티 건설표준, 운영지침, 관리매뉴얼 등 일련의 표준체계를 수립하여 스마트시티의 건설, 운영, 관리경로를 지속적으로 규제하고 있다.
시티브레인은 도시운영의 '중추신경'이다. 3단계 플랫폼三级平台 간의 데이터 공유 및 연동을 통해 도시관리가 가시적으로 관리 가능하며 연동될 수 있도록 기능을 최적화하고 있다.

'가시적看得见'은 시티브레인의 일상적인 모니터링 기능을 말한다. 이를 통해 에코시티의 데이터를 실시간으로 종합적으로 다차원적으로 집계汇聚할 수 있다. 여기에서 버스운행, 주민 핫라인, 도시관리법 등 도시현황을 데이터 형태로 제시하고 맨홀 뚜껑, 가로등, 소화전 등 도시시설물城市部件의 실시간 상태까지 파악할 수 있으며, 에코시티의 실제 모습을 그대로 볼 수 있다.

일상적인 모니터링을 통해 '가시적인' 시티브레인은 도시 거버넌스를 위한 의사결정 근거를 제공한다. 시티브레인은 에코시티 내 수거 가능한 폐기물 데이터 급증을 바탕으로 폐기물 수거 및 운송 일정 계획을 과학적으로 수립하여 주민 만족도를 높이고 도시관리 운영비용을 절감했다.

'제어되는'은 시티브레인의 운영 및 관리기능을 나타낸다. 건설현장의 미세먼지 감시를 예로 들면 환경 순찰관은 스마트 에코모듈에서 분석한 대기질 변화의 원인을 휴대폰 앱을 통해 드론 사용 신청을 할 수 있다. 플랫폼이 접수하면 임무를 조정사에게 내려보낸다.
한번 이륙한 드론은 영상과 데이터를 동시에 수집하고 알람, 영상모니터링, 대기질 모니터링을 수행할 수 있으며 문제가 발견되면 즉시 조치하고 그 결과를 단계별로 보고해 시티브레인에서 평가评价하고 보관归档한다.
'연동할 수 있는'은 시티브레인의 긴급 출동 기능을 의미하며, 이는 시티브레인의 **접지성**落地性[7]을 테스트하기 위한 중요한 요구이며, 에코시티 시티브레인의 주된 특성이다. 화재 처리를 예로 들면 에코시티는 스마트 비주얼 플랫폼能视觉平台을 통해 해당 지역의 화재 정보를 능동적으로 발견할 수 있다.

시티브레인 운영 센터는 1등급 플랫폼一级平台으로 돌발상황이 발생하면 **응급조치 시나리오**应急处置预案[8]에 따라 주책임, 협동 단위를 정할 수 있다. 소방당국은 주 담당부서로 스마트 소방시스템을 즉시 가동하고 '그린웨이브 통행绿波通行, 드론 탐사无人机勘' 등 스마트 도구를 활용하여 신속하고 효율적이며 과학적으로 대처해 응급상황의 협력, 스케줄링, 피드백, 평가 절차를 완료한다.

강력한 시티브레인은 에코시티가 국가 녹색발전 시범지구, 첫 번째 국가스마트시티 시범지구, 폐기물 없는 도시 시범지구, 첫 번째 CIM 도시건설 시범지구, 인공지능 시범지구 등 일련의 혁신적 실적 성과를 도출했다.

도시는 삶을 더 좋게 만들고 스마트시티는 관리를 더 효율적으로 만든다. 에코시티는 인간 중심, 과학 발전, 혁신 창출의 이념을 견지하며 더욱 장기적인 안목, 보다 혁신적인 조치, 더 견고한 걸음으로 스마트시티 건설을 추진하고, 경험을 공유하여 스마트시티 건설 시범모델을 만들고 빈하이신구滨海新区와 톈진시天津市의 스마트브랜드가 되어, 실행할 수 있고, 복제할 수 있고, 널리 보급할 수 있도록 책임과 사명을 완수할 것이다.

장쑤성 쑤저우 공업원구 스마트시티 운영센터
(출처: 쑤저우일보)

중신 톈진 에코시티中新天津生態城(SSTEC: Sino-Singapore Tianjin Eco-City)는 중국과 싱가포르의 정부 간 협력사업이다. 도시화가 가속화되고 전 세계가 지속가능한 발전에 더욱 치중하는 가운데 중국과 싱가포르 정상은 2007년 4월 중국에 에코시티를 함께 건설하자고 제안했다.

2007년 11월 18일 원자바오溫家宝 당시 중국 총리는 리셴룽李显龙 싱가포르 총리와 톈진 에코시티 공동 건설을 위한 기본협정에 서명했다. 양국 정부의 긴밀한 협력으로 글로벌 최고 수준의 에코시티로 탈바꿈시켜 친환경, 사회조화, 지속가능한 경제도시로 발전시켜 나아가는 것이 양국 정부의 공동비전이다. 30㎢ 면적의 에코시티는 35만 명을 수용할 수 있는 현대적이고 지속가능한 발전도시가 된다. 경제발달지역인 톈진 빈하이신구에 위치한 에코시티는 중국의 '**베이징-톈진-허베이 협동발전**京津冀协同发展[9]" 전략의 중요한 부분이고, 주장삼각주와 창장삼각주에 이어 중국의 경제발전을 이끄는 지역이다. 에코시티는 고속도로·철도·항공·해운 노선을 거쳐 중국 허베이의 주요도시로 빠르게 이동할 수 있다.

2008년 9월 착공된 에코시티 건설이 시작된 이래 중국과 싱가포르 양국 지도자들이 정기적으로 에코시티의 진행상황을 점검하고 에코시티에 대한 전폭적인 지지를 보이고 있다.

2007년 12월 중국-싱가포르 컨소시엄을 구성하였고 양국 기업 간 협력차원에서 50:50으로 출자한 JV 법인인 '중국·싱가포르 톈진 에코시티 투자개발회사天津生态城投资开发有限公司(TECID)'를 설립하였으며 JV 법인 휘하에 4개의 자회사를 설립하여 도시개발의 각 부문을 담당하였다. JV 법인은 공공 교통인프라 투자를 제외한 모든 기초 인프라 및 공공시설 개발을 담당하며, 2008년부터 2020년까지 총 146억 위안을 투자했다.

4개 자회사의 투자자는 톈진 에코시티 투자개발회사(TECID), 타이다투자지주, 케펠그룹, 톈진시 현지기업으로 구성되어 있다. 중국 내 Eco-City 개발사업 중 유일한 G2G 도시개발 사업이며 쑤저우苏州 공업원구 개발사업에 이은 싱가포르-중국정부 간 두 번째 G2G 도시개발사업이다. 2010년 9월 세 번째 G2G 도시개발사업인 광저우 Knowledge City를 출범시켰다.[6]

2016년 8월 31일 타이지컴퓨터太极计算机 유한책임회사는 톈진 에코시티로부터 맥동 도시 기반의 도시급 응용센터 구축 프로젝트脉动城市的城市级应用中心实施项目를 정식으로 금액 2,498만 위안(약 41억 5천만 원)의 낙찰통지서를 받았고 이를 수락했다.[7]

맥동도시응용센터脉动城市应用中心[10]는 '1개 플랫폼, 3개 센터'의 구축하는 사업으로 도시통합운영시스템, 돌발사건대응시스템, 도시운영모니터링시스템 등 3개 응용시스템으로 구성된다.

타이지컴퓨터太极计算机[11]는 정부발주사업의 40% 시장 점유하는 국영기업으로 교통, 공안, 정무 등의 시스템통합(SI) 구축경험이 많고 정부 및 기관 대상 클라우드서비스를 제공하고 있었다. 2012년부터 중국 스마트시티 건설에 주도적으로 참여하여 100개 이상 레퍼런스를 보유하고 있으며 모기업인 중국전자과기그룹中国电子科技集团이 2015년 신형스마트시티 연맹 회장사를 맡아 수행하고 있다.

신형스마트시티는 도시운영센터, 빅데이터센터, 정보안보시스템, 표준체계, 스마트시티 프레임워크를 추구하는 것인데 타이지컴퓨터가 SI 위주 역량이다 보니 신형스마트시티를 추진하는 데 어려움을 겪고 있었다. 특히 도시통합운영센터의 솔루션을 보유하고 있지 않았다.

모기업 중국전자과기그룹中国电子科技集团은 산시성 인민정부陕西省人民政府와 전략적 협력 기본협약战略合作框架协议에 근거하여 지도 그룹 및 공동 작업그룹领导小组和联合工作组을 공동 설치하고 정부와 기업 간 중대한 문제를 연구하고 해결하는 쌍방 협의체를 운영하고 있었다.[8]

타이지컴퓨터-삼성SDS 관계는 전략적 파트너로 격상되어 한중을 대표하는 기업 간 협력관계로 발전했다. 타이지컴퓨터의 류화이송刘淮松 총재는 2015년 화웨이, 차이나텔레콤, 알리바바 등 중국 대기업이 주도하는 신형스마트시티연맹 발기인으로 참여하며 대외 입지를 강화해갔다. 모기업인 중국전자과기그룹이 초대회장으로 추대되면서 중국 신형스마트시티 시장에서 영향력을 발휘하고 있었다.

톈진 에코시티 스마트시티 건설을 주도한 **톈진 에코시티 관리위원회** 中新天津生态城管委会[12] 양지저楊志澤 부주임, 스마트시티 발전국智慧城市发展局 왕저王喆 국장과의 인연은 2013년 4월 베이징에서 개최되었던 IoT 및 스마트시티 콘퍼런스 대회에서 시작된다. 삼성SDS 전시관을 방문하여 스마트시티 통합플랫폼 **유비센터(Ubi-Center)**[13]에 지대한 관심을 가지면서 인연이 시작됐다.

삼성SDS의 스마트시티 통합플랫폼이던 유비센터(UbiCenter)는 2012년 12월 고도화 개발을 종료하고 중국 및 중동 스마트시티 시장 진출을 위한 출사표를 던지고 각종 전시회 참가하며 전사적 지원을 받고 있었다. 2013년 4월 전시회 이후 삼성SDS법인과 톈진 에코시티는 양사 고위급 임원, 실무진들이 교차 방문이 빈번해지면서 톈진 에코시티 통합운영센터 플랫폼의 밑그림이 그려졌다.

톈진 에코시티는 중국과 싱가포르의 정부 간 JV 형태로 출범해서 관리위원회와 산하 기업 분위기는 매우 개방적이고 실용적이었다. 선진적이고 혁신적인 기술추세와 사업모델에 비상한 관심을 가지게 되었다.

2016 중국국제스마트건축전시회
타이지-삼성SDS 스마트시티 공동전시관 운영

당시 중국 주요도시는 미국 IBM 스마트시티를 도입하는 사례가 증가하는 추세였다. 링보寧波, 난징南京은 IBM의 스마트시티 지능형운영센터(IOC)를 도입하여 운영 중이었고 상하이上海, 광저우廣州 등 경제가 발달한 대도시 중심으로 IBM, 시스코 등 글로벌 스마트시티 개념을 도입하여 스마트시티 구축을 위한 전략수립을 했다.[9]

톈진 에코시티는 IBM 스마트시티 벤치마킹을 위해 난징 스마트시티 운영센터를 방문했고 IBM 스마트시티 IOC 플랫폼 도입을 심도 있게 검토했다. 톈진 에코시티는 미국 IBM, 시스코, 한국의 스마트시티 플랫폼에 대해 현장실사와 지원조건 등을 면밀히 비교, 검토했다.

IBM 스마트시티 플랫폼의 정보보안 이슈, 폐쇄적인 아키텍처, 커스터마이징 지원 정책 등 글로벌 기업판매정책과 이해충돌이 발생하면서 최종 삼성SDS, 이에스이가 제안한 한국의 스마트시티 플랫폼을 톈진 에코시티 통합운영센터의 기본 프레임워크로 채택하게 된다.

2016년 3월 9일부터 11일까지 베이징 국가콘퍼런스센터國家会议中心에서 2016 중국국제스마트건축전시회가 열렸다.

주택도시농촌건설부, 중국건축협회 등이 주관하는 국제행사로 스마트시티, 스마트보안, 스마트단지, 스마트빌딩, 스마트홈 분야 중국 및 글로벌 기업들이 대거 참가했다. 삼성SDS는 전략적 파트너사인 타이지컴퓨터와 함께 참가하였고 양사 솔루션 제품으로 공동 전시관을 운영했다. 삼성SDS는 통합운영플랫폼, 영상분석솔루션 등을, 타이지컴퓨터는 건축정보플랫폼, 전자정부 등 자사 대표 솔루션을 출품했다.

또한 대회기간 중 톈진 에코시티 왕저王赭 국장 등 스마트시티 발전국 관계자들이 전시관을 방문하였고 이들을 대상으로 한국의 스마트시티 플랫폼을 시연하여 좋은 평가를 받았다.

삼성SDS 주도로 톈진 에코시티 1급센터 스마트시티 플랫폼 구축 프로젝트 입찰을 3개월 목전에 둔 2016년 5월 무렵 삼성그룹의 방침에 따라 삼성SDS가 시스템통합 사업자가 아닌 솔루션 제공자 지위로 입찰참여방식을 변경해야 했다.

톈진 에코시티 1급센터 플랫폼 구축사업 입찰에 당초 주관사업자로 참가하려던 계획에 차질이 발생한 것이다. 삼성SDS 본사 및 중국법인과 타이지컴퓨터 관계자들이 대책을 수립한 후 주관사업자를 타이지컴퓨터로 변경했다. **삼성SDS 영상분석시스템**[14]과 **이에스이 스마트시티 플랫폼**[15]을 톈진 에코시티 1급센터 플랫폼 구축사업의 핵심 솔루션으로 내정하였다. 이후 주관사업자인 타이지컴퓨터가 입찰을 준비해갔다. 2016년 7월 25일 입찰공고가 되었고 타이지컴퓨터 베이징 본사 근방 합동 제안사무실에서 3사가 공동으로 제안서 작업을 진행하였고 8월15일 입찰제안서를 제출하였다.

참고자료

1 太极携手天津中新生态城打造新型智慧城市. 太极股份微博 2016-08-31
2 「中新天津生态城智慧城市发展白皮书」发布. 中新天津生态城网站 2019-05-23
3 「中新天津生态城智慧城市指标体系」正式发布. 中国新闻网 2019-05-20
4 中新天津生态城网站 类型：转载 分类：新闻. 2021-05-24.
5. 中新天津生态城"城市大脑"让城市更聪明,更智慧. 微天津 2020-06-23
6 http://www.tianjineco-city.com/ 背景信息 项目背景及愿景 位置
7 太极携手天津中新生态城打造新型智慧城市. 太极股份微博 2016-08-31
8 陕西省人民政府中国电子科技集团公司 关于成立陕西省中国电科战略合作领导小组的通知. 省政府办公厅 2013-04-10
9 중국의 스마트시티 지원 정책과 동향. 한중과학기술협력센터 2018-11

용어해설

1) 맥동시티(脉动城市): 중국-싱가포르 톈진생태성(中新天津生态城)은 2014년 싱가포르 정보통신발전관리국과 스마트시티 조성을 위한 협력 기본협약을 맺고 '맥동도시(脉动城市)' 건설 행동계획을 공동 작성했다. '맥동시티'는 정밀한 도시서비스, 시민의 주거생활 경험 및 새로운 경제산업의 개발 측면에서 스마트시티의 확장이다. '맥동시티'는 '지각(感知)'과 '경험(体验)'을 강조한다. 전 지역의 센서 네트워크를 통해 '도시 표자판'의 정확한 파악을 실현할 수 있으며 도시상황을 분석하고 시민과 기업의 요구를 처리하고, 과학적 의사결정과 효율적인 실행을 실현하고 다양한 도시문제의 발생을 방지하고 시민에게 주택, 여행, 안전, 의료, 교육, 환경 및 엔터테인먼트 분야에서 입체적이고 종합적인 서비스 경험을 제공한다.

2) 세계스마트콘퍼런스(世界智能大会): 국가발전개혁위원회, 과학기술부, 공업정보화부, 국가인터넷정보국, 중국과학원, 중국공정원, 톈진시 인민정부가 공동후원하는 대회이다. 2021년 5월 20일부터 23일까지 제5차 세계스마트콘퍼런스가 톈진에서 '새로운 정보 시대: 새로운 발전 및 새로운 정보 패턴 구축'이라는 주제로 개최되었다.

3) 녹색발전 종합시범구(绿色发展综合示范区): 중국 최초의 녹색발전 종합시범구인 중신톈진생태성(中新天津生态城)은 국무원 판공청과 주건부의 조율된 지원 아래 국가 관계부처가 부여한 여러 가지 선행조치를 받아 중국 녹색산업 발전을 주도하고 있다. 녹색발전이 세계적인 조류로 자리 잡았지만, 중국은 녹색발전에 있어 실현된 것이 없기 때문에 시범적인 탐색과 전형적 가이드라인을 통해 전국적 확산을 진행하고 있다. 녹색발전 종합시범구를 통해 친환경 저탄소 발전, 자

원절약, 효율성, 재활용, 중국 특색의 새로운 도시화 길을 모색하는 것이다.
4) 도시정보모델(城市信息模型:CIM): 건축정보모델(BIM), 지리정보시스템(GIS), 사물인터넷(IoT) 등의 기술을 바탕으로 도시 지상, 지하, 실내외, 역사현황 및 미래 다중정보모델 데이터, 도시감지 데이터를 통합해 3차원 디지털 공간을 구축하는 도시정보 유기적 복합체(有机综合体)이다. CIM 기본 플랫폼은 도시의 기본지리정보를 기반으로 건물 및 기반시설의 3차원 디지털모델을 구축하고, 도시의 3차원 공간을 표현 및 관리하기 위한 기본 플랫폼으로, 도시 계획, 건설, 관리 및 운영을 위한 기본운영 플랫폼이며, 스마트시티의 핵심적인 기반정보 인프라이다.
5) 데이터 부에너지(数据赋能): 데이터를 활용하여 디지털 마케팅과 업무 성장을 위한 에너지의 양대 축인 데이터 구동 및 데이터 분석을 전개하고, 현재 진보된 디지털 기술을 활용하여 디지털 세계에서 소비자의 다양한 데이터를 획득하고 디지털 응용, 소비자의 개성화 촉진, 소비자 디지털 체험을 가능하게 한다.
6) 스마트 부에너지(智慧赋能): 부능은 엠파워먼트(Empowerment)에서 유래된 말로, 부권, 수권, 허가 등을 의미한다. 지속적으로 조직과 개인에게 에너지를 불어넣는 행위이며 에너지는 환경적, 사고적, 행동적, 정서적인 것을 포함한다. 스마트 부에너지는 소비를 촉진하고 시민 생활에 도움이 될 뿐만 아니라 스마트시티 구조를 조정한다. 차세대 정보 네트워크, 5G 응용 프로그램 확장 및 데이터 센터 구축, 발전소 교체 및 기타 시설 증가, 새로운 에너지 차량 촉진, 새로운 소비자 수요 촉진 및 산업 업그레이드 지원. 새로운 형태의 도시화 건설을 강화하고 현의 공공시설과 서비스 능력을 적극 개선할 것이다.
7) 접지성(落地性): 원어적으로 땅에 뿌리를 내리고 자라는 능력을 말하며 개발 및 구현이 가능하다는 의미이다. 구체적이고 견고한 작업을 통해 특정 아이디어, 전략, 작업 또는 프로젝트를 구현하고 뿌리 내리고 발전시켜 실제 결과를 획득하는 방법을 말한다.
8) 응급조치 시나리오(应急处置预案): 만일의 사태에 대한 처리능력을 강화하고, 만일의 사태에 대한 피해예방 및 저감, 센터 및 그 직원에 대한 생명과 재산의 안전을 보장하기 위해, 국가측량지도지리정보국(国家测绘地理信息局)의 긴급계획에 관한 규정과 요구에 따라, 국가기초지리정보센터(国家基础地理信息中心) 양 기관의 업무실제상황과 결합하여, 사람중심주의, 예방위주의, 통일리더십, 책임, 신속대응, 협동대응의 원칙에 따라 시나리오를 작성한다.
9) 베이징-톈진-허베이 협동발전(京津冀协同发展): 베이징, 톈진, 허베이 3개 지역이 하나의 시너지 발전으로서 비수도 핵심 기능의 완화, 베이징 '대도시병(大城市病)'의 해결 등을 기본 출발점으로 하여 도시 배치와 공간구조를 최적화하고, 현대화된 교통 네트워크 시스템을 구축하며, 환경용량 생태공유공간을 확대하며, 산업 고도화를 추진한다. 2018년 11월 중국 공산당 중앙·국무원(中共中央·国务院)은 베이징 비수도 기능 해소를 '소의 코(牛鼻子)'로 하는 베이징·톈진·허베이 협약을 발전시키고, 지역 경제구조와 공간구조를 조정하며, 허베이(河北)성 슝안(雄安) 신구

와 베이징 도시 부중심 건설을 추진하며, 초대도시·특대도시 등 인구밀집 지역의 질서를 탐색하고, '대도시병'을 효과적으로 처리하기 위한 최적화된 개발 모델이다.

10) 맥동도시응용센터(脉动城市应用中心): 중신톈진생태성(中新天津生态) 경제국이 공개입찰로 발주한 중신톈진생태성 스마트시티 운영센터의 프로젝트 명칭으로 생태적으로 맥동하는 톈진시를 기반으로 한 스마트시티 응용센터를 구현하는 사업이다.

11) 타이지컴퓨터(太极计算机): 1987년 10월 10일 설립되어 중국 전자정부, 스마트시티 및 기간산업 정보화 선도기업으로 2010년 심천 증권 거래소의 중소기업중앙회에 상장되었다. 중국 최고의 디지털 서비스를 제공하는 기업으로 정부와 공안, 국방, 기업을 대상으로 정보 시스템 구축 및 클라우드 컴퓨팅, 빅데이터 및 기타 관련 서비스를 제공한다. 정보 인프라, 비즈니스 응용 프로그램, 데이터 운영 및 네트워크 정보 보안과 같은 포괄적인 정보기술 서비스를 포함한다. 중국전자과기그룹(CETIC)이 모기업이며 스마트베이징촉진연맹 회장, 베이징소프트웨어정보서비스산업협회 회장, 중국신형스마트시티연맹 부회장 등 관련 산업분야에서 리더십을 발휘하고 있다.

12) 톈진 에코시티 관리위원회(中新天津生态城管委会): 톈진 에코시티의 중요한 작업동향 및 작업결과를 시당위원회, 시정부, 신구위원회 및 구정부에 보고하며, 실무진들이 새로운 조건, 새로운 문제, 새로운 경험 및 관심 등 대처하도록 지도하며 시민을 대상으로 관리위원회의 각종 정보업무를 적시에 제공한다. 톈진 에코시티 관리위원회 당정 지도자는 에코시티 당위원회 부서기 및 관리위원회 주임 왕궈량(王国良), 에코시티 당위원회 부서기 양지저(杨志泽) 등 7인으로 구성되어 있다.

13) 유비센터(Ubi-Center): 삼성SDS가 개발한 유시티 통합운영 플랫폼의 제품명으로 유비쿼터스와 IT센터의 합성어로, 교통·환경·시설·안전·행정 등 5대 공공서비스를 통합관리하는 도시운영 플랫폼이다. 유시티의 핵심기술로 도시에서 발생한 화재·도난·교통사고 등 각종 재난 상황을 실시간으로 감지해 대처하고 대기오염이나 각종 민원정보 제공 및 공과금 납부 등을 가능하게 지원한다. 도시에서 발생하는 모든 상황을 인식하고 추론해 대처하는 상황인식 엔진을 탑재하고 자체 솔루션을 접목시켜 안정성을 크게 높였다. 2006년 개발을 착수하여 2010년 유비센터 v2.0을 출시했다.

14) 삼성SDS 영상분석시스템: 삼성SDS가 개발한 지능형 영상분석시스템 VA4S이다. CCTV나 이동체 카메라로부터 수집한 비디오 영상을 분석하여 내포된 특성을 인식하고 패턴을 추출하는 기술로 목적과 대상에 따라 객체인식(얼굴, 색상, 글자, 숫자, 사물 등), 상황감지, 모션 인식 및 추적, 객체 검색 등의 다양한 기능이 포함되어 있다. 톈진 에코시티에 삼성SDS 영상분석시스템 VA4S를 공급했다.

15) 이에스이 스마트시티 플랫폼: 이에스이가 개발한 '스마트센터 플랫폼(Smart Center Plat-

form)' rino 제품은 사물인터넷(IoT), 빅데이터 등 첨단 정보통신기술을 적용, 관제센터 구축에 필요한 이벤트·표준운영절차(SOP)·위젯·GIS·영상·시설물·알람 등 공통 기능을 모듈 형태로 제공한다. 관제센터에서 필요한 기능을 레고블록처럼 쉽고 빠르게 구축할 수 있다. 관제서비스는 위젯으로 시각화, 직관적 데이터를 제공한다. 도시 시설물과 시스템 및 외부기관 연계를 통해 수집된 다양한 도시 데이터를 저장·관리·분석하여 다양한 분야의 서비스를 제공한다. 2018년 7월 한국정보통신기술협회(TTA)로부터 스마트시티 통합플랫폼 표준화 인증을 국내업계 최초로 획득했다.

3-2
베이징·상하이·선전·시안 전시회, 한중 얼라이언스 시동

2015 베이징 중국 스마트시티와 사물인터넷 박람회

　2015년 11월 11일부터 13일까지 매년 열리는 베이징 국제 스마트시티 및 사물인터넷 기술응용전시회北京国际智慧城市与物联网技术应用展览会가 중국 국제전시센터中国国际展览中心에서 개막됐다.

　중국 스마트시티 및 IoT 전시회 중 최대 규모로 차이나텔레콤中国电信, 차이나모바일中国移动, 차이나유니콤中国联通, 중궈디엔커中国电科, 항티엔커공航天科工, 항티엔커지航天科技, 중국화루그룹中国华录集团, 중국푸티엔中国普天 등 중국 8개 중앙기업, IBM, SAP 등 글로벌 IT 기업을 비롯해 캐나다 IT 6개사와 대만 IoT 업체 15개 기업, 화웨이华为, 중싱통신中兴通讯, 중국소프트中软, 동소프트东软 등 중국 전문기업, 알리바바阿里巴巴, 텐센트腾讯 등 중국 인터넷 기업이 참가했다.

　중국, 캐나다, 핀란드, 프랑스, 독일, 이탈리아, 한국, 스웨덴, 아랍에미리트, 미국 등 13개국과 지역의 국제 참가 대표단, 기관 및 단위가 참가해 300개 기업이 넘었고, 전문 관람객은 1만 5,000명에 달했다. 전람전시와 11개 주제별 포럼 등 주요 행사로 나뉘어 스마트시티 건설의 신기술, 신제품 및 스마트 시티 건설의 새로운 성과를 전시하고 다양한 분야의 전문가들이 주제별 토론에 참가하고 스마트시티 추진

전략을 논의했다.[1]

한국기업으로는 유일하게 이에스이가 스마트시티 플랫폼 개발 및 마케팅 임직원 10명을 대동하고 이번 대회에 참가했다. 기업전용 전시관을 임대받아 자사 스마트시티 통합플랫폼을 전시했다. 중국 스마트시티 잠재고객 및 파트너를 대상으로 전용 전시부스에서 데모시연 및 기술세미나를 실시하고 중국의 주요 IoT, 빅데이터 기업들과 자사 솔루션 공급을 위한 파트너십 활동을 진행했다.

타이지컴퓨터太极计算机, 바이두百度, 삼성SDS 중국법인 등을 대상으로 별도 솔루션 소개 및 기술교류회를 가졌다. 중국 지방정부가 추진하는 스마트시티 사업기회 정보를 교환하며 협력방안을 타진했고 특히 2016년 상반기 입찰 예정인 톈진 에코시티 통합운영센터 사업에 대한 정보를 공유하고 현지 대응활동을 진행했다.

2015 상하이 K-Global China

2015년 12월 15일 미래창조부가 주최하고 KOTRA가 주관하는 'K-Global@China 2015' 행사가 중국 상하이에서 국내 기업인들과 현지 투자자 500여 명이 참석한 가운데 진행됐다.

이 행사 기간 중 스마트시티 분야 국내 기업이 참가했다. 이에스이는 중퉁지혜성시유한회사中通智慧城市有限公司와 100만 불 상당의 안후이성 安徽省 **추저우시滁州市**[1) 스마트시티 플랫폼 구축사업 추진에 관한 양해각서(MOU)을 체결했다. 이외 ICT 분야 총 5건의 MOU가 체결하는 등 국내 SW/ICT 기업의 중국 진출 가능성을 높였다. 특히, 이번 행사는 전시상담회, 스타트업 IR, 한중 ICT 협력 포럼뿐만 아니라, 스마트시티 체험관, 핀테크 세미나, 클라우드 비즈니스 상담회 등과 같은 유망 ICT 서비스에 관한 다양한 전문 프로그램을 신설하여 양국 ICT산업의 발전을 위한 협력기반을 마련했다.

12월 15일 한중 ICT 협력포럼에서 미래창조부 최양희 장관과 상하이시 정치협상회의上海市政协 왕즈슝王志雄 부주석을 비롯하여 한중 ICT 정부관계자, 기업인, 학계 및 유관기관 관계자 300여 명이 참석한 가운데, 양국의 ICT 혁신전략 및 협력방안에 대해 발표와 토론이 진행됐다.

중국의 차이나텔레콤中国电信이 중국 인터넷플러스互联网+ 정책 및 발전방향을 발표한 데 이어 화웨이华为는 자사의 ICT 혁신전략을 한중 기업인들과 공유하였으며, 한국을 대표해서 참가한 삼성경제연구소 및 네이버는 ICT 산업전망 및 한중 양국 간의 협력방안에 대하여 발표했다. 15일과 16일 양일간 펼쳐진 전시상담회에서는 사물인터넷, 빅데이터, 클라우드, 보안, 핀테크 등 각 분야 우수기술을 보유한 51개 기업들이 중국 주요 ICT 기업 바이어 및 투자자 200여 명과 1:1 상담을 통해 새로운 비즈니스 기회를 모색했다.

특히, 전시관 중 스마트시티와 관련된 9개 전문기업들의 솔루션으로 채워진 스마트시티 체험관은 현지 바이어들에게 큰 호응을 거뒀으며, 중국정부가 추진하고 있는 스마트시티 건설 사업에 국내 기업들의 참여를 확대하는 계기가 될 전망이다.

미래창조부 최양희 장관은 개회식 환영사에서 "세계 각국이 한국과 중국의 ICT 산업 혁신 노력을 주목하고 있다"고 이야기하고, "한중 양국이 긴밀한 협력관계를 토대로 ICT 분야에서 실질적인 협력과 파트너십을 구축하여 새로운 가치를 만들고 공동의 이익을 추구함으로써 글로벌 ICT 산업발전을 성공적으로 주도해나가자"고 강조했다.

이날 행사에서 이에스이와 중국 중퉁지혜성시유한회사는 스마트시티 플랫폼 공급 협약을 체결하고 한국에서 개발한 스마트시티 통합 플랫폼을 이용하여 안후이성 추저우시 스마트시티를 추진하기로 했다. 안후이성 추저우시는 2014년도 중국 주택 및 도시농촌건설부住房和城鄕建設部가 추진하는 스마트시티 시범도시로 선정되었으며 향후 5년간 스마트 커뮤니티, 스마트도시 관리, 스마트교통 등 13개 분야에 20억 위안(약 3,600억 원) 규모로 시범프로젝트를 추진하고 있다.

안후이성 스마트시티 플랫폼 공급 협약 체결식
(출처: 전자신문)

이번 협약은 정보통신산업진흥원(NIPA)의 '정보통신 해외진출지원 융합 서비스 해외 컨설팅사업'을 통해 결실을 맺은 성과로 중국 스마트시티 사업에 한국에서 개발한 스마트시티 플랫폼을 공급하는 좋은 사례로, 향후 스마트시티 관련 기술을 보유한 국내 유관기업들이 동반 진출할 수 있는 교두보의 역할을 할 것으로 기대했다.

중국 중퉁지혜성시유한회사는 안후이성 추저우시 스마트시티 건설 시행사로 한국의 스마트시티 통합플랫폼을 도입하여 실시간으로 도시 상황을 모니터링하여 비상상황 발생 시 신속하게 대응할 수 있는 체계를 구축하고 GIS, CCTV, IoT, 시설물 등을 연계하여 도시안전 관리 및 편리한 시민 서비스를 제공하여 추저우시를 중국 스마트시티 시범도시의 성공모델로 만들겠다는 구상이다.

2016 선전, 베이징 중국 로드쇼

2016년 4월 17일부터 4월 22일 기간 중 미래창조부, 정보통신산업진흥원(NIPA) 주관하에 중국 선전, 베이징에서 중국 로드쇼를 개최했다. 중국 스마트시티가 본격화됨에 따라, 국내 ICT기업의 제품/서비스 패키지화化를 위한 현지 마케팅 활동을 지원했다. 중국 주요도시 스마트시티 사업자 방문 상담, 스마트시티 바이어와 비즈니스 상담회, 기업설명회(IR) 등을 진행했다. 티맥스소프트, 큐센텍, 파이오링크, 차후, 이에스이, 엔키소프트, 한국아이온테크, 토이스미스, 엔키아, NRP시스템 등 한국기업 10개사가 참여했다. 중국은 선전, 베이징 본사를 두고 있는 화웨이, 아이소프트스톤, 바이두 등 대기업을 비롯하여 현지 바이어 100여 명을 초청했다.

4월 18일 선전 힐튼퓨텐호텔大中华希尔顿酒店에서 한국 참여기업 통합 프레젠테이션과 기술 시연회를 호텔 비즈니스 라운지 및 회의실에서 실시하고 기업별 미팅도 함께 진행했다.

4월 19일 화웨이 선전 본사를 방문하여 스마트시티 관련 임직원을 대상으로 한국 기업 통합 프레젠테이션 발표 및 기술 시연회를 진행했다.

4월 20일 베이징 쿤룬호텔昆仑酒店에서 통합 프레젠테이션 발표 및 기술 시연회를 했다. 호텔 라운지에 설치한 각 기업 부스에 전자 디스플레이를 설치하여 제품 홍보를 진행했다.

이날 오후 3시 쿤룬호텔 회의실에서 이에스이와 중국 중퉁지혜성시투자유한회사中通智慧城市投资有限公司 간 허베이성 탕산시唐山市 **차오페이디엔구曹妃甸区**[2] 스마트시티 공급 협약체결이 있었다. 이 자리에는 미래창조부 장석영 국장, 주중대사관 김성칠 과학기술관, 이에스이 박경식 사장, 중퉁지혜성시투자유한회사 장펑 사장 등이 참석했다.

중퉁지혜성시투자유한회사는 중국 안후이성, 허베이성 스마트시티 건설을 시행하는 회사로 중국 주건부가 추진하는 스마트시티 시범사업 중 안후이성 벙부시, 안후이성 추저우시, 허베이성 탕산시, 허베이성 **한단시邯郸市**[3] 스마트시티 시행사로 참여하고 있다.

2015년 12월 K-Global 상하이 전시회 기간 중 양사 간 MOU를 체결하였고 이번 베이징 대회에서 허베이성 탕산시 차오페이디엔구曹妃甸区 스마트시티 건설 사업 중 플랫폼 연계 솔루션 사업을 5,700만 위안(약 100억 원) 규모로 가계약을 체결했다.

2016년 5월 16일 중국 탕산시 차오페이디엔구 인민정부가 주최하고 한중일경제발전협회가 주관한 중국 탕산시 차오페이디엔구 투자설명회가 서울 하얏트 호텔에서 개최됐다. 이 자리에서 탕산시 차오페이디엔구 왕리퉁王立彤 서기가 참석한 가운데 차오페이디엔구가 추진하는 스마트시티 건설에 한국 스마트시티 플랫폼기반 솔루션을 구매하는 내용의 기본계약을 체결했다.

이어 5월 18일 탕산시 차오페이디엔구 왕리퉁 서기 일행과 미래창조과학부 서석진 국장이 이에스이를 방문해 스마트시티 통합플랫폼 기술시연을 참관하고 탕산시 차오페이디엔 스마트시티 사업협력방안을 논의했다. 기술시연에 참석한 왕리퉁 서기는 탕산시가 추구하는 스마트시티와 스마트 항구 건설에 한국의 스마트시티 기업과 협력하게 된 것을 치하하고 탕산시 차오페이디엔 건설사업을 통해 한중 비즈니스 파트너십이 심화되길 기대했다.

허베이성 탕산시 차오페이디엔은 2013년도 중국 주택 및 도시농촌 건설부住房和城乡建设部가 추진하는 스마트시티 시범도시로 선정됐으며 5년간 스마트도시 관리, 스마트교통, 스마트환경, 스마트물류 등 15개 분야에 10억 위안(약 1,800억 원) 규모로 스마트시티를 구축할 계획이다. 또한, 세계적인 동북아 허브 건설 비전달성을 위해 1,500억 위안(약 270조 원)을 투입해 스마트 차오페이디엔 프로젝트를 착수했다.[2]

2016 중국 베이징 스마트시티 국제 박람회

제2회 중국 스마트시티 국제박람회가 2016년 7월 29일 베이징에서 중국 도시와 소도시 개혁발전센터中国城市和小城镇改革发展中心 합동 관계기관 주최로 개막했다. 이번 행사는 '혁신创新, 조화协调, 녹색绿色, 개방开放, 공유共享'를 주제로 한 전시, 포럼 정상회의, 상담 계약, 장외 방문, 언론발표 등으로 총 8개 특별 전시관, 3개 이벤트존을 운영하고 전시면적은 2만 2,000㎡ 규모이다.

중국 도시와 소도시 개혁발전센터의 리톄李铁 **스마트시티연맹**智慧城市联盟[4] 이사장은 개막사에서 중국의 스마트시티 발전은 사람 중심이며 모든 도시와 농촌 주민의 요구를 만족시키는 데 더 많은 에너지를 투입하고 스마트시티는 빅데이터 시대에 개혁을 통해 부처 간 데이터 분할 현상을 타파하고 통합을 이뤄 사회에 봉사해야 한다고 말했다.

국가측량지도지리정보국国家测绘地理信息局 리웨이썬李维森 부국장은 사물인터넷, 클라우드컴퓨팅, 지리정보 조사 및 지도 제작을 심층적으로 통합한 천공지天空地 일체화공간정보구축에 중점을 둘 것이라고 말했다. 데이터 관측 체계 구축, 지리정보 획득의 실시간화, 입체화, 처리의 자동화, 지능화, 서비스의 네트워크화, 사회화 능력을 확보하는 데 중점을 두고, 시범도시 건설을 적극 추진해 스마트시티 건설의 지리공간地理空间, 시공时空 간 구축을 위한 기반 서비스를 제공할 것이라고 했다.
중국 중앙사이버공간정보화발전국中央网信办信息化发展局 장왕张望 부국장은 스마트도시 건설의 촉진은 시민생활, 기업경영 및 정부 관리에 봉사하는 것을 기반으로 하여 사람들의 요구에 초점을 맞춰야 한다고 말했다. 사람들을 풍요롭게 하는 인터넷, 혜택을 주는 정보, 봉사하는 공공서비스를 촉진하고 인터넷의 일체화 서비스로 발전시켜, 단일화, 단방향, 분산화, 통합 대화형 및 종합 서비스로의 전환, 시민을 위한 풀타임 온라인 서비스를 구축하여 시민이 더욱 편리하고 안락하게 생활할 수 있도록 해야 한다고 말했다.

일본 국토교통성国土交通省 하니미 히로모리花岡洋文 도시정책 감사관은 일본의 축적된 도시개발 기술과 경험을 아시아를 중심으로 해외 도시에 전파해 아시아 국가의 도시개발의 모든 문제를 해결할 것이라고 하고 동시에 일본의 다양한 경험이 중국의 미래 발전에 도움이 될 수 있기를 바란다고 말했다.[3]

2013년 12월 30일 서울에서 개최된 제12차 한·중 경제장관회의에서 한·중 양국 간 도시정책협력체계 구축을 위해 국장급 회의를 신설하기로 합의하였고 제1차 한·중 도시정책협력회의가 2015년 10월 중국 북경에서 개최되어 양국 정부 간 회의 연례화, 스마트시티 관련 양국협력, 민간교류 활성화 등을 논의했다. 한국 국토교통부 윤성원 도시정책관과 중국 국가발전개혁위원회 발전규획사发展规划司 쉬린徐林 사장 등이 양국 수석대표로 참석했다.

제1차 한·중 도시정책회의 후속으로, 2015년 12월 국토교통부·LH가 주관하여 서울에서 개최된 스마트 그린시티 국제콘퍼런스와 2016년 7월 국가발전개혁위원회国家发展和改革委员会·중국 도시와 소도시 개혁발전센터中国城市和小城镇改革发展中心가 주관하여 열린 중국 베이징 스마트시티 Expo에서 양국 협력이 진행됐다.

금번 2016년 베이징 스마트시티 EXPO에는 국토교통부 진현환 도시정책관, 한국토지주택공사 박수홍 도시환경본부장, 중국 국가발전개혁위원회 린니엔슈 부주임, 중국도시개혁발전센터 리톄 주임 등이 참석하여 양국 스마트도시 구축 및 관련 사업에 대한 협력과 연구교류 MOU를 체결했다.

한국 스마트시티 전시관에는 대구광역시, 대전광역시, 세종특별자치시, 안양시 등 지자체에서 운영 중인 스마트시티 통합운영센터, 플랫폼 및 각종 스마트서비스에 대해 시연을 하였고 LH, 국토교통과학기술진흥원은 국가스마트시티 구축현황과 국가 R&D 성과를 방문객들에게 홍보했다. 공간정보산업진흥원은 3차원 공간정보서비스 V-WORLD를 소개하였고 이에스이는 스마트시티통합플랫폼을 주전시관에서 2시간 단위로 시연하여 방문객들의 많은 호응을 받았다.

한국 스마트시티 전시관에 중국 국무원, 중국 도시와 소도시 개혁발전센터, 칭다오시 서해안경제신구, 아이소프트스톤软通动力, 차이나모바일中国移动, 중국전자과기그룹中国电子科技集团, 화웨이华为, 화샤싱푸华夏幸福 등 중국정부 및 기업관계자 5,000여 명이 방문하였다. 이에스이는 아이소프트스톤과 2016년 1월 양사 간 체결한 스마트시티 기본협정 후속으로 본계약 체결을 위한 세부항목을 조율했다. 한국토지공사는 중국전자과기집단과의 음식물 자원화 시스템 기술이전 및 제품적용을 위한 협상을 진행했다.[4]

2016 베이징 K-Global China

2016년 21~22일 양일간 미래창조과학부가 주최한 '2016 K-Global@북경'이 중국 베이징에서 개최됐다. 세계 최대 ICT 시장인 중국의 현지 바이어 및 투자자를 대상으로 국내 ICT 분야중소·벤처기업과 스타트업들이 혁신적인 기술과 창의적인 제품을 선보이고 국내기업의 중국시장 판로 확보 및 투자유치를 지원하기 위해 2014년 12월 처음 북경에서 개최한 이래 세 번째 행사이다.

한국의 스타트업, 해외진출 희망 기업, 현지 바이어 및 투자자 등 960여 명이 참가하였고 대회기간 중 '한중 ICT 혁신 포럼'이 개최돼 한국의 미래창조부와 중국의 상무부商务部, 중국전자상회中国电子商会 등 관계기관의 주요 인사들과 300여 명의 관람객이 참석했다. 이 자리에는 ICT 분야 한중 양국의 정부 유관기관과 혁신기업 전문가들이 연사로 나와 제4차 산업혁명을 대응하기 위한 한중 ICT 기업의 혁신전략을 공유하고 참석자들과 양국의 협력방안을 모색했다. 21일부터 22일까지 열린 수출상담회와 K-Global 전시관에서는 65개의 유망 중소·벤처기업들이 참가해 중국 현지 바이어 및 투자자와의 활발한 비즈니스 상담을 통해 총 580여 건, 약 5,500만 달러의 상당의 수출·투자유치 상담이 이뤄졌다.

이에스이는 지우샤투자관리유한회사九夏投资管理有限公司와 장쑤성 쉬저우 스마트시티 사업을 공동 수행하고 1,000만 위안(약 18억 원) 규모의 자사 스마트시티 통합관제 플랫폼을 공급하기로 업무협약(MOU)을 체결했다.
스타트업 해외진출 지원 전문기관인 K-ICT 본투글로벌센터는 한중 양국의 ICT 분야 창업 활성화와 스타트업 해외진출 협력 등을 위해 칭화대학교 과학연구원 및 칭화홀딩스와 각각 업무협약(MOU)을 체결했다. 향후 칭화대 측과 협력해 국내 스타트업의 중국시장 진출에 적극 나설 예정이다. 김용수 미래부 정보통신정책실장은 "이번 행사가 양국 간 ICT 협력을 촉진하고 참여 기업들에는 글로벌시장에 진출할 수 있는 새로운 비즈니스 기회를 마련하는 자리가 되기를 기대하며, 이를 위해 정부와 관련 기관이 최선을 다해 지원해나가겠다"고 말했다.[5]

2017 한중 스마트시티 협력 세미나 및 로드쇼

2017년 12월 14일~12월 16일 2박 3일 일정으로 정보통신산업진흥원(NIPA) 주관 한중 스마트시티 협력세미나 및 로드쇼를 개최됐다. 사드 등 영향으로 정체되어 있던 한중 기업 간 스마트시티 협력관계를 정상화하기 위하여 문재인 대통령 방중 기간 중 국내 스마트시티 솔루션기업과 중국기업 간의 스마트시티 협력세미나, 업무협약식 체결 및 기업 간 비즈니스 미팅 등 ICT 해외로드쇼를 진행했다. 중국 스마트시티 시장에 대한 이해도를 확산하고 현지시장수요 발굴을 위해 한국 중소기업 중 참여기업의 수요를 반영하여 현지 중국 스마트시티 기업을 방문하여 기술세미나 및 업무 협약식을 체결하는 프로그램이다.

12월 14일 베이징 **이화루**易华录[5] 본사를 방문하여 기술세미나 및 참여사 솔루션 발표를 진행했다. 이화루는 정보 기술 총괄 및 빅데이터 본부 쉐샤오둥薛晓东 부사장, 데이터 기술 지원 데이터기술지원 본부 주멍위朱朦雨 소장, 중국 전자기업협회 데이터 유한회사 판밍潘明 사무총장 등이 참석했다.

이화루는 중국정부와 긴밀한 관계를 유지하고 있으며 중국의 공공 및 SOC부문을 선도하고 있는 대표적인 ICT 기업이다. 중국에서 스마트시티 사업을 하기 위해서는 정부의 제안을 받아들이고 해당 지방정부와 합작회사를 만들어야 한다고 강조했다. 이화루는 중국 성정부 단위지사 및 JV가 설립되어 있다고 설명했다. 또한 **데이터 레이크**数据湖[6] 프로젝트를 중점 사업으로 추진하고 있고 도시의 빅데이터들을 한곳에 집중시키고 계산하는 클라우드 기반의 처리시스템을 보유하고 있다. 현재 톈안먼天安门 주변 모든 CCTV와 감시시스템을 구축 운영하고 있다.

빅데이터와 클라우드 사업 확산에 회사역량을 집중하고 있으며 지방정부와 긴밀하게 협력하여 공공 빅데이터 부문에서 독보적인 역량을 보유하고 있다. 이화루는 2022년 베이징 동계올림픽 ICT 파트너사이며 문화, 체육 방면으로 협력하고 있으며 평창동계올림픽의 스마트시티 경험을 공유하여 베이징 동계올림픽에서 공동의 성과를 만들어가자고 제안했다.

12월15일 베이징 중관춘中关村에 소재한 아이소프트스톤软通动力 본사를 방문하여 스마트시티 홍보관 참관, 기술교류회를 진행했다. 스마트시티 통합플랫폼 최초인증기업 이에스이, IP영상 보안관제 솔루션 1위 기업 이노뎁, 무선통신장비 및 IoT 스마트기기 개발기업 아크랩스 등이 참석했다. 아이소프트스톤은 스마트시티 사업부 장옌둥張燕东 부총재, 스마트전략 사업부 차오샤오빙曹晓兵 부총재, 스마트시티 솔루션 사업부 추이스융崔士勇 팀장 등이 방문단을 환영했다.

이에스이는 한국 최초 스마트시티 사업인 한국토지주택공사 화성동탄 스마트시티 사업의 플랫폼 개발에 참여하였고 2018년 평창동계올림픽의 주운영센터, 수송센터, 보안센터 등 스마트 관제 플랫폼을 적용하여 국제대회를 안전하고 편리하게 치를 수 있도록 지원했다고 설명했다. 아이소프트스톤이 제안하고 있는 우한武汉 세계군인체육대회 주운영센터 입찰사업에 공동 참여할 계획이라고 했다. 아이소프트스톤은 중국 지방정부 스마트시티 사업의 공동 참여를 위한 전면적인 파트너십을 강화하는 동시에 중국시장 및 해외진출을 위한 스마트시티 플랫폼 공동개발을 구체화할 것을 제안했다.

아이소프트스톤软通动力은 설립한 지 16년 된 기업으로 4만 명의 직원을 보유하고 있는 중국 ICT 분야 대표기업으로 화웨이의 스마트시티 소프트웨어 핵심 파트너사로 중국 지방정부 및 도시개발상을 대상으로 스마트시티 운영서비스 플랫폼인 City IOC를 개발 중이다. 이에 스이 통합플랫폼과 JV 방식으로 개발, 판매, 서비스하는 것을 협의하고 양사 간 기본 협약 체결 및 실행방안을 검토해왔다.

2016년 1월 6일 베이징 아이소프트스톤 본사에서 캉옌원康燕文 집행부총재와 스마트시티 플랫폼 및 운영센터 사업협력에 관한 기본협약을 체결했다. 이후 양사 경영진은 베이징, 판교를 오가며 사업교류회를 가졌다. 2017년 3월 7일 캉옌원康燕文 사업총괄 집행부총재, 예위핑叶毓平 CTO 겸 부총재 일행이 판교 이에스이 본사를 내방하고 양사 JV 설립, 공동솔루션 개발 및 판매, 지적재산권 및 판매권 등 사업협력 관련 전반에 걸쳐 회의를 진행했다.

이후 아이소프트스톤 본사 IOC 홍보센터에 당사 스마트시티 플랫폼 데모 라이선스를 유상으로 공급하고 기술교육을 시행했다.

2017년 3월 22일 베이징에서 류톈원刘天文 아이소프트스톤 그룹 회장 겸 수석집행관과 환담하고 양사 스마트시티 플랫폼 및 센터운영 관련 전면적인 사업협정서에 서명했다.

아이소프트스톤의 스마트시티 프로그램을 통해 160개 도시 구현을 목표로 현재 중국 80여 개 도시에 아이소프트스톤 지사가 설립된 상태이며, 해당 지역의 정부와 긴밀한 관계를 유지하고 있으며, 해당 도시 투자 및 프로젝트 운영에도 참여하고 있다.

2017년 9월 아이소프트스톤은 고양시와 스마트시티 빅데이터 부문

전략적 제휴를 체결하였고 한국 정부의 스마트시티 운영경험과 솔루션 기업들에 대해 많은 관심을 표명하고 접촉해왔다.

2018 상하이 중한ICT 무역합작프로젝트

2018년 4월 24일 중국 상하이 롱몬트호텔上海龙之梦大酒店 드래곤볼룸 6층에서 과기정통부와 정보통신산업진흥원은 한중 FTA 시대를 맞아 국내 IT기업에 대한 지원, 중국 내수IT소비시장 개척 확대를 위한 '2018 한중 ICT Partnership Program韓中ICT贸易合作项目'을 개최했다. 행사의 목적은 한국과 중국 ICT 기업의 상호 비즈니스 경험 교류 확대, 양국 간 협력 확대 등이다.

이번 행사는 한국 ICT 전문기업 10개사와 중국 30개 ICT 기업 간 오찬을 겸한 1대1 상담으로 진행되었고 100여 명가량 제한된 인력이 사업교류회에 참석하여 실질적인 사업협력 관련 협약체결식을 진행하였다. 이에스이는 중국 사업파트너와 스마트시티 플랫폼 공급 관련 MOU를 체결했다.

안후이성 허페이에 본사를 두고 있는 안타이커지주식회사安泰科技股份有限公司 샤샤오보夏晓波 부사장과 안후이성 루장현庐江县 스마트시티 사업 참여를 위한 1,700만 위안(약 30억 원) 규모의 MOU 체결이 있었다.

안타이커지는 2001년 설립된 대형 국유문화기업 안후이출판그룹安徽出版集团 소속으로 스마트시티 및 지능형 빌딩 산업智能建筑行业 상위 50개 기업 중 하나로 평가되었으며 2011년 지능형 빌딩 산업에서 성장 잠재력이 있는 중국 상위 10대 기업으로 선정되었다.

2019년 3월 국제스마트건축전시회에 전략적 파트너로 양사는 공동 전시관을 운영하고 스마트 빌딩에너지 및 팩토리 솔루션과 당사 스마트관제 플랫폼의 결합상품을 홍보하는 등 중국시장공략을 위한 공동 마케팅을 활발히 전개했다. 특히 안후이성 공공 및 민간시장을 중점적으로 공략했다.

광둥성 광저우싱차이커지유한회사广州星才科技有限公司 진징만金景滿 사장과 광둥성 판위구 스마트시티 참여방안 협의와 양사 JV 설립을 위한 MOU를 체결했다.[6]

광저우싱차이커지는 광둥성, 푸젠성, 윈난성 일대 스마트시티 사업 기회 발굴활동을 진행하였고 광저우 차이나유니콤 스마트시티 홍보관, 푸젠성 샤먼 하이창터널 스마트 통합운영센터 등을 수주로 연결했다.

2018 CSIE 제4회 중국지혜성시 국제박람회

국가발전개혁위원회国家发改委 도시와 소도시 개혁발전센터城市和小城镇改革发展中心, 스마트시티 발전연맹, 선전시 인민정부, 중국 핑안그룹中国平安集团이 공동 주최한 2018(4회) 중국 스마트시티 국제박람회가 8월 21일 선전 컨벤션센터에서 '스마트시티 건설과 프로젝트 관리智慧城市建设与工程管理'를 주제로 제269회 중국공정과학기술포럼中国工程科技论坛 및 제12회 중국공정관리-스마트시티포럼中国工程管理-智慧城市论坛과 함께 열렸다.

중국공정원의 허화우何华武 부원장, 선전시 인민정부 첸루구이陈如桂 시장, 제12기 전국인민대표대회 재경위원회 부주임위원 겸 국가발전개혁위원회 펑썬彭森 전 부주임, 12기 전국인민대표대외사위원회 부주임위원 겸 란디蓝迪 국제싱크탱크 전문가위원회 자오바이거赵白鸽 주석, 영국무역부 그레이엄 스튜어트 투자부장, 한국 국토교통부 박선호 국토도시실장, 중국공정원 원사 겸 공정관리학부 후원루이胡文瑞 주임, 중국공정원 판원허潘云鹤 원사, 중국공정원 허지산何继善 원사, 중국공정원 왕룽더王陇德 원사, 국가발개위 도시와 소도시개혁발전센터 리톄 이사장 겸 수석경제학자, 중국평안보험그룹 마밍저马明哲 회장 겸 CEO 등 1,500여 명의 각국 정부 지도자와 기업인, 국제기구 대표가 참석했다.

첸루구이陈如桂 시장은 개막식 환영사에서 "선전시는 스마트 도시 건설을 핵심 과제로 삼고 모바일 정부, 손끝 서비스指尖服务, 대면 서비스刷脸办事를 전면적으로 추진하여 더 나은 삶을 만드는 기술을 실현하기 위해 노력하겠다"고 말했다. 이어 선전시는 신형스마트시티新型智慧城市 건설을 통해 전자 정보 산업의 전환 및 업그레이드를 더욱 촉진하고 도시 개발의 혁신적인 모델을 주도하며 도시 관리 서비스 수준을 향상시켜 디지털 중국数字中国 건설을 위한 새로운 모색을 할 것이라고 강조했다.

펑썬彭森 부주임은 "중국 스마트시티 건설은 여러 해 동안 주목할 만한 성과를 거두었다"며 "각지의 건설 열기는 날로 고조되고 있으며, 정보 인프라가 현저히 개선되고, 도시 서비스에 혁신이 일어나고 있다"고 말했다. 이와 함께 미흡한 제도적 장치, 단편화 개발 등의 문제도 있어 대중의 성취감과 만족도는 여전히 개선되어야 하며 이를 위해서는 사람 중심, 시장 주도 개혁혁신, 국제협력을 견지하고 스마트기술의 선도적 역할을 잘 수행해 스마트시티의 건전한 발전을 도모해야 한다고 말했다.

스마트시티는 미래 도시 발전의 새로운 흐름을 대표하며, 과학기술이 삶을 바꿀 것이라는 새로운 기대를 담아 질 높은 경제발전에 새로운 동력을 더하고, 인류의 생산적 라이프스타일의 새로운 변혁을 촉진할 것이다. 3일간 열리는 이번 포럼에서는 스마트시티 프로젝트 관리 개념, 기술 및 엔지니어링 연구를 수행하기 위해 스마트시티 건설의 최첨단 과학 문제에 초점을 맞출 것이다. 정부 부처와 위원회, 40여 명의 원사, 40여 개 도시에서 온 시장, 260개 이상 정부에서 온 1,000여 명 정부대표, 8개국 250여 명의 해외 귀빈, 2만여 명 기업 대표를 포함해 역대 최대인 10만 명을 넘어 사상 최대치를 경신한 것으로 알려졌다.[7]

국토교통부는 이번 행사 참여를 위해 민관 합동 대표단을 구성하여, 한·중고위급 회담 및 교류협력 세미나, 양국 기업 간 비즈니스 미팅, 한국 홍보관 설치 등을 진행했다. 국토교통부 박선호 국토도시실장을 단장으로 하여 한국토지주택공사 및 토지주택연구원, 이에스이, 이큐브랩 등 스마트시티 솔루션 기업, 중앙대학교 등 참가했다.

2019 중국국제스마트건축전시회 안타이커지-이에스이 스마트시티 공동전시관 운영

동 행사기간 중 8월 20일 한국 국토교통부와 중국 국가발전개혁위원회 간 스마트시티 협력 MOU를 체결하였고, 국토교통부와 국가발전개혁위원회, 국토교통부와 선전시 정부 간 고위급 회담을 진행하여 상호 정책 공유, 협력방안 등을 논의했다. 양국은 시범도시 공동건설 및 제3국 공동 진출 등을 추진하고, 정책 교류와 민간기업 지원을 위한 다양한 방안들을 함께 모색해나갈 계획이다.

이번 MOU 체결이 정부 차원으로 협력 네트워크를 확대하는 계기라는 점에서 그 의미가 있다.[8]

한편, 이번 행사에는 한국 스마트시티 정책과 지자체 및 기업의 스마트시티 솔루션을 소개하기 위한 '한국관'이 설치되었고, 한·중 공동 주최로 스마트시티 협력 세미나도 개최했다. 한국관은 한국토지주택공사를 비롯하여 한국수자원공사, 국토교통과학기술진흥원, 스마트도시협회 등 유관기관과 세종·대전·대구·고양·강원도 등 지자체 및 이에스이, 이큐브랩 등 민간기업이 함께 참여해 다양한 스마트시티 체감형 콘텐츠를 전시했다.

한국토지주택공사는 1·2기 신도시, 혁신도시 등 도시개발 역사 및 국가 시범도시 등 국내외 스마트시티 구축 사례, 도시재생 추진현황 등을 전시하였고 세종시, 대전시, 대구시, 고양시, 강원도 등 5개 지자체는 실제 구현되고 있는 스마트시티 사업 및 운영 관리 내용을 소개했다.

국토교통과학기술진흥원은 국가전략 R&D 성과 및 추진전략을 소개하였고, 스마트도시협회는 통합플랫폼 서비스 등을 전시했다. 참여기업은 자사가 보유한 스마트시티 플랫폼, 안전 및 보안(지능형 소화전, 스마트 가로등), 환경(IoT 기반 폐기물 관리 솔루션) 등 다양한 분야의 스마트시티 기술 및 솔루션을 전시했다. 한중교류협력 세미나의 경우, 2016년 베이징에서 개최된 제2회 국제스마트시티 엑스포대회에 이어 두 번째로 열리는 행사로, 양측 공공기관 및 지자체, 기업 등이 양국의 스마트시티 정책과 우수사례를 공유했다.

국토교통부 박선호 국토도시실장은 "중국도 한국과 같이 정부 차원에서 스마트시티 정책을 적극 추진 중이며, 화웨이, 알리바바 등 글로벌 혁신기업을 보유한 세계 최대 스마트시티 시장 중 하나로 양국 간 협력에 따른 잠재력이 매우 클 것으로 기대된다"라며, 2018년 9월 17일부터 20일 기간 중 개최되는 '제2회 월드스마트시티 위크'에 중국도 참여할 예정인 만큼, 정부·민간 차원의 전방위 협력을 지속해나가면서

한국 기업의 중국시장 진출을 적극 지원할 계획이라고 밝혔다.[9]

톈진 에코시티 관리위원회中新天津生态城 스마트시티 발전국智慧城市发展局 왕저王喆 국장 일행이 스마트시티 한국관을 방문했다. 260개 이상 정부에서 온 1,000여 명 정부대표단에 포함되어 선전을 방문하였고 대회기간 중 제12회 중국공정관리-스마트시티포럼中国工程管理-智慧城市论坛에 참가하여 톈진 에코시티 사례 발표 및 토론회에 참석했다.

광둥성, 광시성, 푸젠성 등 중국 6개성 화난지역 스마트시티 공략을 위한 스마트시티 JV설립을 위한 논의가 구체적으로 진척됐다. 당사 베이징지사는 타이지컴퓨터太极计算机, 아이소프트스톤软通动力, 바이두, 삼성SDS 중국법인 등과 파트너십을 구축하여 베이징을 거점으로 중국 시장 전역을 커버하는 형태이나 스마트시티 JV가 설립되면 외자기업이 아닌 중국기업의 형태가 되어 화난권华南地区 시장 공략이 용이할 것으로 전망했다. 베이징-톈진-허베이 징진지, 주장경제권을 커버하여 보다 많은 중국 스마트시티 사업기회를 확보한다는 전략이다.

이번 행사기간 중 광저우싱차이커지유한회사广州星才科技有限公司와 이에스이 간 51대49 지분으로 스마트시티 JV 설립을 위한 기본협약을 체결했다. 이후 2019년 5월 11일 한중 민간기업으로는 최초로 스마트시티 JV인 광저우 싱차이스마트시티과기广州星才智慧城市科技가 출범됐다.

화웨이 본사 스마트시티 전시관과 선전시 **룽강구**龙岗区[7] 스마트시티 운영센터를 방문하여 스마트시티 관계자와 실무적인 대화를 나누었다. 이번 대회 참가를 통해 중국 스마트시티 혁신 활동과 개방적 사고가 한국 참관단을 충분히 압도했다.

선전시 룽강구 신형스마트시티 운영센터 전경

스마트시티 정책과 전시 역량은 한국에 비해 한발 앞서 있다는 느낌을 받았다. 중국은 사회주의 방식의 개혁, 개방 정책을 근간으로 Top-Down 방식의 강력한 정부 거버넌스가 작동되므로 스마트시티 건설의 속도는 빠르게 진척되고 있었다.

2019 시안 한중 스마트시티 포럼 및 상담회

2019년 7월 4일 중국 산시성 시안 그란멜리아호텔에서 한중 스마트시티 포럼 및 상담회가 열렸다. 과학기술정보통신부, 산업통상자원부, KOTRA가 행사를 주관했다. 산시성 공신청工业和信息化厅 부청장

궈정창郭正强은 축사를 통해, 산시성의 빅데이터 인프라 구축과 스마트시티 산업발전 현황 및 정부정책을 소개하며, 한중 양국 간 스마트시티 산업의 협력방향을 모색하자고 했다.

2019 시안 한중 스마트시티 포럼 - 한국 스마트시티 플랫폼 발표

한국의 스마트시티 구축현황과 방향 그리고 산시성의 스마트시티 구축 전망에 대한 소개로 시작된 한중 스마트시티 포럼은 5개 한국기업, 3개 중국기업 발표가 이어졌다. 이에스이는 한국 스마트시티 플랫폼을 주제로 중국 톈진 에코시티의 스마트시티 플랫폼 도입배경, 글로벌 벤치마킹, 개발전략 등을 발표했다. 한국 스마트시티 플랫폼의 우수성을 홍보하였고 시스템 기능 시연이 될 때마다 중국정부 및 기업 관계자들은 높은 관심과 반응을 보였다.

주시안대한민국총영사, 주중한국대사관 공사참사관, KOTRA 중국지역 본부장, 산시성 공신청 부청장, 산시성빅데이터산업협회 이사장 등 양측 귀빈 11명과 스마트시티 분야 한국, 중국정부와 기업 관계자

약 200명이 참석했다.

산시성, 허난성, 후베이성, 베이징, 충칭 등 60개 중국 공공 및 민간 기업과 한국 13개 기업 간 비즈니스 상담회를 진행했다. 빅데이터, 네트워크 보안, 클라우드 컴퓨팅, IoT 분야의 한국기업 13개사와 도시계획, IT, 로봇, 제조 분야의 60개 중국 기업들 간 1:1 비즈니스 미팅을 개최하여 총 140건의 상담이 이루어졌다.

산시성은 2018년 「산시성 신형스마트시티 건설추진 가속화 지도의견陕西省新型智慧城市建设的指导意见」에 근거하여, 도시별 분야별 빅데이터 자원 통합 및 응용 인프라 구축에 역점을 두고 도시별 스마트시티 건설을 추진 중이다. 특히 셴양시는 산시성 내 시범도시로 스마트시티와 빅데이터 인프라 운영센터가 모범 사례로 운영되고 있어 중국 내 중앙과 지방정부 인사들의 참관이 활발히 이루어지고 있다. 이번 행사에 참가한 한국기업들이 셴양시를 방문하여 스마트시티 전시관, 운영센터를 둘러봤다.

산시성은 **관중평원도시군계획**关中平原市县规划[8])과 신형스마트도시 건설계획 등을 통해 도시별 스마트시티 구축을 추진 중으로 성정부 공신청에 스마트시티 평가위원회를 설치하고, 하위 시/현의 스마트시티 구축 정도를 매년 정부 평가에 반영함으로써 스마트시티 구축 준비작업을 진행하고 있다.

셴양시 인터넷 데이터센터, 클라우드 컴퓨팅 빅데이터 센터, 시셴신구西咸新区 빅데이터 산업단지를 건설하고 있었고 펑시沣西 빅데이터 산업단지를 중심으로 시안시 시셴신구를 대상으로 클라우드 컴퓨팅 서비스 제공하고 있다.

산시성은 시안西安, 바오지宝鸡, 웨이난渭南, 통촨銅川, 셴양咸阳, 톈수이天水 등에서 스마트시티 건설을 추진하고 있다. 통합 데이터 공유·교환 플랫폼과 기존 시설자원을 활용하여, 관중평원도시군 전자정부 클라우드 플랫폼 건설을 구축하고, 인구, 공간지리정보자원과 도시공공기초정보를 DB로 구축하고 광대역 무선네트워크의 커버 범위를 확대하는 중이다. 아울러 국가전자상거래 시범도시 건설을 가속화하고 있는 데 대형 비즈니스, 정보서비스 기업의 특색 있는 전자상거래 클라우드 시스템 구축을 장려하고 있다.

금번 한중 스마트시티 포럼 및 상담회를 통해, 중국 서부 내륙지역 스마트시티 산업 교류활성화 계기를 마련했다. 기존 공업 및 농업 생산기지로 활용되었던 산시성에 대해서 중서부지역 일대일로 거점이라는 지리적 위치와 내륙 신형 도시화 건설 추진 정책을 주목할 필요가 있다. 산시성뿐만 아니라 베이징, 허난, 충칭, 후베이에서 바이어들이 참가하여 한국 스마트시티에 높은 관심을 보이고 일대일 상담을 통해 향후 협력 확대 기대감을 높였다.

중국 연해지역沿海地区 이외에 내륙에서 2, 3선 도시를 중심으로 스마트시티 구축이 확산되고 점을 감안하여, 중서부 내륙 지역中西部内陆地区의 성별 도시별 스마트도시 추진현황과 정책을 주시하고, 현지 정부기관과 기업들과의 인적 교류 및 정보 공유 모색이 필요할 것이다.

안전, 교통, 재난 등 시장규모가 형성되어 있는 공공분야와 환경, 헬스케어, 에너지 등 사회적 이슈가 되는 분야에 세부 진출전략을 수립하고 접근해야 할 것이다.[10]

참고자료

1 第七届北京国际智慧城市及物联网展览会总结报告. 搜狐网 2015-12-23
2 ESE, 중국 하북성 당산조비전 스마트시티 계약체결. Korea IT Times 2016-05-20
3 第二届中国智慧城市国际博览会在京举行. 中国新闻网 2016-07-29
4 중국 북경 스마트시티 전시회 출장보고서. LH 2016-07
5 미래부, '2016 K-Global@북경' 성황리 개최. 아주경제 2016-12-25
6 상해중한ICT무역합작프로젝트. NIPA 2018-04
7 2018(第四届)中国智慧城市国际博览会盛大开幕. 环球网官方帐号 2018-08-21
8 2018 국제 스마트시티 엑스포(China Smarter Cities International Expo) 출장보고서. LH 2018-08
9 2018 국제 스마트시티 엑스포(China Smarter Cities International Expo) 보도자료. 국토부 2018-08
10 2019년 한중 스마트시티 포럼 및 상담회 참관기. 중국 시안무역관 왕양 2019-07-22

용어해설

1) 추저우시(滁州市): 안후이성 관할의 현급 도시로 창장 삼각주 중심 지역의 27개 도시 중 하나이며 완장(皖江) 도시벨트 접속산업 이전 시범구이다. 쑤완(苏皖) 접경지역, 장쑤성(江苏省)과 안후이성(安徽省)이 만나는 지점에 위치하며 장강삼각주 서쪽과 안후이성 동쪽이다. 2개의 시구, 4개의 현, 2개의 현급 시를 관할한다. 2020년 말 기준 추저우시의 인구는 약 400만 명이고 GDP는 3,032억 1,000만 위안이다. 추저우시는 2013년 주택 및 도시농촌건설부(住房和城乡建设部) 국가스마트시티 시범지구로 선정되었고 신형스마트시티 마스터플랜(2019-2025)을 공식 발표했다.

2) 차오페이디엔구(曹妃甸区): 허베이성 탕산시(唐山市)에 속한 지역으로 보하이(渤海)의 중심지, 탕산 남쪽에 위치해 있으며, 베이징-톈진의 양대 도시와 인접해 있고, 남쪽으로는 보하이에 인접해 있으며, 다롄과 엔타이, 그리고 북한, 한국과 바다를 사이에 두고 면적은 1,943㎢이다. 차오페이디엔은 2019년 3개 거리, 3개 진, 10개 농장, 2개 양식장을 거느리고 3개 기능구역을 따로 두고 있다. 2020년 기준 상주인구는 35만 명이다. 주택 및 도시농촌건설부(住房和城乡建设部)는 2013년 국가스마트시티 시범사업 명단을 발표했는데, 103개 도시 중 탕산시 차오페이디엔이 선정되었다.

3) 한단시(邯郸市): 허베이성 관할하에 있는 현급 시로, 국무원이 승인한 허베이성 남부 지역의 중심 도시이다. 2020년 기준 면적은 12,066㎢이며 6개 구, 11개 현, 1개 현급시를 관할한다. 상주인구는 941만 명이다. GDP는 3,636억 6,000만 위안이다. 한단은 3,100년의 역사를 지닌 국가 역사문화도시로 서셴와황궁(涉县娲皇宫), 광푸고성(广府古城) 2곳의 5A급 경관을 보유하고 있다. 한단시는 주택 및 도시농촌건설부(住房和城鄉建設部)의 첫 번째 국가스마트시티 시범 도시 중 하나이며 2012년부터 스마트시티 건설을 착수했다.

4) 스마트시티연맹(智慧城市联盟): 중국 스마트시티 국가 추진에 관한 계획과 지도의견을 관철하고, 중국 스마트시티 산업 및 새로운 도시화 건설의 체계적이고 빠른 발전을 촉진하며, 중국 정보 소비와 신사화 건설을 추진하기 위해, 공업정보화부(工业和信息化部)의 승인을 거쳐, 2013년 베이징에 설립되었다. 스마트시티 발전과 신형도시화 건설의 실수요를 파악하고, 자원을 통합하여 스마트시티 산업 및 뉴타운화 건설을 위한 각종 기술을 융합하여 솔루션을 마련하며, 정·산·학·연·각종 자원과 강점으로 스마트시티 사업을 통합 조정하고, 스마트시티 산업화·정보화·도시화·농업 현대화를 촉진한다.

5) 이화루(易华录): 2001년 4월에 설립되었으며 국무원 국유자산감독관리위원회가 직접 관리하는 중앙기업이다. 사물인터넷, 클라우드 컴퓨팅, 빅데이터 등을 적용하여 스마트시티, 지능형 교통 관리, 대중교통, 철도 운송, 민간 항공, 해운 및 기타 분야에 대한 솔루션을 제공한다. 중국 30개 성, 자치구, 직할시 및 다수 해외 도시를 포괄하며, 10개 이상의 국내 성급, 20개 이상의 성 수도를 포함하여 200개 이상의 국내외 도시에 기술 서비스를 제공했다. 벨라루스, 몰도바, 인도, 우크라이나, 타지키스탄, 싱가포르, 말레이시아, 아프리카 등 해외국가에 솔루션을 제공한다.

6) 데이터 레이크(数据湖): 데이터 레이크 또는 허브의 개념은 원래 빅 데이터 공급업체에서 제안한 것으로 표면적으로는 확장 가능한 HDFS(Hadoop Distributed File System: 하둡분산화일시스템)를 기반으로 하는 저렴한 스토리지 하드웨어에서 데이터가 전송됩니다. 그러나 데이터양이 많을수록 더 많은 종류의 스토리지가 필요합니다. 결국 모든 기업 데이터는 빅데이터로 인식될 수 있지만, 모든 기업 데이터가 값싼 HDFS 클러스터 위에 저장되기 적합한 것은 아니다

7) 롱강구(龙岗区): 광둥성 선전시 관할하에 있으며 선전시 동북부에 위치하고 있으며 1992년 11월 11일에 설립되었으며 구청은 롱청가도(龙城街道)에 위치하고 있다. 행정구역은 388.21㎢이고 다야만(大亚湾) 동쪽으로 후이저우(惠州), 서쪽으로 롱화구(龙华区), 남쪽으로 뤄후구(罗湖区)와 옌톈구(盐田区), 다펑만(大鹏湾)을 가로질러 홍콩과 후이저우시(惠州市)와 인접해 있다. 2020년 GDP 4,744억 4,900만 위안이며 롱강구는 선전의 중요한 첨단산업, 선진제조기지, 전통우세산업집합기지, 물류산업기지, 금융산업기지이다.

8) 관중평원도시군계획(关中平原市县规划): 관중평원은 중국 문명의 중요한 발상지이자 고대 실크로드의 시발점으로 중화민족의 역사적 기억을 간직하고 있다. 중화인민공화국 국가경제사회발

전 13차 5개년 계획개요, 주요 기능지구국가계획, 국가 신도시화계획(2014-2020)에 기초하여, 특별히 관중평원 도시군 건설을 위한 지침 및 구속력 있는 문서로 공식화되었다. 관중평원 도시집적의 계획범위는 산시성, 시안, 바오지(宝鸡), 셴양(咸阳), 퉁촨(铜川), 웨이난(渭南), 양링(杨凌) 농업첨단산업 시범구와 상저우구(商州区), 뤄난현(洛南县), 단펑현(丹凤县), 자수이현(柞水县) 5개 도시를 포함한다. 토지면적 107,100㎢, 2016년 말 인구 3,863만 명, GDP 1조 5,900억 위안이다.

3-3
푸젠성 샤먼,
스마트 교통관제 업그레이드

2021년 6월 17일 오전 중국 대륙과 샤먼을 연결하는 세 번째 해저터널 **샤먼하이창터널**厦門海滄隧道[1])이 본격적인 시운전에 들어갔다.

전체 길이 7.1㎞ 중 터널 길이가 6.3㎞로 중국에서 가장 복잡하고 어려운 지하공사 중 하나인 샤먼하이창터널은 중국 해저터널과 도시터널 공사기술의 최고 수준을 자랑하며 공법, 공법이 세계 최고 수준이다.

샤먼하이창터널은 **샤먼샹안터널**厦門翔安隧道[2]), **칭다오 자오저우만 해저터널**青島胶州湾海底隧道[3])에 이은 세 번째 해저터널이기도 하다.

하이창터널은 2016년 착공 이후 도로 및 교량정보 '이루一路' 스마트 엔지니어링 관리 솔루션智慧工程監管解决方案을 적용해 사물인터넷, 클라우드 컴퓨팅, BIM, 빅데이터, 인공지능(AI) 등의 기술을 사용하여 '사람人, 사물物, 장소場' 등 건설현장정보를 클라우드에 연결, 공사 단계별 데이터를 효과적으로 개방하고 축적하여 공사장 현장인력, 장비, 자재, 법률, 환경에 대한 포괄적인 모니터링을 통해 안전사고 예방 효과와 업무처리 효율을 높이고 있다.

동시에 도로 및 교량 정보 '이루' 스마트엔지니어링 관리 솔루션은

'감독 부서-건설 단위-건설 현장 부서'의 3단계 연계 관리 시스템을 구축하고 건설 프로젝트 감독 및 관리를 '다부문多部门, 분산화碎片化' 전통적인 방식에서 '공유共享, 개방开放, 총괄统筹, 협조协调'라는 스마트 방식으로 전환했다.

푸젠성 샤먼 하이창터널 스마트 통합운영센터

하이창터널은 도로 및 교량 정보 '이루'의 스마트관제 통합플랫폼을 적용하고, '멀티태스킹多业务接入+데이터센터数据中心+비즈니스통합业务集成+센터응용프로그램中心应用'을 통해 24시간 터널 모니터링, 전력, 소방, 배수, 통풍, 조명 등을 통합 관리한다. 다양한 종류의 데이터 공유 및 융합한 응급대응체계를 구축하여 사건발생 약 10초 안에 비상 관리자가 비상상황을 신속하게 제어할 수 있다.

샤먼이 섬을 횡단하는 개발과정에서 각 진출입도로와 궤도교량 터널에는 모든 육로정보와 함께 '이루'라는 브랜드가 제공하는 전방위 정보화 서비스가 일관되게 제공되고 있다. 앞으로 도로 및 교량정보는 교통산업을 기반으로 하여 고속도로 건설, 관리, 유지관리, 운영, 서비스 등 포괄적인 정보화 솔루션을 지속적으로 제공하여 교통강국 입지를 다질 것이다.[1]

'스마트관제통합플랫폼智慧管控一体化平台'은 **샤먼루차오정보주식회사 厦門路桥信息股份有限公司**[4]가 초장기 하이창터널을 통과하는 시민의 여행 안전을 위해 개발한 관리 플랫폼이다.

하이창터널 기계 및 전기 표준을 담당하고 있는 진옌롱金彦龙 수석엔지니어는 "터널은 안전이 최우선이며 관제센터 스마트플랫폼監控中心智慧平台은 터널을 실시간으로 모니터링하고 원격에서 제어하고 관제센터 내 다중 화면을 통해 중요한 정보를 관리 감독한다"라고 설명했다.

지난 2주 동안 터널은 관제센터, CCTV 시스템, 방송 스피커를 연동하여 매일 안전소방훈련을 했고, 터널은 돌발 사태에 대비하여 전체 터널全隧道과 점대점点对点 2가지 형태로 대응하고 있다.

화재가 발생하면 즉시 관제센터 화면에 연동되고 알림시간 2분이 지나면 스마트관제통합플랫폼이 스스로 화재상황을 판단하는 '수퍼超级 AI' 역할을 하고 자체적으로 판단하여 대응하게 된다. 즉시 비상대응 절차에 들어가 관련 인원 및 기관에 알리고, 각 역사 및 대응팀과 협력하고, 내부 및 외부의 정보상황판, 표시등, 스프링클러 등 관련 장비와 연동한다. 사건발생 이후 전체 대응절차를 자동으로 패키지화하여 이벤트 파일을 만들어 후속 리허설 및 점검에 반영한다.

샤먼루차오정보주식회사 스마트관제플랫폼솔루션 실무 책임자 황칭시黃淸晰는 "샤먼 스마트관제플랫폼은 전통적인 스마트 관제 플랫폼보다 사건 발생 시 원터치一键 프로세스를 작동하는 데 10초가량 소요되는 데 비해 전통적인 관제 플랫폼은 1~2분이 소요되는 수동 대응방식이다"라고 설명했다.[2]

2016년 스마트 관제 플랫폼의 개발은 하이창터널 건설과 함께 동시에 시작됐다. 터널에는 수천 개의 센서가 설치되어 있고 이러한 센서는 터널의 24시간 돌발상황을 주시한다.

샤먼루차오정보주식회사 스마트교통 사업부장 천빙난陈炳南은 "터널 내 돌발사고가 발생하면 응급지휘센터의 대형 스크린이 실시간으로 표시되고, 직원이 모니터링시스템을 통해 확인하면 곧바로 응급대응조치에 들어가 10초 정도 지나면 자동으로 관계자와 관련 부서에 통보하고 합동 대응조치를 하며 2분 안에 무인 처리되지 않으면 스마트 관제 통합플랫폼이 자체적으로 처리한다. 예를 들어 화재가 발생했을 때 화재 발생 상황을 판단해 스프링클러를 개방한다"라고 설명했다.

스마트관제통합플랫폼은 응급대응업무 이외 통합업무관리, 대중교통 이동서비스 등 2개의 모바일 플랫폼을 제공하는데 '**4개 교량 2개 터널**四桥两隧[5]'의 모바일 실시간 상황, 대중교통 여행서비스 플랫폼인 샤먼루차오통厦门路桥通과 연계하여 이동경로를 선택할 수 있다. 터널의 실시간 상황, 정체 여부 확인 등 시민들에게 유용한 교통정보를 제공한다.[3]

2018년 6월 13일 샤먼루차오정보주식회사厦门路桥信息股份有限公司와 광저우싱차이커지유한회사广州星才科技有限公司는 스마트통합플랫폼 개

발, 교통운영센터 2차 개발과 관련하여 한국의 스마트통합운영플랫폼을 도입하는 계약을 체결했다.[4]

당시 이에스이 본사와 베이징 지사, 광둥성 스마트시티플랫폼 파트너인 광저우싱차이커지와 함께 샤먼루차오정보 유정于征 사장 겸 설립자를 샤먼 도로운영센터에서 만나 직접 대면하고 기존 시스템 개선방안과 상품화 전략에 관해 허심탄회한 대화를 주고받았다.

이후 광저우싱차이커지, 이에스이 베이징 지사 및 서울 본사 임직원이 샤먼루차오정보 요구사항을 면밀히 검토하고 기술방안을 전달하였고 스마트관제플랫폼 설치, 교육 및 운영유지보수 등 지원활동도 3개월 짧은 납기에도 불구하고 무난히 매듭지을 수 있었다.

광저우싱차이커지는 샤먼루차오정보에 한국 스마트시티플랫폼 마케팅 및 기술지원 경험을 토대로 한중 합작 스마트시티 JV 설립을 가속하는 전기를 마련했다.

한중 합작법인 광저우싱차이스마트시티 출범 기념행사

샤먼루차오그룹厦门路桥集团[6]의 도로운영센터道路运营中心 건설과 도로관리 종합지휘플랫폼路桥管理综合指挥平台에 한국의 스마트관제플랫폼을 도입하고, 표준운영절차业务流程管理规范化를 반영한 플랫폼 설계가 가능하도록 했다. 이에 따라 돌발사건 대응의 표준화, 업무 프로세스 관리 규범화, 조작의 효율성 및 정확성 향상, 상주인력의 효율적 관리, 운영원가 절감, 관리수준 향상 등을 기대했다.

이번 계약내용은 스마트시티통합플랫폼 설치, 커스터마이징 개발, 운영자 및 개발자 교육 등이 포함되어 있다.

광저우싱차이커지유한회사는 샤먼루차오정보주식회사와 공동으로 중국 국유기업 중 자산규모 1위이며 **광둥고속도로**广东高速公路[7] 투자, 건설, 운영 책임기관인 **광둥성교통그룹**广东省交通集团[8]를 대상으로 스마트통합플랫폼 홍보 및 사업기회 발굴 활동을 진행했다.

한중 최초의 스마트시티 JV인 광저우싱차이스마트시티과기广州星才智慧城市科技는 샤먼루차오 스마트교통센터 성공적인 구축 및 운영사례를 광둥성, 푸젠성 산하 지방정부 및 도로교통 기업에게 전파하고 후속 사업발굴 활동을 진행하고 있다.

참고자료

1 厦门路桥信息"一路"全方位信息化服务，助力厦门海沧隧道智慧管控. 搜狐网 2021-06-18
2 这条隧道不仅颜值高 还很智能. 厦门日报 2021-06-17
3 带您了解海沧隧道的"智能基因" 对海沧隧道智能化建设进行报道. 厦门电视台 2021-06-18
4 厦门路桥信息股份有限公司路桥管理综合指挥平台科研项目合同. ESE 2018-08-06

용어해설

1) 샤먼하이창터널(厦门海沧隧道): 중국 푸젠성 샤먼시 후리구(湖里区)와 하이창구(海沧区)를 연결하는 해저고속도로. 프로젝트의 원래 이름은 '샤먼 제2서항로(厦门第二西通道)'였다. 2012년 8월 16일에 착공하였고 본 프로젝트 건설은 2016년 3월 28일에 시작하여 2021년 3월 7일에 완료되었다. 2021년 6월 17일 시험개통했다.

2) 샤먼샹안터널(厦门翔安隧道): 중국 푸젠성 샤먼시 후리구(湖里区)와 샹안구(翔安区)를 연결하는 해로로 지우룽장(九龙江) 어귀에 위치하며 샤먼시 북동부의 주요도시 도로이다. 2005년 4월 30일에 착공하여 2009년 11월 5일 터널이 완전히 연결되었으며 2010년 4월 26일에 개통되었다. 샹안터널은 서쪽에서 5개 교차로로 지우룽장(九龙江) 을 통과하여 해구로 들어가는 북쪽에서 샹안난(翔安南) 인터체인지에 도달한다. 도로길이는 8.695㎞, 해역 부분의 길이는 6.05㎞이다. 왕복 6차선인 도시 간선도로이다

3) 칭다오 자오저우만 해저터널(青岛胶州湾海底隧道): 중국 산둥성 칭다오시 경내에서 황다오구(黄岛区)와 시 남구를 잇는 해상통로로 자오저우만 해역에 위치한 칭다오시 서남부 도시간선도로의 구성 부분 중 하나다. 2006년 12월 27일 착공하여 2009년 4월 28일 터널이 완전히 연결되었다. 2011년 6월 30일에 개통하였다. 칭다오 자오저우만 터널은 남쪽의 빈하이(滨海)대로에서 시작하여 교주만의 해역을 지나 북쪽의 쓰촨로(四川路)에 이르며, 선로의 길이는 7.797㎞, 해역 부분의 길이는 4.095㎞이다.

4) 샤먼루차오정보주식회사(厦门路桥信息股份有限公司): 2001년 7월 26일 설립하여 샤먼시 소유 2개 시립 국유그룹인 정보그룹과 도로교량 그룹이 공동 소유한 국유 지주회사이다. 업무영역은 소프트웨어 개발, 전자(가스) 물리적 장비 및 기타 전자장비 제조, 지능형 차량 탑재장비 제조, 교통안전 및 제어장비 제조, 정보시스템 통합서비스, 정보기술 컨설팅서비스, 소방기술 서비스, 보안시스템 모니터링서비스, 빅데이터 서비스, 인터넷 데이터 서비스, 블록체인 기술 관련 소프트웨어 및 서비스, 사물인터넷 기술연구 및 개발, 사물인터넷 응용 서비스, 클라우드 컴퓨팅 장

비기술 서비스, 인공지능 이론 및 알고리즘 소프트웨어 개발, 인공지능 응용 소프트웨어 개발 등이다.

5) 4개 교량 2개 터널(四桥两隧): 샤먼은 '4개 교량 2개 터널' 시대에 샤먼대교, 하이창대교, 싱린대교(杏林大桥), 지메이대교(集美大桥), 샹안터널, 하이창터널로 진입할 수 있다. 하이창터널의 건설은 샤먼 섬의 새로운 발전을 알리는 신호로, 하이창구에 전에 없던 활력을 불어넣어 다리, 터널, 궤도의 3통으로 이어져 하이창구의 현재 도로교통의 압력을 크게 완화시켰다.

6) 샤먼루차오그룹(厦门路桥集团): 샤먼시에 속한 대형 종합기업집단이다. 1984년 설립된 샤먼시(厦门市)의 입·출도 교통로 공사계획소(入岛交通路工程計劃所)에서 시작하여, 1993년 샤먼루차오(厦门路桥) 건설투자총회사로 개칭하였고, 2006년 샤먼루차오(厦门路桥) 건설그룹 유한회사(有限公社)로 정식 명칭이 변경되었다. 2014년 말 현재 회사의 등록 자본은 145억 위안, 자산 총액은 539억 1,400만 위안으로 샤먼시 산하 공기업 상위권을 차지하고 있다.

7) 광동고속도로(广东高速公路): 남중국해에서 가장 중요한 교통망이다. 2020년 말까지 전체 성의 고속도로 개통거리는 총 10,054.3㎞로 전국 1위를 차지하며, 전 성 67개 현(시)이 '현현통 고속(县县通高速)'의 목표를 실현한다. '9종 5횡 두 고리(九纵五横两环)'를 뼈대로 하고 조밀한 선과 연결선으로 보강해 주장(珠江) 삼각주를 중심으로 연안을 선면으로 하고 해안 항구(도시)를 선두로 산악과 내륙 지역으로 방사선을 보내는 쾌속도로망을 형성한다.

8) 광동성교통그룹(广东省交通集团): 광동성 위원회, 성 정부의 비준을 거쳐 설립된 대형 국유자산수권경영유한책임회사로 2000년 6월 28일에 설립되었으며 본사는 광저우에 있다. 주요 업무는 고속도로의 투자 건설과 경영, 자동차 여객운송, 현대 물류업, 도로설계 시공 감리, 스마트교통 등이다. 2016년 8월 광동성 교통그룹은 중국 500대 기업 중 317위에 올랐다. 2019년 9월 중국 서비스업 500대 기업 중 131위에 이름을 올렸다.

3-4
산시성 타이위안,
스마트 시큐리티 한중 합작 모색

최근 타이위안太原市에서 산시성 신형스마트시티 발전연합회山西省新型智慧城市发展联合会 제1차 회원총회가 열려 중국 스마트시티 분야 각 분야의 선두기업 및 성 내외 유수기업 112개 회원사 관계자들이 참석했다.

산시성은 새로운 인프라와 디지털 경제발전의 기회를 적극 활용하여 신형스마트시티 건설을 전면 추진하고 교통, 의료, 금융, 공공안전 등의 분야에 '스마트역량智慧力量'을 추가하고 있다. 「산시성 신기반시설 건설을 위한 14차 5개년 계획山西省"十四五"新基建规划」에서 신형스마트시티 건설 필요성을 명시했다. 금년 산시성에서는 타이위안太原, 따퉁大同, 양취안阳泉, 진청晋城 등 8개 성급 신형스마트시티 시범도시를 확정했다.

선출된 연합회 초대회장 쑤타오苏涛 클라우드타임즈云时代公司 당위원회 위원党委委员은 "연합회는 사회 각계각층과 함께 선진요소, 스마트생태계 창출, 산시성 스마트시티 건설 협력 및 성과전시 플랫폼 구축, 산시 지역의 특색, 시대적 특성을 지닌 우리 성의 도시화와 정보화의 심도 있는 융합, 산시성 스마트시티 및 관련 산업의 질적 발전, 새로운 스마트시티 건설의 새로운 패러다임과 성과를 공유할 것"이라고 밝혔다.[1]

2018년 8월 14일부터 16일까지 제10회 산시성 타이위안 스마트시티 및 보안제품전시회山西太原智慧城市及安防产品展览会가 타이위안시 석탄무역센터太原市煤炭交易中心에서 개최됐다.

2018년 산시성 타이위안 스마트시티 및 보안 제품 전시회 개막 행사

산시지역 대표적인 보안전시회로 업계동향과 업계수요를 파악하며, 많은 참가기업, 참관기업, 산시지역 보안 관련 기업을 연결해주고 있다. 이번 전시회에는 국가도시보안협회全国城市安防协会 및 중국사회공안연구센터中国社会公共安全研究中心, 중국보안브랜드개발연구회中国安防品牌发展研究会, 중국보안서비스산업연합中国安防服务业联盟, 중국스마트시티건설 및 추진연맹中国智慧城市建设与推进联盟, 산시성스마트시티건설연맹山西省智慧城市建设联盟, 산시스마트보안연맹山西省智慧安防联盟, 타이위안스마트홈산업협회太原市智能家居行业协会, 글로벌보안산업연맹全球安防产业联盟, 아시아보안기술협회亚洲安全防范技术协会, 러시아보안협회俄罗斯安防协会, 미국보안산업협회美国安防行业协会 등 중국 및 해외 스마트시티 및 보

안관련 기구 및 단체가 공동으로 행사를 주관했다.

중국 전역에서 평안도시平安城市, 스마트시티智慧城市 건설이 활발히 전개되고 사물인터넷, 빅데이터, 인공지능, 모바일 커넥티드, 스마트홈 등의 기술이 융합되면서 중국 보안업계도 디지털화, 네트워크화, 지능화, 고화질화 방향으로 발전하면서 고화질 모니터링, 스마트 보안시장이 빠른 발전 단계로 접어들었다.

중안협의회中安协[1]가 발표한 「중국보안산업 "135"(2016~2020년) 발전계획」에 따르면 보안산업은 2020년까지 보안산업 총수입이 8,000억 위안(약 144조 원) 안팎, 연간 10% 이상 성장할 것으로 전망된다. AI 산업화가 빠르게 진행되면서 민간용 보안제품이 급성장해 2022년에는 보안업계 시장규모가 1조 위안(약 180조 원)에 육박할 것으로 전망된다.[2]

최근 몇 년 동안 타이위안시太原市 공안 정보화 건설은 장족의 발전을 이루었고, **스카이넷 영상감시 시스템**天网视频监控系统[2] 건설은 지속적으로 업그레이드되었다. 타이위안시는 정보화 건설을 엔진으로 고품질·추진력·혁신을 바탕으로 정보화 건설 사업을 추진하고, 기능이 완벽하고 기술적으로 선진화된 고효율 비상연동지휘센터应急联动指挥中心와 **'쉐량프로젝트**雪亮工程[3]**'** 지휘통제센터指挥调度中心를 건설한다.

'쉐량 프로젝트'는 현县·향乡·촌村 3급 종합관리센터를 지휘하는 플랫폼으로, 그리드 관리를 기반 비디오 모니터링 네트워크를 활용한 대중적 치안통제群众性治安防控 사업이다. '쉐량프로젝트雪亮工程'가 더욱 발전함에 따라 산시성은 비디오 모니터링 네트워크视频监控联网 구축 사업

의 새로운 명소로 부상할 것이다.[3]

현·향·촌 3급 종합지휘플랫폼 쉐량프로젝트
(출처: 쉬팡 www.supvan.com.cn)

주요 전시참가 기업으로 하이크비전海康威视, 저장다화浙江大华, 저장우시浙江宇视, 리야더利亚德, 베이징천방과기北京千方科技, 아이소프트스톤软通动力 등 중국 보안전문 기업이 참가하였다.

한국기업으로 유일하게 스마트시티 통합플랫폼 기업인 이에스이와 산시성 전략파트너인 산시중커명후안방山西中科猛虎安防과 함께 공동 전시부스를 운영했다.

산시중커명후안방山西中科猛虎安防은 산시명후보안서비스그룹山西猛虎保安服务集团의 계열사로 2016년 9월 29일에 설립되어 주로 안전방범 컨설팅, 설계, 개발, 서비스 등을 제공하는 안전방범 소프트웨어 개발 및 응용 시스템을 개발하는 기업이다.

Part 3. 중국 신형스마트시티 혁신과 차이나 스탠더드 245

타이위안에서 거행된 2018 중국 국제스마트시티 및 보안제품전시회에 스마트 방문객 등록 시스템智能访客登记系统, RF 통합관제시스템 RF综合管控系统, 3D 웹스캔시스템3D维网扫描系统, 의료지능화시스템医疗智能化系统 등을 전시했다. 한국 이에스이 스마트시티 통합플랫폼을 공동으로 전시하고 시연과 기술세미나를 진행했다.

대회기간 중 산시중커명후안방 본사에서 자오량赵亮 사장과 산시명후보안서비스그룹山西猛虎保安服务集团 관계자들이 참석한 가운데 한국 스마트시티 통합플랫폼의 산시성 공급권 제공에 관한 전략적 협정에 서명했다.[4]

지난 2018년 4월 24일 상하이 중한 ICT 무역합작프로젝트에서 양사 협력을 위한 기본협정에 서명하고 이번 산시성 타이위안 스마트시티 및 보안제품전시회 공동참가를 계기로 산시성 스마트시티 통합플랫폼 공급권 협약에 이르게 되었다.

산시명후보안서비스그룹山西猛虎保安服务集团은 2014년 5월 9일 산시성 공안청의 심사승인을 거쳐 상공관리국 등록을 거쳐 안전보호와 순찰, 각종 기술시스템 공사, 안전방범 자문서비스를 제공하는 보안회사이다. 회사의 보안팀은 제대군인, 대학생들을 주축으로 준군사화 관리를 주요모델로 하며, 안전보위규정, 관리방법 및 비상계획 수립, 각종 안전장비, 지휘차량, 비상순찰, 수송차량을 갖춘 보안전문팀을 보유하고 있다. 현재 사업장, 오피스텔, 공사사업, 아파트 및 사설 경호 등 각종 안전보호 및 서비스 대상 90여 곳, 보안팀을 운영하고 있다.

보안시장과 고객의 요구에 부응하는 소프트웨어 시스템을 연구, 개발하고 부동산, 의료, 건설, 보안 등 빅데이터를 구축해 안전방범분야 선도기업으로 발돋움하고 있다. 주요 임직원이 산시성 및 타이위안 공안 및 군 출신으로 산시성 보안사업기반을 토대로 중국 전역으로 사업 범위를 확장하고 있다. 국제국방보안회의 행사차 한국 방문 경험이 있는 산시멍후보안서비스그룹 경영고문은 한국의 에스원과 같은 보안전문기업, 스마트보안 솔루션 기업 등과 사업교류 및 전략적 제휴에 적극적으로 나서고 있다.

중국 보안산업을 주도하고 있는 **하이크비전**海康威视[4], **다화**大华[5] 등과 자국기업과의 경쟁이 불가피하고 생존차원에서 해외 솔루션기업과의 파트너십을 통해 중국 내 입지를 다지고 새로운 성장과 혁신을 주도하겠다는 전략이다.

참고자료

1 山西省新型智慧城市发展联合会成立. 山西新闻网 2021-10-09
2 2018第十届山西国际智慧城市暨安防产品展览会8月召开. 数字音视工程网 2018-06-20
3 筑牢"群众性治安防控工程" 全省"雪亮工程"建设工作座谈会在驻马店市召开. 大河网 2019-12-13
4 山西中科猛虎安防-ESE 战略合作备忘录. ESE 2018-08-14

용어해설

1) 중안협의회(中安協): 1992년 12월 8일 베이징에서 창립되었다. 본 협회는 중국 내에서 방폭 안전점검 설비, 안전경보 기재, 지역사회 안전방범 시스템, 차량 도난방지 인터넷 경보 시스템, 출입구 제어 시스템, 영상모니터링 방범 시스템, 방범 문갑 및 방탄 현금 수송 차량, 인체안전 방호장비 등 안전방범 제품의 연구개발, 운영을 맡거나 안전기술 방범시스템 엔지니어링 설계시공, 경보운영 서비스 및 중개기술 서비스를 받는 사업자, 단체 또는 개인이 참여한다. 조사연구를 전개하여 업종발전계획을 수립하고, 업종표준화 작업과 보안업종 시장건설을 추진하며, 중국 명품제품 전략을 추진하며, 보안기업과 전문기술인을 양성하고, 국내외 기술·무역교류 협력을 전개하며, 업종정보화 건설을 강화하고, 업종정보화 서비스를 한다.
2) 스카이넷 영상감시시스템(天网视频监控系统): 거리 곳곳에 설치된 카메라를 활용해 감시망을 구성한 것으로 공안기관의 거리범죄 단속의 하나로 도시치안을 든든하게 뒷받침하고 있다. GIS 지도, 영상 수집, 전송, 제어, 디스플레이 및 기타 장비와 제어 소프트웨어를 사용하여 도시공공 보안 예방 및 제어 및 도시관리의 요구를 충족하여 실시간 모니터링 및 정보기록을 수행하는 비디오 감시 시스템을 말하며 '과기강경(科技强警)'의 랜드마크 프로젝트이다.
3) 쉐량프로젝트(雪亮工程): '대중공안시스템'으로 현, 향, 촌 차원의 종합관리센터를 지휘플랫폼으로 하고, 그리드 관리를 기반으로 공공안전 동영상모니터링 네트워크 활용을 골자로 한 대중적 치안 통제 프로젝트이다. 천이신(陳一新) 중앙정법위 사무총장은 21일 '쉐량프로젝트' 건설사업 영상회의에서 국민의 안녕을 지키는 '천리안(千里眼)'으로 육성해 2020년까지 '전역 커버, 전망 공유, 전 시간 가용, 전 구간 통제'를 기본으로 실현해야 한다고 강조했다.
4) 하이크비전(海康威视): 업계 선두의 독자 핵심기술과 지속가능한 연구개발 능력을 보유하고 있으며 카메라/스마트볼머신, 광단자, DVR/DVS/보드카드, 웹메모리, 동영상 종합플랫폼, 센터 관리 소프트웨어 등의 보안상품을 제공하며 금융, 공안, 텔레그래프, 교통, 사법, 교육, 전력, 수리, 군 등 많은 업계에 대해 적절한 세부 제품과 전문적인 솔루션을 제공하고 있다. 이 제품과 방

안은 전 세계 100여 개국에 수출하며 베이징 올림픽, 유니버시아드, 아시안게임, 상하이 엑스포, 60년 국경절 대열병, 칭짱(青藏)철도 등 굵직한 안보 프로그램에 활용되고 있다.

5) 다화(大华): 동영상 중심의 스마트 IoT 솔루션 제공업체 및 운영업체로, AIoT와 IoT 스마트플랫폼을 지속적으로 구축하고 도시, 기업, 가정에 원스톱 IoT 서비스 및 솔루션을 제공한다. 스마트 IoT 기반 신규 사업을 모색하여 기계 시각, 로봇, 스마트소방, 자동차 전자, 스마트메모리, 스마트보안, 스마트컨트롤 등 혁신적인 사업을 전개하고 있다. 회사의 제품 및 솔루션은 전 세계 180개 국가 및 지역을 포괄하며 운송, 제조, 교육, 에너지, 금융, 환경보호 및 기타 분야에서 널리 사용되며 중국 국제수입박람회, G20 항저우 정상회담, 리우올림픽에 참가했다.

3-5
허베이성 친황다오·후베이성 우한, COVID 19 극복

　19기 중앙위원회 3차 전체회의十九届三中全会[1]에서 채택한 「중국공산당 중앙위원회의 당과 국가제도 개혁 심화에 관한 결정中共中央关于深化党和国家机构改革的决定」은 당과 국가 기관의 개혁을 심화하는 것을 국가 거버넌스 시스템 및 거버넌스 기능의 현대화를 추진하는 중대한 일이라고 지적했다. 2018년 3월 13일 리커창 총리는 전국인민대표대회에 「국무원 기구 제도개혁안国务院机构改革方案的议案」 심의를 요청하는 등 중국의 새로운 요구사항을 충분히 반영한 국무원 기존 제도를 대대적으로 수정했다. 그중 **응급관리부**应急管理部[2] 출범은 유관 실무 부처와 전문가들로부터 비상한 관심을 불러일으켰다.

　응급관리부는 국가안전생산감독관리총국, 국무원 청사, 공안부(소방), 민정부, 국토자원부, 수리부, 농업부, 임업국, 지진국 및 홍수 피해방지 지휘부, 국가감재위, 내진구난 지휘부, 산림방화 지휘부 등 분산된 응급관리 관련 기능 통합을 통합하여 모든 재난에 대한 전반적인 절차와 전방위적인 관리가 가능해 공공안전 보장능력을 향상하는 데 도움이 될 것으로 보인다. 실용적인 관점에서 응급관리부의 설치는 적어도 세 가지의 중요한 의미를 지닌다.

첫째는 부서별 협력이 용이해진다. 응급관리는 본질적으로 집단적 협력이다. 응급관리부의 설립은 여러 정부 부처를 통합하여 이들 부처 간 상호 협력의 어려움을 줄이고 응급관리의 시너지 효과를 높이는 데 도움이 될 것으로 기대된다. 또한 사회역량의 발전과 사회역량의 사회 참여에 대한 국가의 지원으로 다양한 사회단체와 자원봉사자로 대표되는 사회역량은 사실상 응급관리의 중요한 부분이 되고 있다. 응급관리부 설립은 사회단체와 정부의 연계에도 이바지하고, 정부와 사회단체의 시너지를 높이는 데 도움이 된다.

두 번째는 프로세스 최적화에 유리하다. 일반 대중은 일반적으로 '응급관리應急管理'와 '응급대응應急响应'의 두 가지 개념을 구분하지 않고, 주로 사고발생 후 응급대응으로 이해하고 있다. 사실 현대사회에서 위험은 도처에 존재하며, 응급관리는 재난발생 후 응급대응뿐만 아니라 일상적인 예방과 대비, 재난 후 복구까지 포함한다. 응급관리부를 설치하면 응급대응과 일상관리가 통합되어 일상적인 예방과 대비를 개선하고 위험의 근원관리를 촉진하며 근본적으로 시민의 생명 재산 안전을 보장한다.

세 번째는 표준의 통일에 유리하다. 기존의 기관별로 응급관리의 내용을 정부 부처마다 조금씩 다르게 부르는데, 예를 들어 응급관리시스템은 일반적으로 응급관리 프로세스를 예방과 준비, 조기경보 및 모니터링, 구조와 처리와 사후복구, 민정시스템民政系統와 감재위시스템減灾委系統에서는 감재, 방재, 재난예비, 재난복구 등 절차로 구분된다. 이러한 개념과 용어의 차이는 행동기준의 차이를 보여준다. 응급관리부의 설립은 행동기준의 통일에 도움이 되며 응급관리의 과학적이고 표준화된 성격을 강화한다.

응급관리부 설립은 중국의 종합적인 응급관리모델을 모색하는 데 자극이 되었다. 중국의 응급관리모델은 미국의 종합적인 응급관리모델과 함께 강대국의 응급관리의 두 가지 실천모델이 될 수 있다.

미국의 현대적인 통합 응급관리 모델은 1979년 미국 연방정부가 11개 부처에 흩어져 있던 응급관리 기능을 통합해 각종 재해 관리를 총괄하기 위해 만들었다. 클린턴 내각 시대까지 **연방응급관리국(Federal Emergency Management Agency)**[3]은 재난 경감 및 대비에 대한 투자를 늘려 여러 주요 재난으로 인한 손실을 효과적으로 줄였으며 대중의 인정을 받았다. 2001년 9.11 사건 이후 미국의 응급관리는 대테러에 초점이 맞춰져 당시 연방응급관리국을 비롯한 22개 연방 부처의 관련 기능을 통합한 국토안보부가 신설됐다. 2005년 허리케인 카트리나 이후 미국은 응급관리 시스템을 미세 조정했다. 연방응급관리국은 국토안보부의 틀 안에 남아 있지만, 책임, 자원 보장 및 운영능력이 모두 향상되었다.

미국 국토안보부의 최신 조직은 2018년까지 1개의 사무실, 16개의 지원 부서(예를 들어 교육센터, 과학기술 부서, 정책센터 등), 7개의 주요 기능 부서이다. 기능 부서는 3개의 국경 관리 및 출입국 관리 부서, 기밀 서비스 부서, 교통안전 검색 부서, 해안경비대 및 연방응급관리국이 포함된다. 연방응급관리국은 주로 행정사무실, 업무지원부, 사회역량조정센터, 5개의 직능부서, 10개의 미국 전역 사무실이 설치되어 있다. 5개 기능 부서는 국가의 지속적인 운영, 예방 및 응급 대비, 응급 시설 및 보험, 응급 대응 및 복구, 소방 관리를 담당한다.

물론 응급관리부 생긴다고 해서 응급관리능력이 향상되는 것은 아니다. 기존 기관에서 이관된 기능 부문이 실행되는 데 시간이 걸릴 것이고 재난의 불확실성도 증가하고 있는 만큼 응급관리 부서 자체도 점점 더 심각해지는 위험 사회 도전에 대처해야 한다.

또한 응급관리부의 창설은 또한 중국의 응급관리 훈련 및 지식 건설에 새로운 도전을 제기하고 있으며 응급관리 실천에는 더욱 전문적인 인력과 이론이 뒷받침되어야 한다.[1]

허베이성 친황다오 응급지휘센터 프로젝트

친황다오秦皇島[4]는 수도 경제권의 핵심 기능 지역으로, 베이징-톈진-허베이의 관문이다. 북쪽에 옌산燕山, 남쪽에 보하이渤海를 끼고 있는 친황다오는 뛰어난 지리적 위치와 역사적, 문화적 배경 덕분에 '**낙원의 도시**天堂之城[5]'로 알려졌다. 중국 최대의 알루미늄 생산 및 가공 기지이자 북부 최대의 곡물 및 석유 가공 기지인 친황다오는 '**바퀴제조수도**车轮制造之都[6]'로도 알려져 있다. 도시화가 진행됨에 따라 교통여건 개선, 기능적 구획정리, 건축물 규모 결정 등 '도시 토지에 다양한 가치를 부여한' 전통적인 계획 방식이 점차 쇠퇴하여 도시 거주자들이 '경험体验', '상호작용互动', '지각感知'의 공간적 가치는 점차 드러나고 있다.[2]

2019년 허베이성河北省 친황다오秦皇島 장루이수張瑞書 시장, 허베이 광뎬정보네트워크그룹河北广电信息网络集团 옌지훙延繼紅 당서기, 베이징 중뎬싱파北京中电兴发 과학기술유한공사 취훙구이邱洪桂 회장, 친황다오秦皇島 선전부宣传部 천위궈陳玉國 부장과 쑨궈성孙国胜 부시장 등이 참석한 가운데 친황다오秦皇島시 '스마트시티智慧城市' 서명식이 있었다.

허베이성 정보화 건설 및 스마트 산업의 지속가능한 발전을 추진하기 위하여 친황다오시 스마트시티, 빅데이터 신형 경제산업 발전 건설을 지원하기 위하여 최근 허베이광뎬정보네트워크그룹河北广电信息网络集团과 베이징중뎬싱파北京中电兴发의 합작 프로젝트 계약행사가 친황다오 경제기술개발구经济技术开发区에서 거행됐다.

허베이성 친황다오 서항 계획 렌더링
(출처: 자하하디드건축사무소)

장루이수 시장은 시정부를 대표해 허베이광뎬정보네트워크그룹과 '클라우드 컴퓨팅과 빅데이터云计算与大数据 산업 발전에 관한 전략적 협력 기본 협약'을 체결했다. 허베이광전네트워크그룹은 베이징중뎬싱파과기와 '허베이 광전지능산업데이터센터河北智慧产业数据中心 및 신형스마트시티新型智慧城市 건설협력기본협약'을 체결했다. 장루이수 시장은 친황다오는 특히 친황다오 경제기술개발구 스구샹水谷翔 공원을 배경으로 빅데이터 산업과 클라우드 산업에서 일정한 기반과 발전 조건을 가지고 있다고 말했다.

 허베이광뎬정보네트워크그룹과 협력을 심화시키고 데이터 서비스 플랫폼을 구축한 것은 친황다오시 전체의 데이터 산업 발전에 중요한 의미가 있다. 친황다오시는 프로젝트 플랫폼 건설을 지원하고 정책, 비즈니스 및 인재 환경을 지속적으로 개선하며 프로젝트의 후속 추진을 강력하게 뒷받침할 것이다. 이번 협력을 계기로 정부자원의 통합 및 활용을 촉진하고 친황다오 데이터 서비스 산업의 새로운 발전에 도움이 될 것으로 기대한다.

 옌지훙延繼紅 당서기는 친황다오시가 허베이광뎬河北广电에 힘을 실어줬으며 특히 프로젝트의 기획 및 홍보 추진과정에서 많은 관심을 기울이고 양질의 서비스를 제공했다고 밝혔다. 친황다오에서 성공적으로 정착하는 것은 헤베이성 지능형 클라우드 산업의 발전, 허베이광뎬河北广电 그룹의 변혁, 친황다오 빅데이터 서비스 발전의 상승효과를 낼 것이라고 했다.

 이 협정에 따라 친황다오시와 허베이광뎬그룹이 허베이 스마트산업 플랫폼 건설, 정부구매서비스 촉진, 빅데이터 통합·애플리케이션 개발, 공공서비스 플랫폼 건설추진 등 분야에서 협력을 심화하고 자원이용 효율성, 정부서비스 수준, 도시관리 수준 및 시민의 삶의 질을 향상하고 허베이성 빅데이터 및 스마트 산업기지를 조성할 것이다.

허베이광전스마트산업데이터센터广电智慧产业数据中心 및 신형스마트시티 건설프로젝트는 허베이광뎬정보네트워크그룹河北广电信息网络集团와 베이징중뎬싱파北京中电兴发가 합작하여 프로젝트 회사를 설립하여 운영한다.³

친황다오시 하이강구 스마트 하이강智慧海港 종합지휘시스템综合指挥系统 1단계 프로젝트는 친황다오시 하이강구 응급관리국秦皇岛市海港区应急管理局이 주관부서이며 100% 하이강구 재정 예산으로 공개입찰로 진행했다.

프로젝트 주요 과업내용은 구정부 1급 응급지휘센터 하드웨어区政府一级应急指挥中心硬件, 구정부 1급 응급지휘센터 시스템区政府一级应急指挥中心系统, 구정부 1급 응급지휘지휘센터 인프라 장비区政府一级应急指挥中心安全设备, 북3진 2급 응급지휘센터 하드웨어北三镇二级应急指挥中心硬件, 통신인프라업무설비基础通信服务设施, 산림소방시스템森林防火监控系统, 광산감시시스템矿山监控系统, 대기오염감시시스템大气污染监控系统, 안방감시시스템 등 인프라설비安防监控系统等设备 9개 항목이다.⁴

당사 수행업무는 플랫폼기반 응급지휘센터 제반업무로 산림방재, 탄광감시, 대기오염감시 등 업무시스템을 연계하여 하이강구 정부 응급지휘 플랫폼을 구축하는 것이다. 또한 구정부 1급 응급지휘센터시스템과 연계, 통합운영을 지원한다. 징둥클라우드京东云计算有限公司와 당사에 배정된 사업예산은 1,820만 위안(한화 약 30억 원)이었다.

2020년 4월 16일 입찰공고 되어 5월 11일 제안서를 제출하였으며

5월 12일 차이나유니콤中国联通, 징둥클라우드京东云가 우선협상자로 선정되었다.[5]

5월 24일부터 6월 10일까지 3회에 걸쳐 플랫폼기반 화재발생 시나리오, 카메라와 연동한 플랫폼 UI화면 등에 대한 시연을 구청장 및 시정부 관계자를 대상으로 실시했다.

특히 기존 하이강구에 기설치 운영 중인 하이크비전海康威视 비디오 관리시스템과 연계하여 영상데이터를 표출하고 당사 대시보드 기반으로 UI화면을 응급지휘센터 상황판에 구동, 돌발상황 이벤트 시연 등 본사 및 베이징 지사 엔지니어들이 2주간 적지 않은 고생을 하며 성공적으로 임무를 완수했다.

특별히 이번 계약의 의미는 남다른 면이 있다. COVID-19의 영향은 2020년 1월부터 사업적 측면에서 그동안 경험하지 못한 많은 애로사항이 있었다. 물론 그 여파는 모든 기업들에게 파급되었으며 한중 기업인 왕래가 단절된 여건 속에서 말할 나위가 없다. 이 기간에 중국 스마트시티 시장에서 한국의 솔루션 경쟁력으로 사업권을 확보한 것이기에 더욱 값지고 보람 있는 일이었다고 생각된다. 물론 베이징 지사 및 본사 개발인력이 주말을 반납하고 야근하며 징둥클라우드 및 친황다오 발주처 요청사항을 수시로 대응해주었기에 가능한 일이었다. COVID-19 엄중한 상황에서 임직원들의 열정과 간절함으로 여타 난관을 극복하고 사업성과를 이루어낸 것이기에 가슴 뭉클하다.

2018년 3월 13일 전국인민대표대회에「국무원 기구 제도개혁안国务院机构改革方案的议案」심의요청과정을 거쳐 중국의 새로운 요구사항을 반영한 국무원 기존 제도를 대대적으로 수정했다. 그 가운데 응급관리부応急管理部 출범이 된 이후 중국 응급지휘 관련 시장은 스마트시티 분야 중 유망한 시장으로 부상했다. 허베이성 친황다오 솔루션 공급 계약을 계기로 중국 스마트시티 분야 응급관리 시장에 진입하는 전기를 마련했다.

징둥클라우드京东云计算有限公司[7]와 공식적으로 파트너십 협정체결 후 2020년 6월 허베이성 친황다오시 하이강구 응급관리국에 스마트시티 플랫폼 솔루션 공급, 연이어 2020년 9월 후베이성 우한시 경제개발구 응급관리국에 추가 계약 낭보로 이어졌다. 2019년 12월 징둥클라우드 베이징 본사와 미팅을 하고 당사 스마트시티 플랫폼을 소개한 이후 2020년 2월 징둥클라우드가 사업기회를 확보하고 있는 허베이성 친황다오시秦皇岛市, 허베이성 산허시山河市, 후베이성 우한시武汉市, 톈진시 허시구河西区, 안후이성 푸양시阜阳市, 후난성 장사시长沙市 등 6개의 중국 응급관리 분야 사업기회 목록을 검토하고 입찰참여방식과 제안방안에 대해 의견을 교환했다.

2020년 4월 허베이성 친황다오 응급지휘센터 사업관련 제안서 준비와 징둥클라우드 스마트시티 파트너사 등록을 위한 내부 사업심사가 있었다. 2020년 5월 차이나유니콤, 징둥클라우드 컨소시엄 연합이 친황다오 하이강구 응급지휘센터 프로젝트의 우선협상자 통보를 받아 2020년 6월 계약체결 및 프로젝트 착수가 진행되었다.[6]

친황다오 프로젝트 수주는 중국 현지화 경험이 축적되었기에 베이징 지사 중국인력이 주도하여 성과를 만들어낼 수 있었다. 중국 응급지휘

관련 기능요구사항 작성, 중국 응급지휘관련 제안서, 중국 SI 업체관련 제안서, 중국 응급지휘 관련 대시보드 화면, 중국 플랫폼 현지화 및 중문화, 중국 응급지휘관련 전체 지휘 동영상, 중국 플랫폼 API 다수, 중국 플랫폼기반 모바일용 커스터마이징 등 프로젝트 산출물을 확보하여 후속 사업을 독자적으로 대응해갈 수 있는 역량을 축적했다.

중국 CCTV 제조 및 영상관리 소프트웨어 분야 최정상에 있는 하이크비전海康威視의 응급관리 플랫폼에 대한 기술수준은 2016년 톈진 에코시티 제안 때와 비교해보면 괄목할 만하게 업그레이드되었다. 한국 영상보안업계의 분발과 변화가 절실해 보이는 대목이다.

하이크비전海康威視플랫폼은 영상통합시스템, 응급지휘시스템 2개 서브시스템으로 구성된다. 영상통합시스템은 영상모니터링 설정, 센터 저장 관리 및 설정, 실시간 미리보기, 비디오 재생, 상황판 응용, 영상 직렬 기능을 제공한다. 응급지휘시스템은 당직자 관리, 통합집결가시화, 협동회의, 보조의사결정, 지휘관리, 정보공개, 응급지휘체계 관리, 총결평가 등 기능으로 구성된다. 하이크비전 플랫폼은 영상통합 및 응급지휘 분야에서 글로벌 수준에 도달했고 중국 성, 시, 구 단위 응급관리국에 솔루션 보급 및 유지보수를 통해 독보적인 시장 점유율을 확보하고 있다.[7]

후베이성 우한 응급지휘센터 프로젝트

2020년 12월 22일 우한시 인민정부는 우한시가 신형스마트시티 건설 실시 방안을 가속화 추진한다는 통지문을 발송했다.

시진핑 총서기의 디지털중국 건설에 관한 일련의 중요한 담화 정신과 국가, 성省의 스마트도시 건설사업 배치를 관철하고, 우한武汉 특색의 초대형 도시 거버넌스 현대화 수준을 가속화하며, 향후 3년간 시 전체의 신형스마트시티 건설을 지도하는 방안을 특별히 반영했다.

시진핑 신시대의 중국 특색 사회주의 사상을 지도로 하여, 당의 19대 十九大 및 19기十九届 2중, 3중, 4중, 5중 전회全会 정신을 전면적으로 관철하고, 인민 중심의 새로운 발전 이념을 견지하며, 정보화로 도시의 높은 질적 발전을 선도하는 것을 중심으로, 체제 혁신과 기술 응용 혁신을 구동하고, 초광역 도시의 현대화 통치 패러다임의 혁신을 지원하며, 인민들의 아름다운 삶에 대한 향상과 도시 종합적인 경쟁력을 높이고, 국가 중심 도시 건설을 가속하는 것이다.

우한시는 1153의 전체 구조(클라우드 1개, 브레인 1개, 정부 관리, 대시민 서비스, 도시 거버넌스, 산업 혁신, 생태적 거주성 등 5대 중점 적용분야, 운영 관리, 표준규범, 정보보안 등 3대 보장체계)에 따라 스마트시티 건설을 추진한다.

스마트시티의 수퍼브레인超级大脑 구축을 통해 도시의 종합적 감지, 지능적 분석, 정밀한 조사와 판단, 통합지휘 및 비상대응을 강화하고 정무서비스는 '운영을 위한 하나의 네트워크→网通办', 정부 운영은 '협업을 위한 하나의 네트워크→网协同', 민생서비스는 '상호연결을 위한 하나의 코드→码互联', 도시운영은 '통합관리를 위한 하나의 네트워크→网统管', 사업관리는 '공통 거버넌스를 위한 하나의 네트워크→网共治', 기업서비스는 '직접 연결을 위한 하나의 플랫폼→站直通'을 추진해 도시 미세 거버넌스의 능력을 증진시키고 시민의 경험 및 획득 감각은 크게

향상된다. 그리고 우한시는 여러 측면에서 중국 벤치마킹 수준을 가진 신형스마트시티로 건설되고 있다.[8]

2020년 11월 27일 우한징둥클라우드武汉京东云 AI사업부와 당사 베이징 지사는 우한경제개발구武汉经开区의 응급관제기본플랫폼应急管控基础平台 및 종합응급정보관리시스템应急综合信息管理系统의 건설에 관한 계약을 체결했다.[9]

우한경제기술개발구의 응급관리 업무현황과 결합하여 후베이성 응급관리의 관련 정보화 건설계획을 참조하여 기존 응급관리부서 자원 통합 및 최적화, 기존 업무시스템과 장비를 통합, 다양한 응급관리 데이터 통합을 통해 우한경제개발구의 특성을 창출하는 '응급자원관리의 지도' 시스템을 구축하는 것이다.

응급자원관리는 위험원危险源 및 응급자원정보의 입력, 수정, 조회 및 통계와 같은 기본 기능을 제공하고 경제개발구역에서 관련 응급사태를 통합적으로 관리한다. 지리정보(GIS) 기술을 이용하여 지역 및 주변 위험요인, 응급자원, 응급사건 등 관련 연계정보를 시각화하고, 리더에게 직관적인 의사결정 참고자료를 제공한다. 응급자원정보의 수렴汇聚, 연합关联 및 통합融合을 통해 응급정보공유가 실현되며 응급자원정보는 '평시기억平时记得准 및 전시조정战时调得到' 관리모드이다.

2020년 12월 29일 우한시 경제개발구 응급국 허청린何承林 국장에게 당사 자오중쥐赵忠举 프로젝트 매니저(PM)가 응급관리플랫폼应急管理平台 프로젝트 진척상황을 보고했다. 응급국 직원들의 협조로 프로젝트가 순조롭게 진행되고 있는 것에 대해 감사를 표했고 2021년 춘절 연휴 이후까지 프로젝트 일정관리, 개발 아이디어, 개발 내용 및 기존 미완성 항목에 대한 보완계획을 포함하여 전체 프로젝트 진척에 대한 공정보고회가 있었다. 12월부터 시작된 응급관리플랫폼 실증성과를 소개하고 응급관리국 업무지원요청과 당사 후속고객 교육일정, 건의사항을 전달했다.[10]

허청린 국장은 프로젝트 진행상황을 잘 인지하고, 프로젝트 결과에 만족감을 표시하며, 춘절 연휴 이후에도 예정대로 프로젝트 준공을 위한 인수인계가 원활하게 진행될 수 있기를 당부했다. 응급관리국 산하 소방부서에 가능한 한 빨리 설치하고 연동해줄 것을 당부했다. 당사는 성시省市 단위 위험자원에 대한 영상모니터링, 화재사고 인터페이스 등 기술적인 보완조치 등을 경제개발구 응급관리국 직원과의 소통하면서 2021년 1월 15일 프로젝트를 준공했다.[11]

후베이성 우한 경제개발구 시티브레인 운영센터 화면
(출처: 바이지아하오)

2021년 7월 우한경제개발구 '시티브레인城市大脑' 프로젝트는 우한

경제개발자산관리武汉经开投资 산하 자회사인 우한경개자산운용관리센터武汉经开资产经营管理中心를 통해 시범 운영되고 있는데, 이는 자동차밸리车谷에서 시티브레인을 기업에 적용한 것으로 우한경제개발구 신형 스마트시티 건설은 새로운 단계로 접어들게 된다.

시티브레인은 주로 빅데이터, 클라우드 컴퓨팅, 인공지능과 같은 차세대 정보기술을 사용하여 도시 거버넌스의 현대화를 추진하고 서비스 지향적인 정부 건설을 촉진한다.[12]

우한경제개발자산관리유한회사武汉经开资产经营有限公司와 진커스마트서비스회사金科智慧服务公司가 공동으로 추진하는 자동차 밸리车谷 '시티브레인城市大脑' 프로젝트는 산업단지 및 기간산업을 아우르는 데이터베이스를 구축하고 통합, 집중화, 공유를 건설이념으로 설비시설 데이터를 센서, 모니터링 화면 등 데이터를 클라우드 플랫폼에 올리고, 기존 플랫폼 데이터와 연계하여 분석, 필터링을 통해 데이터를 가시화하여 공단, 기업, 개체의 '정밀화상精确画像'을 제공하며, 자동차 밸리 투자 유치를 위한 전체 산업체인에 대한 데이터 분석 및 의사 결정 지원을 제공한다.

'시티브레인'은 자산 프로젝트의 운영 상태에 대한 자동 모니터링 및 데이터 분석, 자산 예산 책정, 계획, 구매, 회계, 유지 보수 등 전체 수명주기별 동적 관리를 지원하므로 기업이 실시간으로 자산 변경 정보를 파악할 수 있도록 자산 관리의 표준화, 미세화, 효율화 등을 촉진한다.

자동차 밸리 '시티브레인' 프로젝트는 시범사업 단계에 있으며, 데이터 분석과 고객 피드백을 통해 데이터 관리 분석 모델을 더욱 최적화할 것이다. 경제개발투자는 8개 주요 단지와 연계하여 자료수집을 자동화하고 빅데이터를 사용하여 경제 개발 구역의 투자 유치활동을 지원하여 자동차 밸리 2차 창업단계에 과학적이고 정교한 정보기술 수단을 제공할 것이라고 경제개발투자 관계자가 설명했다.[13]

참고자료

1 组建应急管理部的三个重大意义 张海波(南京大学政府管理学院教授). 搜狐 2018-03-16
2 秦皇岛西港片区规划有望落成 打造国际港城新示范. 秦皇岛房产情报 2018-04-16
3 2019年秦皇岛致力打造"智慧城市". 秦皇岛房地产信息网 2021-06-10
4 秦皇岛市海港区智慧海港综合指挥系统项目设计一标段 地区. 河北项目网 2020-04-07
5 秦皇岛市海港区智慧海港综合指挥系统项目采购一标段. 北京捷利智慧科技 2020-04-20
6 秦皇岛市海港区智慧海港综合指挥系统项目合同. 北京捷利智慧科技 2020-06-10
7 海康平台应急管理系统分析. 北京捷利智慧科技 2020-05-01
8 市人民政府办公厅关于印发武汉市加快推进新型智慧城市建设实施方案的通知. 武汉市 科技 2020-12-31
9 武汉经开区应急管理平台技术服务电子合同平台. 武汉京东云计算有限公司 2020-11-27
10 武汉经开区应急局_项目汇报_会议纪要. 北京捷利智慧科技 2020-12-29
11 武汉市经开区应急资源管理一张图系统项目_项目基本情况. 北京捷利智慧科技 2021-01-16
12 武汉经开区新型智慧城市建设迈入新阶段,"城市大脑"运行. 传播一点精彩 2021-07-11
13 "城市大脑"在企业试点运行 数字化赋能车谷二次创业再出发. 搜狐网 2021-07-11

용어해설

1) 19기 중앙위원회 3차 전체회의(十九届三中全会): 중국 공산당 제19기 중앙위원회 제3차 전체회의가 2018년 2월 26~28일 베이징에서 열렸다. 전회(全会)는 중앙정치국이 주재한다. 시진핑(习近平) 중앙위원회 총서기가 중요한 연설을 했다. 전체회의에서는 「중국공산당 중앙의 당·국가기구 개혁심화결정(中共中央关于深化党和国家机构改革的决定)」과 「심화당과 국가기구 개혁방안(深化党和国家机构改革方案)」을 심의·의결하고, 「심화당과 국가기구 개혁방안」의 일부를 법적인 절차에 따라 13기 전인대 1차 회의에 상정하기로 합의했다.
2) 응급관리부(应急管理部): 중화인민공화국 응급관리부는 국무원 구성 부서로, 2018년 3월 제13기 전국인민대표대회 제1차 회의에서 비준된 국무원기구 개혁방안에 따라 설립되었다
3) 연방응급관리국(Federal Emergency Management Agency): 미국 국토안보부의 기관으로, 1978년 만들어졌다. 지방정부나 주정부만으로는 처리하기 힘든 재난에 대응하는 것이 주목적이다. 주지사의 비상사태 선언이 있어야만 개입하나, 1995년의 오클라호마 폭탄테러나 2003년의 컬럼비아 우주왕복선 공중분해 사고와 같은 연방 재산이나 자산에 대한 응급상황이나 재난에

도 대응하고 있다. 재난복구를 위한 현장지원이 주 역할이지만, 주정부와 지방정부에 전문가를 지원하고, 복구와 구호를 위한 자금을 모금하기도 한다.

4) 친황다오(秦皇岛): 허베이성 관할 지급시로, 국무원이 허가하여 확정한 중국 환보하이(环渤海) 지역의 중요한 항구도시로 유명한 빈하이(滨海)의 여행, 레저, 휴양지이다. 육지 면적은 7,802㎢, 해역 면적은 1,805㎢다. 2019년까지 4개 구, 3개 현을 관할한다. 2020년 11월 친황다오시 상주인구는 313만 명이다. 친황다오는 중국 최고의 해변도시, 전국 10대 생태문명도시, 북중국 최고의 주거도시, 중국 최고의 레저도시, 중국 최고의 사랑도시, 중국 최고의 행복감도시 등의 영예를 안았다. 친황다오는 중국이 올림픽과 아시안게임을 협찬한 유일한 지역이다. 2017년 전국 문명도시 칭호를 받았다. 2018년 국가산림도시 칭호를 받았다.

5) 낙원의 도시(天堂之城): 친황다오는 산수가 좋고 생태가 아름답다. 겨울에는 혹한이 없고, 여름에는 폭염이 없으며, 공기는 맑고 기후는 쾌적하다. 푸른 하늘과 황금빛 모래사장이 더해져 일찍이 중국과 외국의 관광 피서지가 되었다. 그중에서도 베이다이허(北戴河)가 있어 친황다오(秦皇岛)의 피서지로 불리게 됐다. 관광객들은 천국이 멀고 친황다오가 가깝다고 개탄했다. 만리장성과 산해관 등 역사 유적이 많이 남아 있다.

6) 바퀴제조수도(车轮制造之都): 허베이성 친황다오시는 중국 최대의 자동차휠 가공 및 제조기지이며 '바퀴제조수도'라는 명성을 가지고 있다. 27년 전 중국 대륙 최초의 알루미늄휠 제조회사인 CITIC Dicastal(中信戴卡)이 탄생했고, 27년 뒤에는 세계 최대 알루미늄휠과 알루미늄섀시 부품공급업체로 중국 자동차부품 수출 1위에 올랐다.

7) 징둥클라우드(京东云計算有限公司): 징둥클라우드는 2016년 4월 설립되어 중국 클라우드 컴퓨팅 시장에 정식 진출했다. 징둥테크놀로지(京东科技) 산하의 지능형 기술 제공업체로, 징둥그룹의 비즈니스 관행과 인공지능, 빅데이터, 클라우드 컴퓨팅 및 사물인터넷 분야의 축적된 기술을 바탕으로 디지털 기업을 위한 다차원 서비스 및 디지털 정부 시나리오 솔루션을 제공한다.

Part 4
한중 스마트시티 미래와 선택

4-1. 한국 스마트시티 조망
4-2. 중국 스마트시티 혁신
4-3. 한중 스마트시티 선택

4-1
한국 스마트시티 조망

한국 스마트시티 경과

한국 스마트시티의 출발점은 2004년으로 거슬러 올라간다. 도시개발 및 도시 거버넌스 분야에서 건설과 ICT를 결합한 **유비쿼터스도시 (U-City)**[1]를 도입하면서 지자체에서 U-City 기본 계획을 수립하기 시작했고 인천 송도·청라, 세종, 화성 동탄, 안양, 남양주 등 U-City 구축이 진행됐다. 정부는 2008년『유비쿼터스도시의 건설 등에 관한 법률』을 제정하고 전문인력 양성 및 U-Eco R&D, 정책사업 등을 통해 국가 차원에서 사업을 지원하였고 한국토지토지주택공사 등 정부 및 지자체 산하 공공시행사가 신도시를 중심으로 한국형 스마트시티 산업을 주도해왔다.[1]

2008년 글로벌 금융위기와 국내 건설경기 침체 등으로 신도시 사업이 축소되고 2013년『SW산업진흥법』개정안 시행 후 공공 소프트웨어 시장에서 대기업 참여가 제한되면서 공공 ICT 시장규모가 위축되는 등 국내 U-City 산업은 위기에 직면하게 된다.

제1차 U-City 종합계획(2009~2013년)과 제2차 종합계획(2014~2018년)을 통해 국내의 우수한 ICT를 신도시 개발과 접목해 공공 인프라를 확대하는 성과를 거두었다. 그러나 공공 주도의 사업 접근은 사업 모델 창출과 지속가능성에 대해 한계점에 봉착했다. 또한

U-City 사업이 신도시의 인프라 구축을 중심으로 추진되고 중소기업 위주로 사업이 진행되면서 산업 확장의 역량이 제한적일 수밖에 없었다. 또한, 개별 주체, 기술 단위의 시각에서 사업 방식을 탈피하기 위해 중앙부처·지자체·기업·시민이 참여하는 추진체계의 필요성이 제기되었다.

현 정부 들어 2018년 1월 「도시혁신 및 미래 성장동력 창출을 위한 스마트시티 추진전략」, 2019년 6월 「제3차 스마트도시 종합계획(2019~2023년)」을 각각 발표했다. 제3차 계획은 성장 단계별 맞춤형 모델 조성, 스마트시티 확산 기반 구축, 스마트시티 혁신 생태계 조성, 글로벌 이니셔티브 강화에 중점을 두고 있다. 한국 스마트시티의 경쟁력이 그 기반은 강하지만 데이터 계층, 서비스 계층 등은 경쟁력이 약하다는 지적이 있다. 이를 극복하기 위해 우리나라의 스마트시티 발전수준에 상응하도록 현행 스마트도시법의 보완과 함께 스마트시티와 관련된 서비스 분야의 발전을 위해 **데이터 3법**[2)] 등을 추진했다.[2]

한국 스마트시티 수출정책

한국 정부는 스마트시티 해외시장 진출을 활성화하기 위해 2016년 한국형 스마트시티 해외진출 확대 방안, 2019년 스마트시티 해외진출 활성화 방안을 각각 발표하고 추진해왔다. 현 정부에서 수립한 활성화 방안은 금융 지원, 네트워크 구축, 대·중소·스타트업 기업 동반 진출, 수주 지원체계 확립 등을 포함하고 있다. 또한 도시 건설·ICT 솔루션·법제도 등이 패키지형으로 결합한 한국형 스마트시티 모델을 구축하는 한편, 대·중소기업의 동반진출을 지원하기 위해 스마트시티 해외진출 대상 유형별로 맞춤형 지원 방안을 수립하여 지원 중이다. 그리고 해외진출 기업에 대한 금융 지원을 위해 2018년 **한국해외인프라도시개발지원공사(KIND)**[3)]를 설립하여 교통인프라, 도시 개발, 전력/에너지 및 플랜트, 수자원 및 환경 등의 사업 분야에 대해 프로젝트 발굴 및 개발, 금융 지원 등을 실시하고 있다.[3]

한국의 스마트시티 해외진출 방식은 인프라 위주의 신도시 개발과 스마트 솔루션을 패키지로 수출하는 형태로 접근했다. 즉 한국에서 신도시 개발과 ICT를 융합한 경험을 해외진출국에 접목하는 방식으로 진행했다. 현재 정부가 추진 중인 **세종 5-1 지구**[4)], **부산 에코델타 시범지구**[5)] 등 국가 시범도시의 노하우를 상품화하여 해외시장에 본격 진출한다는 전략이다. 일부 지자체에서도 스마트시티 수출을 위해 해외 도시와 협력방안 모색, 지식공유 및 교류확대 등을 추진하고 있다.

중국은 해외 스마트시티 시장 중 단일 국가로 최대 규모이며 한국 스마트시티와 마찬가지로 정부 주도로 시장이 형성되어 많은 부분에서 닮은꼴이다. 스마트시티 폭풍 성장과 함께 많은 과제를 안고 있는 것이 냉엄한 현실이다. 한국 정부와 기업이 중국시장 진출전략을 재점검 해보고 전향적인 사고의 전환이 필요한 시점이다.

한국 정부는 수년 전부터 한중 양국 간 경제협력의 일환으로 양국 기업이 제3국 시장에 공동 진출할 수 있는 방안을 모색한 바 있다. 글로벌 차원에서 스마트시티가 빠르게 확산되고 있는 점을 감안해 해외 스마트시티 시장에서 한중이 공동으로 진출하는 것은 양국 간 경제협력의 좋은 사례가 될 수 있다. 특히 중국의 일대일로 정책과 우리나라의 신북방 및 신남방 정책 간의 접점 지역에서 협력하는 방안을 모색할 수 있다. 또한 한중이 모두 아세안에 주목하고 있는 점을 감안하면, 이 지역에 공동 진출하는 방안을 고려할 수 있다.[4]

중국 시장 진출시 '제품경쟁력 강화', '중국기업과의 경쟁우위선점' 및 '중국기업과의 협력강화' 등을 필히 고려해야 한다. 또한 진출방식으로는 중국기업과의 합작회사 설립을 통한 시장진출 방식을 선호하였고 내자법인 또는 100% 외자법인 설립, 중국기업의 벤더형태로 진출하는 방안 등이 일반적이다. 한국정부가 우리기업에게 관심을 가져야 할 사항으로 '중국시장 진출 및 사업화 지원'이 가장 높고, 이 외 '중국업체간 연계', '특허 및 인증지원', '자금지원' 등으로 나타났다.

중국 스마트시티는 도시별로 주요 스마트 혁신기업과 컨소시엄을 중심으로 추진되고 있어 외국기업의 단독진출이 어렵다. 따라서 중국기업과의 협력을 통해 진입하는 것이 유리할 수 있는데 중국기업과의 협력관계에 있어서 카피(copy) 문제, 현지 인증 또는 특허 획득에서의 시간적·금전적 비용이 소요되는 등의 문제들이 우리기업의 진출의 걸림돌이 되고 있다.

중국 정부의 디지털 경제로의 전환, 신SOC 육성정책, 탄소중립 정책 등의 추진으로 스마트시티 해당 분야의 기술 및 응용 솔루션 분야 수요가 크게 확대되고 있고 과학연구 및 기술서비스업 분야에서 5G 통신기술 개발과 응용, 사물인터넷 기술개발과 응용, 블록체인 기술 개발과 응용, 도농계획 편성 서비스 분야 등에서도 제도적으로 외자기업의 진출이 장려되고 있다는 점도 우리기업에게 기회요인이라고 할 수 있다.[5]

4-2
중국 스마트시티 혁신

중국 스마트시티 등장

중국 **주택도시농촌건설부**住房城乡建设部⁶⁾는 2012년 12월 4일 국가 스마트시티 시범사업에 착수했다. 국가스마트시티 시범사업은 「12차 5개년 계획+二五」 및 「스마트시티 개발계획 요강 편성智慧城市发展规划纲要编制」에 근거하여 스마트시티 건설을 위한 자금조달계획 및 보증채널이 명확하여 중국정부재정예산에 편성되었다. 또한 「국가스마트시티 시범관리대책」과 「국가스마트시티(구·현) 시범지표체계」 등 2개 문서를 발표하고 시범 사업을 진행했다.⁶

베이징, 상하이, 광저우, 선전, 항저우, 난징, 닝보, 우한, 샤먼 등은 이미 스마트시티 발전 계획을 수립하여 구축 중이다.⁷

2015년 12월 16일 시진핑 주석은 저장성 우전에서 열린 세계인터넷대회(WIC)의 개회 연설에서 인터넷 시대 중국의 주도적 역할을 위해 인터넷 인프라 구축의 가속화, 인터넷 경제 혁신의 촉진, 인터넷 보안의 보장 등 신형스마트시티新型智慧城市 건설을 제안하고 맹목적인 확장보다는 스마트시티의 질적 변화를 강조했다.⁸

중국 스마트시티 전망

2019년 6월 14일 중국 도시 및 소도시 개혁 및 개발 센터 이사장 겸 수석 경제학자인 리톄는 2019 중국 스마트시티 엑스포中国智慧城市

博览会에서 스마트시티는 정부 주도의 스마트시티가 아니라 수많은 시장 혁신을 통한 과학적 연구 결과이며 단편화된 애플리케이션이든 시스템 애플리케이션이든 정부에 대한 서비스, 주민들에 대한 서비스, 광범위한 시장 수요에 부응할 수 있는 것이 진정한 스마트시티라고 말했다.

"중국의 도시화율은 60%에 도달하고 도시 규모는 계속 증가할 것이며 대도시의 수는 계속 증가할 것이며 이는 중국의 도시 개발, 운영 및 관리에 몇 가지 도전을 가져올 것이다." **중미녹색기금**中美绿色基金[7] 쉬린徐林 회장은 스마트기술이 중국 도시의 고품질 발전을 촉진할 수 있다고 말했다. 국가발전개혁위원회가 발표한 「2019년 신형 도시화 건설을 위한 핵심과제新型城镇化建设重点任务」도 질 높은 발전을 지속적으로 추진하되 사람의 도시화를 촉진하는 질적 향상 위주로 신형 도시화 전략을 가속화해야 한다고 명시했다.

도시의 질적 발전은 중국의 도시들이 더 지혜롭고 녹색적이며 저탄소이며, 더 살기 좋고, 더 개방적이고, 포용적이어야 한다는 것이다. 쉬린 회장은 "기술이 가져온 변화는 도시의 효율성을 높이고, 도시는 더욱 긴밀해졌으며, 도시의 밀도·경쟁력·편안도·위생상태가 기술 변화로 개선됐다"고 말했다.

"스마트기술은 우리에게 새로운 변화를 가져오는데, 과거의 동력기술이 다리를 해방시켜 우리를 더 힘 있게 했다면, 스마트기술은 우리의 지능 또는 두뇌를 더 많이 활용하여 스마트기술로 도시를 건설하고 도시 관리를 더 잘할 수 있게 한다"며 쉬린 회장이 말했다.

그는 세 가지 측면에서 설명했다.

첫째, 스마트기술은 도시 계획 및 건설을 보다 표준화하고 효율적으로 만든다. 예를 들어 이전에 지상과 지하 계획이 통합되지 않고, 효과적으로 교통 연결 계획을 반영할 수 없었다. 스마트기술은 도시 개발 계획의 모든 측면을 통합할 수 있다.

둘째, 스마트기술은 도시 인구 증가로 인한 도시의 고품질 공공서비스 자원 부족 문제를 해결할 수 있다. 예를 들어, 온라인과 오프라인 서비스 방식을 통합하여 고품질 의료 자원을 더 잘 구성하여 더 많은 사람의 요구를 충족시킬 수 있다.

셋째, 인터넷, 빅데이터, 인공지능, 클라우드 컴퓨팅 등 스마트기술과 경제사회 발전의 각 분야, 산업별 심도 있는 융합이 도시, 산업으로의 패러다임 전환이라는 강력한 모멘텀을 낳았다.[9]

투자규모 글로벌 2위

유망산업연구원前瞻产业研究院의 통계에 따르면 중국 스마트시티 시장규모는 2014년 7,600억 위안에서 2017년 6조 위안, 2018년 7조 9,000억 위안에 달할 것이라고 한다. 2019년 중국 스마트시티 시장규모는 7조 9,000억 위안에 이를 것으로 전망했다. 도시 시장규모는 10조 위안을 넘어설 전망이다.

중국스마트시티실무위원회中国智慧城市工作委员会[8]의 자료에 의하면 중국 스마트시티 시장규모는 2020년 14조 9천억 위안이며 2022년까지 중국 스마트시티 시장은 25조 위안에 이를 것으로 예상된다.

투자규모의 관점에서 중국의 스마트시티 투자규모는 계속해서 성장하고 있다. 데이터에 따르면 2020년 중국 스마트시티 시장 지출액은 259억 달러로 전년 대비 12.7% 증가해 세계 평균보다 높은 수치로 미국에 이어 두 번째로 큰 국가다. 중국비즈니스산업연구원中商産业研究院은 중국의 스마트시티 시장 지출이 2022년에 313억 8,000만 달러에 이를 것으로 예측한다.

산업 발전 추세

스마트시티 건설은 중국의 중요한 발전전략으로 중국은 「국가신도시화계획国家新型城镇化规划2014-2020」, 「스마트시티의 건전한 발전을 촉진하기 위한 지침关于促进智慧城市健康发展的指导意见」, 「13차 5개년 국가정보화계획"十三五"国家信息化规划」, 「스마트시티 정보기술운영智慧城市信息技术运营指南」 등의 정책과 표준문서는 중국의 도시화 발전과 지속가능한 도시발전 방안으로 스마트시티의 전략적 지위 및 스마트시티 추진을 명시했다.

국가정책의 잇따른 출시는 각 지역의 스마트시티 건설수요를 지속적으로 자극하여 스마트시티와 관련 업종의 발전을 촉진하는 데 큰 역할을 한다.

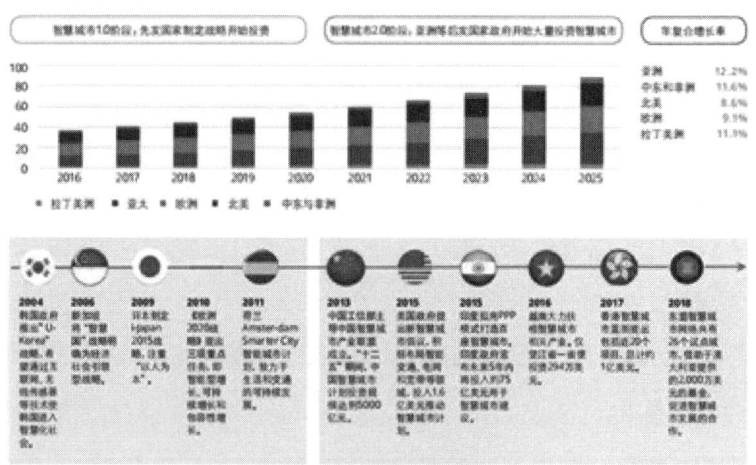

글로벌 '스마트시티' 투자규모
(출처: 딜로이트)

중국 경제발전은 새로운 시대에 접어들었지만, 여전히 꾸준하고 빠른 발전을 유지하고 있다. 안정적인 경제성장은 스마트시티의 발전에 두 가지 유익한 효과를 제공한다.

첫째, 스마트시티에 대한 주요 투자는 정부의 IT 투자에서 나오며, 안정적인 경제성장은 재정수입을 효과적으로 촉진하고 스마트시티의 발전을 위한 투자보증을 제공하며 업계에서 기업의 발전을 촉진할 수 있다.

둘째, 안정적인 경제환경은 기업이 다양한 경제활동을 수행할 수 있는 비교적 안정적인 경영환경을 제공하며 산업발전에 유리한 영향을 준다. 스마트시티 IT 서비스 산업의 실질적 고객은 주로 지방정부이다. 스마트시티 건설 및 개발 촉진에 관한 정부 문서가 발표되면서 도시서비스, 공공안전, 민생 등 스마트시티 건설수요가 곳곳에서 쏟아져 나오고 있다. 이 때문에 산업 발전에 유리한 기회를 제공했다.

스마트시티 발전은 주로 기술진보로 주도된다. 현재 스마트시티 IT 서비스 건설은 핵심기술의 반복적인 업그레이드를 거치며 스마트시티 건설에 대한 새로운 수요를 계속 자극하고 있다. 한편으로 기술 업그레이드는 스마트시티를 위한 보다 효율적인 솔루션과 독창적인 건설 콘텐츠를 제공할 수 있다. 동시에 과거에 해결할 수 없었던 일부 도시관리 문제에 대해 실행 가능한 솔루션을 제공하고 새로운 건설요구를 자극할 수 있다. 기술의 발전은 스마트시티 산업 발전을 위한 유리한 조건을 만든다는 것을 알 수 있다.[10]

중국 스마트시티 산업 지도
(출처: 아이루이컨설팅)

중국 스마트시티 진전

도시의 스마트 애플리케이션은 여러 측면에서 구현되며 직접 접할 수 있는 것은 인터넷, 모바일정보, 도시 공공장소의 교통영상모니터링 등이다. 실제로 하늘, 지하 및 건축공간 내부에는 수많은 공사, 환경 및 파이프라인에 대한 센서측정시스템이 있다. 이러한 스마트한 활용은 꼭 개인만을 위한 것은 아니지만 도시관리에서는 중요하다.

예를 들어, 환경오염에 대한 모니터링시스템은 이미 지능화된 수준에 도달했고 도시지하 배관시설에 대한 모니터링과 건물내부 배관시설에 대한 감지모니터링시스템은 공사위험 방지와 돌발사태 예방 등에 중요한 역할을 하고 있다.

베이더우北斗[9] 측위 시스템은 지표면의 각종 데이터 대상의 변화에 따라 응용 가능한 지능형 탐지시스템을 구축하고 교통, 엔지니어링, 지질, 산업의 공간 변화를 유도한다. 또한 데이터 시스템을 기반으로 도시계획 관리시스템은 도시의 변화를 데이터맵으로 표현하고 있다.

결국 사람의 행동과 데이터는 인터넷과 모바일로 연결돼 있어서 데이터 궤적의 변화에 따라 사람의 행동 궤적을 판단할 수 있다. 이번 COVID-19 방역 과정에서 건강코드는 빅데이터의 궤적을 따라 만들어져 방역과정에서 큰 역할을 했다. 데이터 기반으로 보건코드가 수립되었으며 이는 전염병 퇴치에서 매우 중요한 역할을 했다.

중국 스마트시티 응용 수준

글로벌 관점에서 볼 때 스마트시티는 아직 단편화碎片化 단계에 있으며 이는 스마트시티 발전의 필연적인 단계이다. 각각의 단편화의 체계화 과정은 도시에서 특정 종류의 스마트 수단의 적용이 점차 개선되고 있으며 다른 분야로 확장될 수 있음을 의미한다.

예를 들어, 한국에서는 스마트 관제센터를 통해 도시교통 관리와 치안 관리를 하고 있고 신도시 위주에서 지방도시로 확산되고 있다. 중국은 이미 수만~수십만 개에 달할 정도로 한 도시에 널리 사용되고 있는 시각감지시스템视觉感应系统에 따라 건설된 도심지가 교통사건과 치안사건을 처리하는 데 큰 역할을 하고 있다.

그래서 스마트교통 분야는 중국이 최고라고 할 수 있고 인터넷과 휴대전화에 기반을 둔 내비게이션뿐 아니라 베이더우의 참여도 있다. 중국은 스마트시티 후발국가이지만 발전 속도는 선진국을 훨씬 뛰어넘고 있으며 응용 분야는 계속 확장되고 있다. 인터넷과 빅데이터, 인공지능을 기반으로 한 다양한 스마트시티의 활용은 중국이 앞서가고 있다고 할 수 있다.

이는 세계적으로 인터넷, 빅데이터, 인공지능을 기반으로 한 스마트한 활용이 가장 보편화된 국가普及的国家이기 때문이다. 많은 스마트 애플리케이션 모델은 이익구조의 고착화와 가치관 등으로 인해 선진국에서는 널리 보급되기 어렵다.

예를 들어 도시감지시스템城市感应系统은 많은 선진국에서 시민 저항이 많지만, 개인 가치보다 집단적 가치를 중시하는 중국에선 이런 스마트 시스템의 활용이나 도시 확산에 큰 지장이 없다.

무현금결제无现金支付[10]가 중국에서 확산된 것도 금융 시스템 국유화로 인해 도시 내에서 심각하게 고착화된 이익집단이 형성되지 않았기 때문이다. 더욱이 중국에서 무현금결제의 보급과 적용은 더 큰 제도적 장애에 직면한 적이 거의 없으며, 이는 선진국들이 참고하거나 배울 수 없는 부분이다.

모빌리티 플랫폼 서비스 도입단계에서 이해집단 간의 갈등이 존재하지만, 온라인 공유차량은 도시의 교통 문제를 어느 정도 완화하고 주민들이 편하게 택시를 탈 수 있도록 하는 등 가장 어려운 고비를 넘어 선순환 단계에 접어들었다. 중국에는 이러한 사례가 셀 수 없이 많으며, 중국의 스마트시티는 이미 글로벌에서 절대적으로 앞서가고 있는 셈이다.[11]

질적 혁신 가속화

2021년 10월 23일, 후베이성 우한에서 열린 중국 전자 클라우드·데이터 융합 미래 정상회의中国电子云·数聚未来峰会에서 디지털 정부 포럼이 많은 주목을 받았다. 중국 시스템상 스마트시티는 플랫폼 구축, 표준화, 융합생태계를 주축으로 디지털도시 발전数字城市发展의 플랫폼이 필요하다.

중국시스템中国系统[11] 창후이펑常惠鋒 부사장은 "플랫폼은 클라우드 기반의 기술을 구현하는 플랫폼일 뿐만 아니라 데이터 요소, 데이터를 연결하고 시나리오를 가능하게 하는 공급 플랫폼이자 도시운영을 위한 지원 플랫폼이어야 한다. 도시 운영 과정에서, 데이터 요소를 형성하고 현장의 가치를 제공하는 이 플랫폼은 결국 산업생태계를 결집하고 도시의 디지털 산업数字产业을 업그레이드할 수 있다"라고 말했다.

양적 변화에서 질적 변화로 가기 위해 스마트시티는 5가지 장벽을 넘어야 한다.

첫째는 보안이다. **신촨 프로젝트**信创工程[12]를 실시함에 따라 도시든

산업이든 기본능력은 빠르게 개선되고 있지만, 적용 수준에서는 여전히 효과적인 감독이 부족하다. '**데이터안전법**数据安全法[13]', '**정보보호법**信息保护法[14]' 등 규제 도입으로 디지털 구축 및 발전의 표준화가 기대된다.

둘째는 역량의 축적과 재사용이다. IDC[15] 통계를 보면 2020년 중국 스마트시티 건설 투자액은 약 266억 달러로 세계에서 두 번째로 큰 투자국이다. 하지만 여기에는 중복 건설이 많이 걸려 있어 체계적인 능력을 어떻게 효율적으로 운용하고 활성화하느냐에 따라 시간과 자본비용이 크게 절감될 수 있다.

셋째는 도시시스템의 효율적 통합과 시너지가 부족하다는 점이다. 전통적인 정보화 건설은 블록결합을 중요시하는데 스마트시티가 이런 경로를 따라간다면 시스템을 많이 만들수록 외딴 섬孤岛이 많아지는 것이 문제다.

넷째는 데이터와 업무의 융합이 제대로 이뤄지지 않았다는 점이다. 다년간의 정보화 건설을 통해 도시는 대량의 데이터 자산을 축적하였지만, 어떻게 하면 좋은 데이터로 업무의 응용을 더욱 효과적으로 뒷받침하고, 데이터로 의사결정과 관리, 혁신을 지탱할 수 있을 것인가가 미래의 관건이다.

마지막으로, 효과적인 조직운영이 결여돼 있다. 플랫폼 기반 기업은 다양한 플랫폼을 구축하고 그 위에 다양한 응용프로그램을 탑재하는 것이 주류지만, 현재로서는 간단한 인터페이스 연결일 뿐, 진정한 표준, 통합시스템을 실현하기까지는 갈 길이 멀다.[12]

　만물 인터넷 시나리오万物互联场景에서 모든 것이 말하는 스마트시티의 상호 작용이 새로운 수준에 이르게 되고 다양한 요소 간에 새로운 상호 작용 생태계互动新生态가 형성된다.
　스마트시티의 발전에 따라 미래에는 사람 간의 연결人与人的连接에서 만물 인터넷万物互联에 이르기까지 수직적 응용垂直领域应用이 더 많아질 것이다.
　예를 들어 의료 산업의 건강 플랫폼医疗行业的健康平台은 도시 병원, 질병 관리 시스템, 사회 보장 센터, 약국 등 시스템 간에 데이터를 교환하여 도시 시민의 건강 상태를 적시에 분석하고 판단하고 공식화할 수 있습니다. 도시 건강 개발 정책 및 주요 감염 질병 응급 지휘를 수행한다.
　또한, 도시 생태 플랫폼城市生态平台은 도시 환경 센서 단말기, 위성 데이터, 기상 데이터 및 환경 모니터링 데이터를 종합적으로 판단하고 도시의 생태 품질을 분석할 수 있으며 복잡한 과학적 관리 방법을 통해 환경 생태 데이터를 분석하여 도시의 장마철의 침수를 예측하고 적시에 방재대응을 한다. 예를 들어, 도시 정보 플랫폼城市信息平台은 실시간으로 도시 공공 사건의 그룹별 대응 상황을 분석하고 적시에 비상 조치를 취할 수 있다.[13]

4-3
한중 스마트시티 선택

한중 스마트시티 협력

중국 신형스마트시티 건설은 지속적인 경제성장을 견인하고 새로운 성장동력을 발굴할 수 있는 거대한 잠재력을 품고 있다. 또한, 중국의 신형스마트시티는 새로운 첨단기술과 제품들이 속속 개발되고 적용될 수 있는 첨단기술의 종합적인 실험장인 동시에 구현장으로서의 장점과 함께 무한한 가능성을 내포하고 있다. 산업 간 잠재적인 연관효과도 풍부하며 새로운 유망산업과 아이디어의 산실의 역할도 충분히 기대할 수 있다.

중국 스마트시티 건설은 관련 영역이 광범위하고 혁신적인 응용과 잠재력 또한 거대하기 때문에 많은 사업 참여자들이 치열한 경쟁과 광범위한 협력이 공존하는 산업구조가 형성되고 있으며 강력한 혁신기술과 통합능력을 갖춘 리더가 출현하고 있다. 스마트시티의 전반적 운영을 담당할 운영상運營商과 같은 새로운 업종이 만들어지고 있다.

중국 스마트시티 건설은 우리 기업의 도전이 기대되는 영역이다. 그러나 중국의 스마트시티 건설에 참여하기 위해서는 민간 기업만으로는 부족하다. 무엇보다도 정부 차원에서의 협력과 지원이 우선적으로 충족되어야 한다.

또한 지속적인 관심과 스크린을 통하여 중국정부의 정책과 지방정부와 관련 중국기업들의 움직임을 주시해야 한다. 이미 중국에서 형성되고 있는 카르텔이나 업계의 리더와 공동 사업진행을 위한 전방위적인 준비와 관계 형성이 필요하다.[14]

2013년 12월 30일 서울에서 개최된 제12차 한·중 경제장관회의에서 한·중 양국 간 도시정책협력체계 구축을 위해 국장급 회의를 신설하기로 합의하였고 제1차 한·중 도시정책협력회의가 2015년 10월 중국 북경에서 개최되어 양국 정부 간 회의 연례화, 스마트시티 관련 양국협력, 민간교류 활성화 등을 논의했다. 한국 국토교통부 윤성원 도시정책관과 중국 국가발전개혁위원회國家發展和改革委員會 **발전규획사**发展规划司[16] 쉬린徐林 사장 등이 양국 수석대표로 참석했다.

제1차 한·중 도시정책회의 후속으로, 2015년 12월 국토교통부·LH가 주관하여 서울에서 개최된 스마트 그린시티 국제콘퍼런스와 2016년 7월 국가발전개혁위원회國家發展和改革委員會·중국 도시와 소도시 개혁발전센터中國城市和小城鎭改革发展中心가 주관하여 열린중국 베이징 스마트시티 Expo에서 양국 협력이 진행됐다.[15]

2018년 8월 21일 중국 선전에서 열린 제4회 국제 스마트시티 엑스포에 한국 민관 합동 대표단을 구성하여, 한·중 고위급 회담 및 교류협력 세미나, 양국 기업 간 비즈니스 미팅, 한국홍보관 설치 등을 진행했다. 국토교통부 박선호 국토도시실장은 "중국도 한국과 같이 정부차원에서 스마트시티 정책을 적극 추진 중이며, 화웨이, 알리바바 등 글로벌 혁신기업을 보유한 세계 최대 스마트시티 시장 중 하나로 양국 간 협력에 따른 잠재력이 매우 클 것으로 기대된다"라며, "2018년 9월

17일부터 20일 기간 중 개최되는 '제2회 월드스마트시티 위크'에 중국도 참여할 예정인 만큼, 정부·민간 차원의 전방위 협력을 지속해나가면서 한국 기업의 중국시장 진출을 적극 지원할 계획이다"라고 밝혔다.[16]

한국 건설산업은 디지털 변혁(DX: Digital Transformation)과 함께 서비스업화가 급속히 진행되고 있다. 도로, 수자원 인프라, 건물 등을 설계할 때는 이용자의 경험 데이터가 실시간 반영되는 IoT 기반 서비스 제공을 우선으로 반영하고 있다. 다시 말하면, 이용자 경험치가 실시간 피드백되어 도시 인프라 서비스 플랫폼 자체가 진화 개선되도록 만들어진다.[17]

한국 ICT산업은 선진적 공공서비스 개발경험과 노하우는 글로벌 수준이다. 인터넷, 빅데이터, IoT, 인공지능, 클라우드 컴퓨팅 등 ICT를 기반으로 응용 분야를 확대하고, 산업별로 심도 있는 융합이 진행되고 있다. 한국 스마트시티가 도시, 산업으로의 패러다임 전환이라는 강력한 모멘텀을 만들어가고 있는 중이다. 중국의 스마트시티 건설에서 일정부문 독자적인 영역을 확보할 수 가능성을 보여주는 대목이다.

스마트시티 분야에서 한국과 중국의 상호 보완적 접근이 필요하며 4차 산업혁명의 가장 근본적인 요소는 인력교류이며 나아가 공동창업으로 확대 발전할 수 있다. 한중 사업교류에서 가장 활발하게 논의할 수 있는 분야는 기술과 시장을 바탕으로 시범사업을 추진하고 이를 부산물로 기술표준 등으로 확대하여 글로벌 시장을 공략하는 것을 검토해볼 수 있다.

　AI분야는 중국이 특허출원수에서 미국에 이어 2위를 달리고 있으나 전문인력은 매우 취약한 상황이다. 인재운용, 핵심기술개발, 연구기관 간 협력 등이 한중 스마트시티 협력 가능한 분야이다.[18]

　스마트시티 관련 응용기술이 있어 한국은 중국보단 일부 우위를 갖고 있지만, 격차가 크지 않기 때문에 우선적으로 5G, 빅데이터, 사물 인터넷 등 기반기술부터 재난, 재해, 안전 등 응용분야까지 기술 수준을 향상하려는 노력이 필요하다. 스마트시티의 도시 인프라부터 서비스까지 한중 간 공동 실증사업을 추진하고 한중 간 도시운영 향상, 서비스 편의성 제공, 사이버 보안 등 공동 관심사와 스마트시티 표준, 실증사업 등 양국 정부, 기업 전문가 교류를 강화할 필요가 있다.[19]

　한국과 중국의 스마트시티 산업은 정부 주도로 투자와 운영이 이루어지고 있어 정부 재정의 영향을 받는 한계를 가지고 있다. 또한 스마트시티 구축과 운영, 안정적이고 지속성을 유지해야 하는 과제를 안고 있다.
　스마트시티 수요가 명확해지고 시민들의 수용도가 향상됨에 따라 정부와 기업은 합리적인 비즈니스 모델을 개발하고 데이터를 개방해서 스마트시티 구축과 운영 서비스를 담당할 전문기업을 육성해야 한다.
　양국 정부와 기업이 이익을 공유하고, 리스크를 함께 부담하는 비즈니스 파트너십 관계로 전환되어야 한다. 스마트시티 플랫폼 기반으로 응용서비스, 인프라 통합, 혁신 R&D 등 스마트시티 전반을 아우르는 생태계를 조성하여 혁신적인 산업의 주체로 자리매김해야 한다.

한국이 중국의 스마트시티 공공입찰에 참여할 방법은 현재 제한적이지만, 입찰 건수가 폭발적으로 증가하고 기술적 요구사항이 높아지는 점은 우리에게는 분명 기회 요인이라고 할 수 있다. 중국 현지 프로젝트 입찰정보 조사, 스마트시티 관련 전시회, 포럼 등 행사 참여 등을 통해 한국 기업이 보유한 기술과 제품의 경쟁력을 비교 분석하고 포지셔닝하여 사업기회 발굴 및 고객 대응활동 등을 꾸준히 전개해야 한다.

중국 현지 기업과 파트너십 구축은 시장진입에 있어 가장 우선적으로 준비할 일이다.[20]

2018년 4월 중국공산당 허베이성 위원회와 허베이성 정부는 **슝안신구**雄安新区[17]의 종합적인 건설계획과 비전을 제시한 「허베이 슝안신구 계획강요河北雄安新区规划纲要」를 발표했다. 2017년 4월 중국공산당 중앙위원회中共中央와 국무원国务院에서 슝안신구 건설을 결정하였고, 1년이 경과한 시점에 허베이성 정부가 구체화한 로드맵을 제시한 것으로 슝안신구가 시진핑의 정치적 위상과 연계된 것으로 인식되고 있으며, 대규모 투자와 정책지원이 이루어질 것으로 예상하여 있다. 슝안신구 초기 개발에 투자되는 금액만 5,000억 위안(약 85조)에 달할 것으로 전해졌다.

2035년까지 베이징의 비핵심적인 수도 기능과 첨단기업, 기술, 인재 등을 슝안신구로 이전하고 첨단기술이 집약된 신형스마트시티를 조성할 계획이다. 중앙정부가 추진하고 있는 '징진지 협동발전京津冀协同发展'의 일환으로 베이징의 혁신요소를 도입하여 수도권 지역 균형발전의 새로운 축으로 하여 베이징의 도시 과부하 기능을 상대적으로 낙후된 허베이 지역 슝안신구로 이전하는 것으로 베이징의 비핵심적인 수도 기능을 분산시키되 동시에 혁신요소를 집중하여 베이징, 톈진, 허베이성 세 지역을 균형적으로 발전시킨다는 전략이다.

또한, 현대적 서비스 및 첨단기술 산업 등 베이징에서 유입되는 고부가가치 산업과 양질의 혁신요소가 슝안신구 신형스마트시티 건설에 반영될 것으로 보인다. 슝안신구는 차세대 정보통신기술과 개발전략, 도시계획·건설·운영·서비스 등의 심도 있는 융합을 추진하고 있어 가장 혁신적인 스마트시티 모델이 될 것이다.

녹색·혁신·스마트 3대 기능으로 건설(2018~2035년) 중인 슝안신구 조감도
(출처: 상하이 퉁지 도시설계원)

현재 슝안신구 스마트시티 조성 프로젝트는 중국기업 중심으로 진행되고 있으며 외국기업이 진입한 사례는 거의 없는 상황이다. 2018년 8월 24일 허베이성 정부는 「외자의 효율적인 이용을 통한 경제의 질

적 발전 촉진에 관한 실시의견关于积极有效 利用外资推动经济高质量发展的实施意见」을 발표하였고, 슝안신구 구획 건설에 외국기업의 참여를 지지한다고 명시했다. 특히 빅데이터, IoT, 인공지능, 스마트에너지, 스마트자동차, 선진환경보호 등 신산업 분야의 투자를 강조했다.

2035년까지 추진될 장기사업임을 고려할 때 슝안신구 스마트시티 조성의 핵심분야인 스마트의료, 교통, 환경, 도시 관리 및 빅데이터 등 분야에서 협력기회를 모색할 필요가 있다.

슝안신구의 스마트시티 조성 관련 프로젝트 중 외자 협력 사례는 중국은행, 중국슝안건설투자그룹中国雄安建设投资集团有限公司[18], 영국의 부동산 개발 기업인 커너리 워프(Canary wharf) 그룹이 공동 추진하는 '슝안신구 핀테크타운金融科技城' 프로젝트로, 이는 중국과 영국 정부 간 협력으로 추진된 경제협력 프로젝트이다.

일본의 마쓰시타와 히타치는 슝안신구 스마트시티에 진출하기 위해 최근 중국기업과 합작기업을 설립했는데, 우리 기업도 향후 중국 전체 도시에 영향을 미칠 슝안신구 사업에 주목할 필요가 있다.

CIM 스마트시티 플랫폼으로 설계한 슝안신구 1기 효과도
(출처: 중국건설과기그룹)

한중 정부 간 스마트시티 신산업 분야 협력을 강화하여 우리 기업의 프로젝트 참여 기회를 마련하는 방안과 바이두, 차이나모바일 등의 자율주행, 차이나텔레콤, 차이나유니콤 등 중국 3대 통신사의 NB-IoT[19], 중국전자과기그룹의 빅데이터 센터 등 스마트시티 관련 첨단 기술 분야에서 주도적으로 산업생태계를 구성하고 있는 중국기업들과 협력을 통해 슝안신구 스마트시티에 진출하는 것을 검토할 수 있다.

또한, 중국 지방정부 추진 중인 스마트시티 사업참여를 모색해야 할 것이다. 허베이성은 한중 정부 간 환경 분야 협력이 활발하게 진행되는 지역으로 우리기업의 슝안신구 스마트시티 프로젝트 진출 및 협력 방안을 적극 추진할 필요가 있다.[21]

한중 스마트시티 미래

2020년 9월 28일 김병권 주시안 총영사는 '한-중 스마트시티 산업협력 연구토론회'에 참석하여 축사하고 한국 대구광역시와 중국 산시성 간 스마트시티 건설사업 관련 기술·정책교류 촉진 및 우리기업 현지진출을 지원했다.

산시성 공업정보화청 황신보黃新波 부청장은 산시성과 대구광역시는 양국의 중앙정부에서 스마트도시 건설을 위한 역량을 집중시키고 있는 지역인바, 금번 행사를 통해 빅데이터 산업분야의 교류를 활성화하여 각종 도시문제를 해결할 수 있기를 기대한다고 언급했다.

김병권 총영사는 4차 산업혁명과 코로나19라는 시대적 배경 속 정보통신기술의 발전은 스마트시티 건설의 근간기술인 동시에, 국민의 안전·생활에 직결됨을 언급했다. 또한, 중국 서북부의 거점지역인 산시성 시안시와 한국의 대표적인 스마트도시인 대구광역시가 새로운 도시 간 협력기제를 모색해가는 것은 큰 의의가 있으며, 향후 원원모델을 기초로 질적 협력관계를 구축해나가길 희망했다.

자오리젠赵立坚 중국 외교부 대변인은 2021년 5월 25일 정례 브리핑에서 "한국과 중국은 가까운 이웃이자 중요한 협력 파트너로서 글로벌 시대에 양국의 산업체인, 공급체인, 가치 체인이 깊이 있게 융합돼 있다"라고 말했다.

또한 "양국이 시장경제 원칙과 자유무역 원칙에 따라 투자와 경제·무역 협력을 하는 것은 양국의 공동 이익에 부합한다. 또한, 한국 기업이 한중 무역협력을 강화하고 양국관계 발전에 중요한 역할을 하는 것을 환영한다"고 강조했다.

앞서 문승욱 산자부 장관은 이날 오전 정부 서울청사에서 열린 한미 정상회담 결과 관련 정부 합동 브리핑에서 "중국은 중요한 경제 협력 파

트너로서 경제 협력 관계를 계속 확대·발전시켜나갈 것"이라고 말했다.[22]

이미연 외교부 양자 경제외교국장은 2021년 9월 2일 오후 양웨이췬杨伟群 중국 상무부 아주사장과 제25차 한·중 경제협력 종합점검회의를 서울-베이징 간 화상회의 방식으로 개최했다. 양측은 코로나19로 인한 글로벌 경기 침체 상황에서도 한중 간 경제협력이 원만하게 유지되어온 점을 평가하고, 앞으로도 양국 간 교역 및 투자가 지속 확대되어나가길 기대했다.

한국은 한중 문화교류의 해(2021-2022) 성공적 추진, 항공편 증편, 게임 판호 발급 및 중국 내 한국 영화 상영 등 문화콘텐츠 교류 활성화, 중국 내 우리 기업 애로사항 해소 및 농식품 분야 상호 협력 등에 대해 중국의 지속적 협조를 당부했다.

중국은 한중 교역 확대 및 산업협력의 새로운 방향 모색, 지방 간 경제협력 강화 등에 대한 한국의 관심을 당부했고, 한국 내 중국기업 애로사항 등에 대한 협조도 요청했다.[23]

글로벌 협력시대에 발맞춰 한국과 중국 간 지속가능한 미래를 모색하는 '한중경제협력 포럼'이 2021년 10월 29일 서울 신라호텔에서 열렸다. 올해로 7회째를 맞이한 한중경제협력포럼은 ㈔한중민간경제협력포럼, ㈔중국아주경제발전협회가 주최하고 한국중견기업연합회, 중국국제무역촉진회한국대표부, 주한중국상공회의소 등이 주관했다. 기획재정부, 산업통상자원부, 과학기술정보통신부, 서울특별시, 광주

광역시, 주한중국 대사관 등이 후원했다.

'지속가능한 우리의 새로운 미래'를 주제로 펼쳐진 포럼에서는 박윤규 과학기술정보통신부 정보통신정책실장과 구진셩谷金生 중국경제상무처 경제공사가 기조연설을 했다.

박윤규 실장은 대한민국 정부가 추진하고 있는 디지털 뉴딜 정책을 설명했다. 특히 AI와 데이터 자산 활용방안 육성 계획을 밝히며 중국과 관련 기술 협력을 기대했다.

구진셩 경제공사는 중국이 어려움을 겪고 있지만 펀더멘털은 견고하다며, 한·중 양국이 그동안 구축한 산업사슬과 공급망 협력을 강화해야 한다고 밝혔다. 특히 제3국가 공동 진출 전망이 밝다고 진단했다.[24]

참고자료

1 우리나라 스마트시티 정책과 발전전략. 박신원 토지주택연구원 2018-03-04
2 도시혁신 및 미래성장동력 창출을 위한 스마트시티 추진전략. 대통령직속 4차산업 혁명위원회 2018-01-29
3 스마트시티 해외진출 활성화 방안. 국토교통부 2019-07-08
4 한중일의 스마트시티 해외진출 전략 비교연구. 이형근, 나수엽 KIEP 2019-12-31
5 중국 스마트시티 추진현황 및 진출전략 연구. 이현주외 국토연구원 KIEP 2021-12-30
6 住建部公布首批智慧城市试点名单. 和讯网 2013-03-28
7 住建部公布第一批国家智慧城市试点名单. 中国城市低碳经济网 2013-01-29
8 乌镇峰会大家谈: 习近平的互联网观是一种大思维. 中国青年网 2015-12-19
9 李铁中国城市和小城镇改革发展中心: 智慧城市不是要政府主导的 智慧城市. 搜狐 2019-08-02
10 2022年中国智慧城市市场规模及发展前景预测分析. 中商产业研究院 2021-11-18
11 2020·指尖城市 李铁: 中国的智慧城市发展处于世界领先水平. 中国新闻网 2020-10-30
12 从量变走向质变, 智慧城市应有满天"繁星". DT时代 2021-07-01
13 2022智慧城市白皮书. 国家工业信息安全发展研究中心 2022-05-24
14 중국의 스마트시티 발전 현황과 전망. 차신준 북경대학교 2019-12-31
15 중국 북경 스마트시티 전시회 출장보고서. 한국토지주택공사 2016-07
16 2018 국제 스마트시티 엑스포(China Smarter Cities International Expo). 국토부 보도자료 2018-08-20
17 스마트시티와 건설산업의 활성화 방안. 백남철 한국건설기술연구원 스마트시티연구센터 2018-06
18 4차 산업혁명 시대의 한중 산업협력방안. 산업연구원 북경지원장 김동수 중국산업경제브리프 2017년 9월호
19 중국 스마트시티 지원 정책과 현황. 한중과학기술협력센터 2018-11 Vol 4
20 中 톈진 스마트시티 발전 동향과 진출 방안. KOTRA 중국 톈진무역관 이시흔 2020-06-05
21 슝안지구의 스마트시티 조성 정책과 추진현황. 김주혜 대외경제정책연구원 2018-09-03
22 「한-중 스마트시티 산업협력 연구토론회」 개최. 주시안 한국총영사관 2020-09-28
23 「제25차 한·중 경제협력 종합점검회의」개최. 외교부 보도자료 2021-09-02
24 한중경제협력포럼, 수교 30주년 앞두고 민간신뢰 재확인. 뉴시스 2021-10-29

용어해설

1) 유비쿼터스도시(U-City): 유비쿼터스도시(약칭: U-City)는 도시기능과 관리의 효율화를 위해 기존정보 인프라를 혁신하고 유비쿼터스 기술을 기간시설에 접목시켜, 도시 내에 발생하는 모든 업무를 실시간으로 대처하고 정보통신 서비스를 제공하며, 주민에게 편리하고 안전하며 안락한 생활을 제공하는 신개념의 도시이다.

2) 데이터 3법: 데이터 이용을 활성화하는 『개인정보 보호법』, 『정보통신망법』, 『신용정보법』 등 3가지 법률을 통칭한다. 4차 산업혁명 시대에 신산업 육성을 위해서는 인공지능(AI), 인터넷기반 정보통신 자원통합(클라우드), 사물인터넷(IoT) 등 신기술을 활용한 데이터 이용이 필요하다. 안전한 데이터 이용을 위한 사회적 규범 정립과 데이터 이용에 관한 규제 혁신과 개인정보 보호 거버넌스 체계 정비의 두 문제를 해결하기 위해 데이터 3법 개정안이 발의됐다. 법률 개정안은 대통령 직속 4차산업혁명위원회 주관으로 관계부처·시민단체·산업계·법조계 등 각계 전문가가 참여한 '해커톤' 회의 합의결과와 국회 '4차산업혁명 특별위원회'의 특별권고 사항을 반영한 입법조치이다. 데이터 3법 개정안은 2020년 1월 9일 국회 본회의를 통과했다.

3) 한국해외인프라도시개발지원공사(KIND): 2018년 4월 25일 시행된 해외건설촉진법에 따라 설립되어, 2018년 6월 공식 출범한 대한민국 정부차원의 해외투자개발사업 전문 지원기관이다. KIND는 기업들에게 해외 프로젝트 기획과 타당성 조사 지원, 양질의 프로젝트 정보 제공, 금융조달 능력 제고 등 투자개발사업의 전 단계를 적극 지원하고 있다. 또한 PPP 사업을 통해 해당 국가의 삶의 질 향상과 지속가능한 성장에 기여하는 것을 목표로 하고 있다.

4) 세종 5-1 지구: 세종시 스마트시티 국가 시범도시인 세종시 5-1 지구는 7대 혁신 요소인 모빌리티, 헬스케어, 교육과 일자리, 에너지와 환경, 거버넌스, 문화 및 쇼핑, 생활과 안전 구현에 최적화된 도시공간을 계획하고 개발을 추진한다. 세종 5-1 지구는 데이터 생산에서 수집, 가공, 분석 및 활용에 이르는 전 단계 데이터 플로우 기반의 통합 도시 운영체계를 수립한다. 이를 통해 도시 데이터를 개방·활용하여 시민 중심의 거버넌스를 구축하고 새로운 비즈니스 모델을 창출함으로써 도시를 데이터 기반의 지속가능한 혁신 생태계로 조성한다. 세종시 국가시범도시는 도시의 계획부터 운영까지 시민과 함께 만드는 도시로, 시민의 다양한 참여기반을 조성하고, 효율적인 협업체계를 구성하여 시민이 체감할 수 있는 스마트 서비스를 제공한다.

5) 부산 에코델타 시범지구: 부산 에코델타 스마트시티(EDC)는 미래 도시의 모델이 되는 'Smart Life, Smart Link, Smart Place'를 실현하고, 5대 혁신산업(공공자율혁신, 헬스케어·로봇, 수열에너지, 워터에너지사이언스, 신 한류 VR/AR) 클러스터 조성을 통해 양질의 일자리를 창출할 것이다. 또한, 부산 에코델타 스마트시티의 혁신적이고 지속적 도시혁신을 가능케 하는 3대(디지털도시, 증강도시, 로봇도시) 미래 도시운영 플랫폼을 운영하고, 시민의 삶에 가치를 더하는

10대(로봇기반 생활혁신, 배움-일-놀이 융합사회, 도시행정·관리 지능화, 스마트 워터, 제로에너지 도시, 스마트 교육&리빙, 스마트 헬스케어, 스마트 모빌리티, 스마트 안전, 스마트 공원) 혁신기술 도입을 통해 개인, 사회, 공공, 도시분야에서 혁신적인 변화를 창출하는 대표 스마트시티 선도 모델로 조성할 계획이다.

6) 주택도시농촌건설부(住房城乡建设部): 2008년 중앙의 '대부제(大部制)' 개혁을 배경으로 신설된 중앙 부위로, 중화인민공화국에서 건설 행정 관리를 담당하는 국무원 구성 부서로 국가 건설 방면의 행정 관리 사무를 담당한다. 1979년 3월 12일 국무원 직속으로 국가기초건설위원회가 대신 관리하는 '국가도시건설총국(国家城市建设总局)'의 설립을 승인한 것이 전신이다. 2008년 3월 15일 제11차 전국인민대표대회에서 통과된 국무원 기구 개혁안에 따르면 '건설부(建设部)'는 '주택도시농촌건설부(住房和城乡建设部)'로 바뀌었다.

7) 중미녹색기금(中美绿色基金): 중미 녹색 기금은 이전에는 중미 건물 에너지 절약 및 녹색 개발 기금(中美建筑节能与绿色发展基金), 중미 건물 에너지 효율 기금(中美建筑节能基金)으로 알려졌으며 2015년 9월 시진핑(习近平) 주석의 방미 기간에 중·미 정경(政商)이 공동으로 발의한 순수 시장화를 위한 녹색 선도기금이다.

8) 중국스마트시티실무위원회(中国智慧城市工作委员会): 중국과학협회, 중국과학원, 국가발개위, 공업정보부, 국가여유국, 상무부 등이 지원하고 중국자동화학회가 주관하는 전국적인 사회봉사기구로 스마트시티, 신형도시화계획 건설과 스마트산업 및 현대서비스 분야에 종사하는 기업(사)업체, 고교, 과학연구기관, 업종협회, 표준화기구와 정부, 도시 등 다양한 조직이 지역과 부처를 초월해 자율적으로 구성되는 단체. 국가기반 스마트시티, 신형도시화 및 스마트산업 컨설팅 기획, 평가 및 공공서비스 모니터링을 위한 제3의 조직으로, 과학기술혁신을 지도하고, 스마트시티, 신형도시화 건설을 목표로 생태환경보전, 과학기술성과 전환, 스마트산업과 민생서비스에 중점을 두고 있으며, 국가전략을 실천하고 있으며, 중국의 경제발전과 과학발전을 촉진하고 추진하여 정부, 이사회 구성원, 기업체, 고교, 과학연구기관, 업종, 도시, 마을 및 커뮤니티에 효율적이고 고품질의 서비스를 제공한다.

9) 베이더우(北斗): 중국이 개발한 글로벌 위성 항법 시스템으로 GPS와 GLONASS에 이어 세 번째로 위성 항법 시스템이다. 베이더우 위성 항법 시스템(BDS), 미국 GPS, 러시아 GLONASS 및 유럽 연합 GALILEO는 유엔 위성항법위원회(联合国卫星导航委员会)의 인증을 받았다. 2020년 7월 31일 아침, 베이더우 3호 글로벌 위성 항법 시스템이 공식적으로 개통되었다.

10) 무현금결제(无现金支付): 현금결제가 아닌 다른 결제수단이며 알리페이, 위챗페이 등 QR코드만 보여주면 되고, 결제비밀번호 입력은 필요없다.

11) 중국시스템(中国系统): 1975년 설립된 중국 시스템은 2001년 첨단 엔지니어링 사업에 뛰어들어 2016년 제도 개편을 완료하고 현대 디지털도시 운영과 첨단 산업 서비스에 대한 전략적 업

그레이드를 완료했다. 직원 1만 1,000명, 총자산 267억 8,300만 위안, 2019년도 영업이익 263억 700만 위안으로 10년 연속 중국 전자그룹의 경영실적 A단위를 획득하는 등 하이테크 산업공학 부문은 18년 연속 증가했으며, 현대 디지털도시 업무는 중국 주요 성에 걸쳐 있다.

12) 신촨 프로젝트(信创工程): 정보 기술 응용 프로그램의 혁신 산업으로, 주로 차세대 정보기술(IT) 아래의 클라우드 소프트웨어 하드웨어 본체, 각종 단말기 네트워크 보안 등의 분야를 포함한다. 신촨과 관련된 산업에는 ① IT 인프라: CPU 칩, 서버, 메모리, 교환기, 공유기, 각종 클라우드와 관련 서비스 내용, ② 기반 소프트웨어: 데이터베이스, 운영체제, 미들웨어, ③ 응용 소프트웨어: OA, ERP, 사무 소프트웨어, 정무 응용, 스트리밍 소프트웨어, ④ 정보보안: 경계 보안 제품, 단말 보안 제품 등이다.

13) 데이터안전법(数据安全法): 중화인민공화국 데이터안전법은 데이터 처리 활동을 규율하고 데이터 안전을 보장하며 데이터 개발을 촉진하고 개인과 조직의 합법적 권익을 보호하며 국가의 주권, 안전, 발전 이익을 수호하기 위해 제정된 법률이다. 2021년 6월 10일, 제13기 전국인민대표대회 상무위원회 제29차 회의에서 『중화인민공화국 데이터 안전법』이 통과되어 2021년 9월 1일부터 시행된다.

14) 정보보호법(信息保护法): 개인정보보호법은 법률명의 확립, 입법모델의 문제, 입법의 의의와 중요성, 입법의 근거, 법률의 적용범위, 법률의 적용 예외와 그 규정방식, 개인정보처리의 기본원칙, 정부정보공개조례와의 관계, 정부기관과 기타 개인정보처리자에 대한 규제방식과 그 효과, 개인정보보호와 정보의 자유로운 이동을 촉진하는 관계, 개인정보보호법의 특정업종에 관한 법률의 집행에 관한 법률조항이다. 2021년 8월 20일, 제13기 전국인민대표대회 상무위원회 제30차 회의에서 『중화인민공화국 개인정보 보호법』을 통과시켰고 2021년 11월 1일부터 시행한다.

15) IDC: 1964년 설립되었으며, 세계적인 테크놀로지 부문의 미디어 및 리서치, 이벤트 그룹인 IDG의 자회사이다. IT 및 통신, 컨슈머 테크놀로지 부문 세계 최고의 시장 분석 및 컨설팅 기관이다. 현재 전 세계 110여 개 국가에 1,100명 이상의 시장 분석 전문가를 두고 있으며 기술 및 산업, 트렌드에 대한 분석 정보를 제공하고 있다. IDC의 분석 정보와 인사이트를 통해 고객들은 시장 상황과 추이를 파악하고 최신 이슈들을 업무에 신속하게 반영하며, 사실 기반의 의사결정 및 마케팅 전략을 효과적으로 수립한다.

16) 발전규획사(发展规划司): 중화인민공화국 국가발전개혁위원회 산하 부서이며 국가 경제 및 사회 발전을 위한 중장기 계획을 연구하고 제안하여 사업계획을 마련하고 중장기 예비사업을 담당한다. 경제 및 사회 발전의 주요 문제를 연구 및 분석하고 발전 동향을 예측하고 계획 지표를 계산하고 국가 경제 및 사회 발전을 위한 기본 아이디어를 제시한다. 중장기 계획을 작성하고, 발전 전략과 중장기 총량 균형, 구조조정의 목표와 정책을 제시하며, 생산력 배치를 계획한다.

부처와 지방의 중장기 계획 준비를 지도하고 특별 계획과 지역 계획의 준비를 조직하고 조정한다.

17) 슝안신구(雄安新区): 허베이성이 관할하는 국가급 신구로 베이징, 톈진, 바오딩 부지에 위치한다. 슝안신구는 슝현(雄县), 룽청현(容城县), 안신현(安新县) 등 3개 현 및 주변 일부 지역을 포함하고 있다. 시작구역은 약 100㎢, 중기발전구역 면적은 약 200㎢, 기간통제구역은 약 2,000㎢,이다. 2020년 11월 현재 슝안신구 상주인구는 120만 5,440명이다. 2014년 2월 26일 시진핑 총서기가 베이징-톈진-허베이 공동발전 사업을 보고받는 자리에서 중요한 지시를 내림으로써 국가전략으로 부상했다.

18) 중국슝안건설투자그룹(中国雄安建设投资集团有限公司): 2017년 7월 18일 허베이(河北)성 정부가 출자한 성 산하 중점 중견기업으로 슝안신구 당 공정위, 관리위 대표인 허베이(河北)성 정부가 출자했다. 2017년 6월 29일 국무원은 '중국슝안건설투자그룹'이라는 명칭의 사용을 승인했으며, 7월 18일에는 허베이성에 등록되었다. 성급 공상행정관리국 및 영업허가증 취득, 2018년 4월 27일, 중국슝안그룹(中国雄安集团有限公司)으로 상호를 변경했다. 초기 등록 자본금은 100억 위안이며, 2020년에 300억 위안으로 증자했다.

19) NB-IoT: 협대역 사물인터넷(Narrow Band Internet of Things, NB-IoT)은 만물 인터넷망의 중요한 분기점이 되었다. NB-IoT는 셀룰러 네트워크에 구축되어 약 180㎑의 대역폭만 소비하며 GSM 네트워크, UMTS 네트워크 또는 LTE 네트워크에 직접 배치하여 배치 비용을 절감하고 원활한 업그레이드가 가능하다. NB-IoT는 IoT 분야에서 저전력 기기의 광역망 셀룰러 데이터 연결을 지원하는 새로운 기술로 저전력 광역망(LPWAN)이라고도 불린다. NB-IoT는 대기시간이 길고 네트워크 연결에 대한 요구가 높은 장비의 효율적인 연결을 지원한다. NB-IoT 장비 배터리 수명을 최소 10년까지 개선하는 동시에, 실내 셀데이터 연결에 대한 매우 포괄적인 범위를 제공할 수 있다.